国際宇宙ステーション

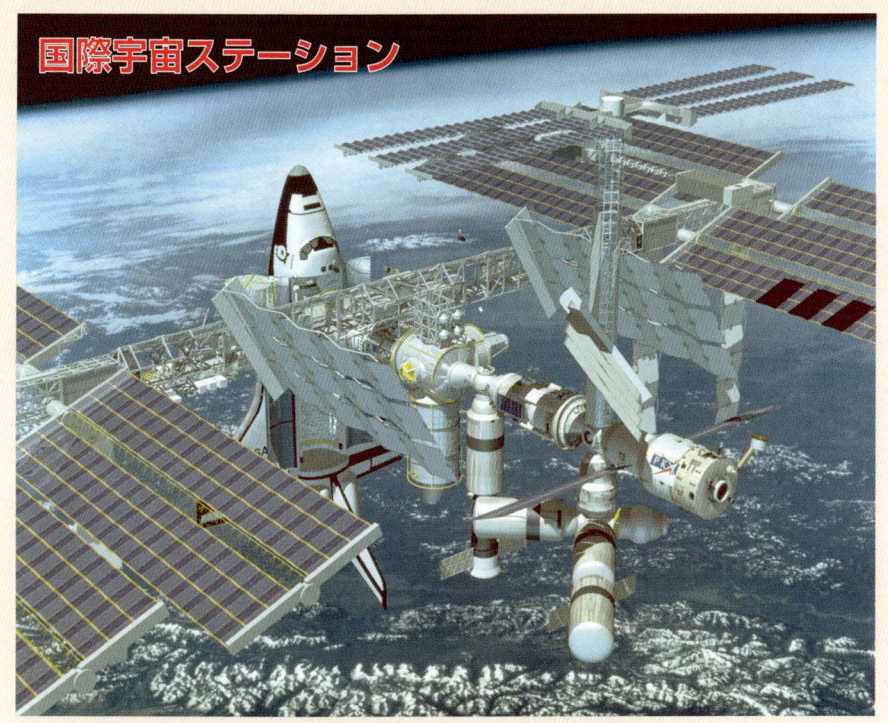

①上：2004年完成予定の国際宇宙ステーションの想像図
　下：国際宇宙ステーションを構成する各パーツの担当国の模式図

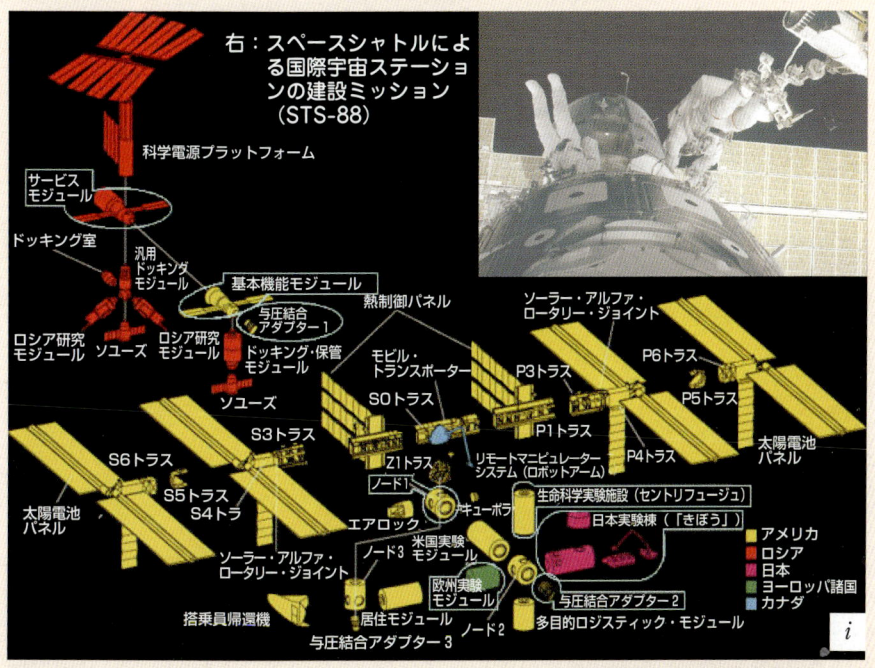

右：スペースシャトルによる国際宇宙ステーションの建設ミッション（STS-88）

科学電源プラットフォーム
サービスモジュール
ドッキング室
汎用ドッキングモジュール
基本機能モジュール
熱制御パネル
ソーラー・アルファ・ロータリー・ジョイント
ロシア研究モジュール
ソユーズ
ロシア研究モジュール
与圧結合アダプター1
ドッキング・保管モジュール
モビル・トランスポーター
P3トラス
P6トラス
ソユーズ
S0トラス
P1トラス
P5トラス
S6トラス
S3トラス
Z1トラス
リモートマニピュレーターシステム（ロボットアーム）
P4トラス
太陽電池パネル
太陽電池パネル
S5トラス
S4トラス
ノード1
キューポラ
生命科学実験施設（セントリフュージ）
日本実験棟（「きぼう」）
アメリカ
ロシア
日本
ヨーロッパ諸国
カナダ
ソーラー・アルファ・ロータリー・ジョイント
ノード3
米国実験モジュール
搭乗員帰還機
欧州実験モジュール
与圧結合アダプター2
与圧結合アダプター3
居住モジュール
ノード2
多目的ロジスティック・モジュール

（写真提供：宇宙開発事業団）

宇宙環境と材料科学

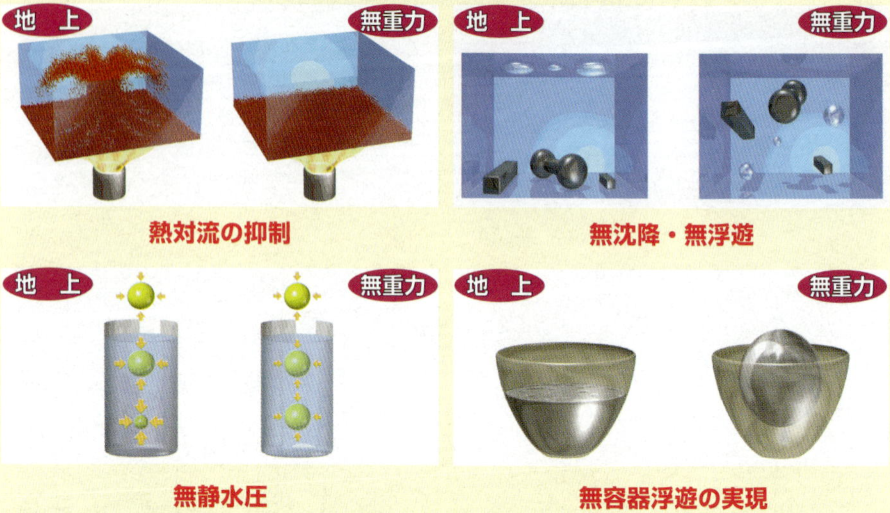

熱対流の抑制　　　　　　　　**無沈降・無浮遊**

無静水圧　　　　　　　　　　**無容器浮遊の実現**

② 材料製造に期待される無重力（微小重力）の効果（3-2節参照）

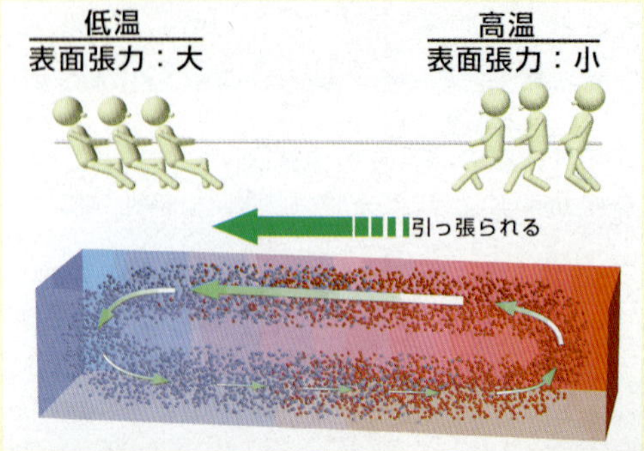

③ **微小重力下で顕在化するマランゴニ対流の概念図**
　マランゴニ対流の顕在化によって，拡散係数など物理定数の正確な測定や，材料製造時の気泡の除去などが期待される（3-2節，4-3節参照）

④ **スペースシャトル（STS-85）のMFD構体に搭載されたESEM実験装置（右側に見える階段状の部分）**
　原子状酸素をおもな環境因子として，宇宙環境曝露による宇宙用材料への影響などが調べられた（7-4節参照）

コロイド科学 (3-5節参照)

⑤ 透析中のコロイド分散系の示すイリデセンス

透析により分散系中のイオン性不純物が除去されると，粒子が規則構造を形成しはじめ，格子定数が可視光の波長に近いとき，可視光がブラッグ回折されてイリデセンスを示す．試料：シリカKE-E20（日本触媒），粒径：0.2μm．写真は山中淳平博士のご厚意による

⑥ 二状態構造とラテックス粒子の軌跡

粒子直径(d)：0.3μm，粒子の分析的電荷密度(σ_a)：1.3 μC/cm^2（1粒子当たり2.8×10^{4}個のイオン基），濃度：2vol％．顕微鏡とvideo imageryを組み合わせ，11/15秒間の粒子の中心をひとつのフレームに再現して，直線で結んだ．写真の上半分は自由な粒子，下半分は規則構造を形成している．図中の黄色と緑色はそれぞれ時刻0秒と11/15秒の位置を示す．これら二つの末端をもたない軌跡は，焦点面外から，あるいは外への粒子の運動を示す．なお，この写真像は焦点面での（2次元）粒子分布である．焦点面を注意深く移動させ隣接面の粒子分布から，規則構造が3次元的であり，面心立方（fcc）か体心立方（bcc）かの区別ができる
(Ito *et al.*, 1988 Fig.11より)

⑦ シリカ粒子分散系における単結晶のUSAXS像

d：0.109μm，σ_a：0.24μC/cm^2，濃度：3.01vol％，2θ=240″

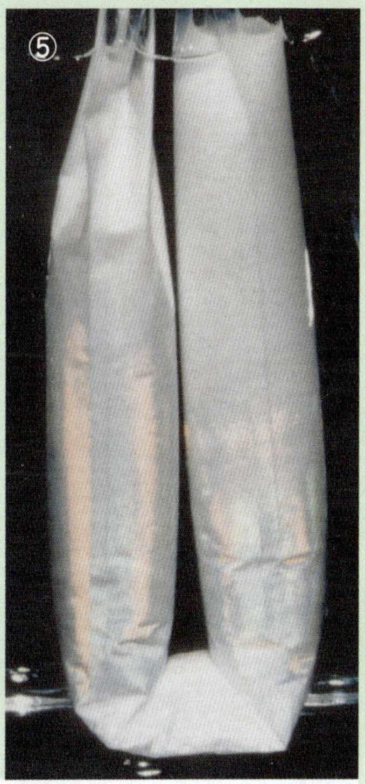

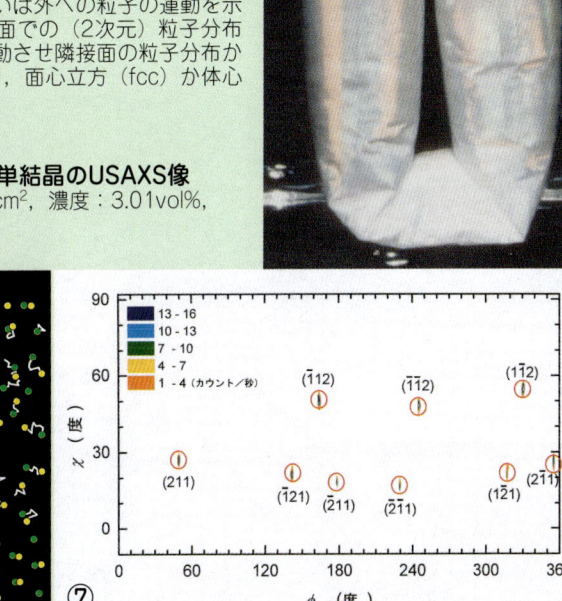

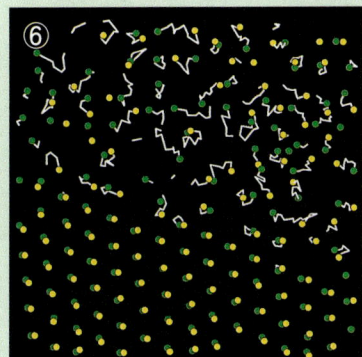

重力と生物学

⑧ さまざまな環境下で発芽させたキュウリの芽ばえ

左：地上で種子を横向きにした場合，中：地上で種子を縦向きにした場合，右：微小重力下．s：種皮，p：ペグ，c：子葉，h：下胚軸，r：根 (Takahashi *et al.*, 2000より)
(5-5節参照)

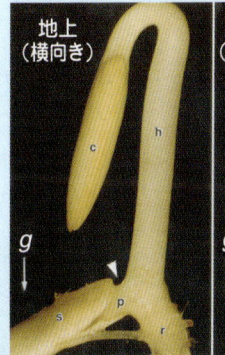 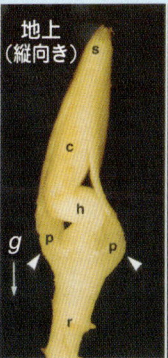 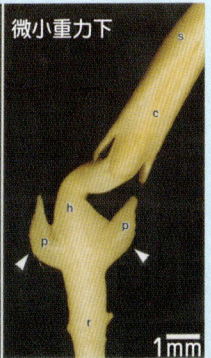

iii

短時間の微小重力実験手段 (9章参照)

航空機

⑨ ダイヤモンドエアサービス株式会社の微小重力実験用飛行機（写真提供：DAS）
⑩ KC-135航空機による無重力訓練中のスペースシャトル・クルー（写真提供：NASDA）

落下実験施設

⑪ 地下無重力実験センター（写真提供：JAMIC）
⑫ 日本無重量総合研究所の真空チャンバー（写真提供：MGLAB）

小型ロケット

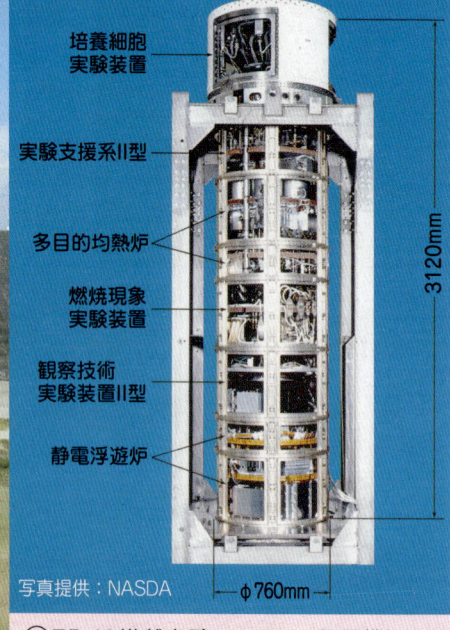

⑬ TR-IAロケット（7号機）（写真提供：NASDA）
⑭ TR-IA搭載実験システム（7号機）

培養細胞実験装置
実験支援系II型
多目的均熱炉
燃焼現象実験装置
観察技術実験装置II型
静電浮遊炉

3120mm
φ760mm

写真提供：NASDA

宇宙環境利用の
サイエンス

宇宙開発事業団（NASDA）
宇宙環境利用研究システム長　井口洋夫　監修

筑波大学名誉教授　岡田益吉
東京大学名誉教授　朽津耕三　編集
理化学研究所理事長　小林俊一

裳華房

SCIENCE for
SPACE UTILIZATION RESEARCH

edited by

Hiroo INOKUCHI, Dr.Sci.
Masukichi OKADA, Dr.Sci.
Kozo KUCHITSU, Dr.Sci.
Shun-ichi KOBAYASHI, Dr.Sci.

SHOKABO

TOKYO

まえがき

　近代国家の大きな要素である科学・技術振興への努力は、地上の研究所・大学などが主たる舞台であり、それらの努力が成果として花開き始めたのは19世紀の末でした。人類が宇宙へ（正確には地球周回軌道まで）飛行できるようになった1950年代以前に、研究や技術開発が宇宙でできると考えた人はいないでしょう。20世紀後半のエレクトロニクス、新素材、バイオサイエンス、遺伝子工学、コンピューター言語など、あらゆる分野での技術的進歩はめざましく、人類の宇宙に関する知識も飛躍的に増加したのと、ついに人類は月まで到達できたことを記憶している読者も多いと思います。ただし、研究や技術開発のベースはあくまでも地上にありました。

　地上とは違った宇宙環境、すなわち微小重力、高真空、広大な視野、宇宙放射線などを利用して、宇宙を研究の場として活用しようと考え始めたのは、1980年代に入り、スペースシャトルが飛行するようになってからです。アメリカと欧州はスペースシャトル上での宇宙実験を1983年から開始しています。しかし、このスペースシャトルは飛行が1週間から2週間程度で、それ以上長く軌道上に留まっていることはできません。すなわち、その間に実験できるテーマしか実施することができません。日本がこのスペースシャトル利用の宇宙実験を初めて実施できたのは1992年で、宇宙環境利用の開始という点では遅れをとってはいます。しかし、わが国も基盤的な学術研究全般において、世界各国と比較して遜色はなく、今後の発展を期待したいと考えます。

　現在、建設中の国際宇宙ステーションは2006年ごろに完成しますが、これが定常的に運用される時代になりますと、多くの宇宙実験が恒常的に実施できることとなりますし、研究や技術開発のベースとして初めて地上の実験

まえがき

室なり研究室に匹敵したものとなるわけです。日本も国際パートナーの一員として、応分の寄与をし、科学技術の振興、有人宇宙飛行技術の開発、人類の活動圏の拡大、国際協力など、多くの壮大な目標を共有しています。

この国際宇宙ステーションにおける宇宙環境利用研究を目的としたさらなる促進のため、宇宙開発事業団のなかに宇宙環境利用研究システムが1996年に設置されております。この研究システムは多くの目標を掲げており、その実現のための活動を遂行しています。そのなかのひとつに、将来的研究構想検討として宇宙環境利用研究の将来イメージの構築というのがあり、過去2年間、その具体像について検討を進めてきました。

この将来的研究構想検討の目的は、これから宇宙での科学研究や宇宙での技術開発を考えている研究者・技術者・実務者が、宇宙で可能な科学や技術開発について良い新規テーマを発掘するときの手助けをすることです。言い換えますと、現代の科学水準を基に的確な外挿をして未来を予測し、課題群やテーマ群に関する情報を提供することであります。国際宇宙ステーションで研究すれば、素晴らしい結果が期待される科学研究テーマや技術開発テーマにはどんなものがありそうか、内容を明確にし、科学や技術を仕事とする人に理解できるテキストブック風の本としてまとめるべく作業を進めてまいりました。

宇宙環境において研究するとよい学術分野、宇宙での技術開発に適した工学的テーマは広く存在するものと思いますが、限られた時間内でこの将来構想の検討を進めるに当たっては、テキストブック委員会なるものを組織し、その委員会のなかで領域を限定して講演会やワークショップの開催という形態で実施してきています。したがって、本テキストブックはこの委員会の第1期の作業結果ということになります。

テキストブック委員会の委員が専門とする領域の関係と限定された時間との関係で、重要な領域ながら本テキストブックのなかで触れていない領域も数多くあると思われます。たとえば医学関係です。宇宙医学は有人宇宙飛行技術の開発には欠かせない研究領域ですが、今回は取り扱っていません。

まえがき

　今回取り扱えなかった分野に関しては、内外の英知を集めて、次年度以降に検討していきたいと考えます。
　本書がこれから宇宙実験、宇宙環境利用研究を目指す研究者や実務者に限らず、科学・技術行政、科学・技術研究開発管理、新規事業企画立案などに携わっておられる管理職の方々にもお役に立つことを念願しています。

2000年2月

　　　　　　　　　　　　　　　　　　　　　　　編 集 者 一 同

目 次

1章　宇宙環境利用 研究序説　[井口洋夫]

- 1-1　はじめに　……………………………………………………………………2
- 1-2　宇宙環境の特徴　……………………………………………………………2
  - 1-2-1　微小重力場　……………………………………………………4
  - 1-2-2　真空と特異的な大気組成　……………………………………4
  - 1-2-3　宇宙放射線　……………………………………………………5
  - 1-2-4　広い視野　………………………………………………………5
  - 1-2-5　太陽エネルギーの効率的な利用　……………………………6
  - 1-2-6　軌道熱環境　……………………………………………………7
- 1-3　本書の構成　…………………………………………………………………7

2章　有人宇宙飛行と科学・技術　[藤森義典]

- 2-1　技術の定義など　……………………………………………………………10
- 2-2　有人宇宙飛行技術の歴史と内容　…………………………………………11
- 2-3　有人宇宙飛行技術における課題　…………………………………………13
  - 2-3-1　有人宇宙活動用の設備　………………………………………13
  - 2-3-2　宇宙飛行士の選抜・訓練・健康管理　………………………19
  - 2-3-3　宇宙飛行士の作業能力の向上　………………………………20
  - 2-3-4　安全確保・向上　………………………………………………23
  - 2-3-5　共通的宇宙工学　………………………………………………24

3章　微小重力下の物質科学

- 3-1　宇宙実験と材料科学　[依田真一]　………………………………………30
  - 3-1-1　宇宙実験の歴史　………………………………………………30
  - 3-1-2　日本の宇宙材料実験　…………………………………………33
- 3-2　微小重力の特徴　[依田真一]　……………………………………………37
  - 3-2-1　微小重力利用の意味　…………………………………………37
  - 3-2-2　微小重力は技術的なツール　…………………………………38

3-2-3　微小重力と材料製造に関係した物理現象 ……………………… 39
　3-3　微小重力と材料製造［依田真一］ ……………………………………… 50
　　　3-3-1　重力と材料特性 ……………………………………………………… 50
　　　3-3-2　微小重力と凝固・結晶成長 ……………………………………… 51
　　　3-3-3　微小重力と合金の製造 ……………………………………………… 53
　3-4　微小重力の利用が期待される分野と現象［依田真一］ …………… 56
　　　3-4-1　対流の抑制 …………………………………………………………… 57
　　　3-4-2　組成と構造の制御 …………………………………………………… 61
　　　3-4-3　沈降・浮遊の制御 …………………………………………………… 62
　　　3-4-4　静水圧除去の制御 …………………………………………………… 65
　　　3-4-5　無容器処理 …………………………………………………………… 66
　3-5　コロイド科学 —微小重力科学の次なる展開—［伊勢典夫］ ……… 67
　　　3-5-1　二状態構造 …………………………………………………………… 69
　　　3-5-2　格子振動・格子欠陥 ………………………………………………… 69
　　　3-5-3　気液相平衡とボイドの形成 ………………………………………… 70
　　　3-5-4　結晶の収縮 …………………………………………………………… 72
　　　3-5-5　コロイド結晶の最近の構造解析 …………………………………… 74
　　　3-5-6　静電的粒子間引力とモンテカルロシミュレーション ………… 78
　　　3-5-7　微小重力下でのコロイド現象 ……………………………………… 80

4章　微小重力と基礎物理学［清水順一郎・小林俊一］

　4-1　はじめに ………………………………………………………………………… 82
　4-2　NASAにおける微小重力利用の基礎物理学研究 ……………………… 85
　　　4-2-1　低温物理学と凝縮系物理学の分野 ………………………………… 88
　　　4-2-2　レーザー冷却と原子物理学 ………………………………………… 98
　4-3　日本における検討の状況 …………………………………………………… 102
　　　4-3-1　量子低温液体の研究領域 …………………………………………… 105
　　　4-3-2　臨界現象の研究領域 ………………………………………………… 107
　　　4-3-3　非平衡物理の研究領域 ……………………………………………… 109
　4-4　まとめ …………………………………………………………………………… 113
　4章の注釈 ……………………………………………………………………………… 115

5章　重力と生物学

　5-1　はじめに［岡田益吉］ ……………………………………………………… 124
　5-2　両生類の発生と重力［若原正己］ ………………………………………… 126

目 次

  5-2-1 重力と両生類 …………………………………… *126*
  5-2-2 両生類の初期発生 ……………………………… *128*
  5-2-3 地上実験と宇宙実験 …………………………… *130*
  5-2-4 胚の調節能力と情報の冗長性 ………………… *138*
  5-2-5 本格的な宇宙実験に向けて …………………… *139*
 5-3 細胞は重力を感じるか［佐藤温重］ ……………… *141*
  5-3-1 個体レベルにおける重力の影響 ……………… *142*
  5-3-2 微小重力下における細胞の動態 ……………… *143*
  5-3-3 模擬微小重力・過重力と細胞 ………………… *148*
  5-3-4 細胞の重力応答のしくみ ……………………… *150*
 5-4 植物の重力屈性のシステムを支える遺伝子［岡田清孝］ …… *152*
  5-4-1 重力屈性とシロイヌナズナ …………………… *152*
  5-4-2 コルメラ細胞とアミロプラストによる重力方向の感知 … *155*
  5-4-3 オーキシン極性輸送システムの乱れ ………… *157*
  5-4-4 オーキシン耐性突然変異体 …………………… *159*
  5-4-5 重力屈性の分子機構は？ ……………………… *161*
 5-5 ウリ科植物の重力形態形成
    ―キュウリ芽ばえのペグ形成機構と重力感受―［高橋秀幸］ …… *163*
  5-5-1 ウリ科植物の芽ばえが形成するペグ組織 …… *163*
  5-5-2 ペグ形成の重力支配 …………………………… *165*
  5-5-3 重力によるネガティブコントロール ………… *165*
  5-5-4 もうひとつの宇宙実験 ………………………… *167*
  5-5-5 重力によるネガティブコントロールとオーキシン …… *169*
  5-5-6 ペグ形成機構のモデル ………………………… *170*
 5-6 単細胞生物の遊泳行動と重力［村上　彰］ ……… *171*
  5-6-1 パラメシウムと重力走性 ……………………… *171*
  5-6-2 重力走性に関する仮説 ………………………… *173*
  5-6-3 重力が遊泳軌跡に与える影響 ………………… *178*
  5-6-4 重力走性の機構とその起源 …………………… *181*

6章　高層大気の科学

 6-1 はじめに［朽津耕三］ ……………………………… *184*
 6-2 真空紫外線による酸素分子の光分解と酸素原子の反応性［鷲田伸明］
   ……………………………………………………… *186*
  6-2-1 酸素分子の吸収スペクトル …………………… *186*
  6-2-2 酸素分子の光化学 ……………………………… *190*

6-2-3　酸素原子の反応 ……191
　　　6-2-4　酸素原子・分子系での反応における同位体蓄積 ……193
　　　6-2-5　振動励起した酸素分子の反応 ……196
　　　6-2-6　酸素原子の金属表面上での反応 ……198
　6-3　酸素原子の気相素反応 ［越　光男・三好　明］ ……199
　　　6-3-1　基底状態の酸素原子とアルカンの反応 ……199
　　　6-3-2　基底状態の酸素原子のスピン-軌道相互作用 ……201
　　　6-3-3　基底状態の酸素原子とオレフィンの反応 ……202
　　　6-3-4　励起状態 (^{1}D) の酸素原子の反応 ……204
　6-4　宇宙環境における原子状酸素 ［今川吉郎］ ……205
　　　6-4-1　シャトルグロー ……205
　　　6-4-2　宇宙環境における原子状酸素の生成および分布 ……208
　　　6-4-3　各種材料の原子状酸素に対する反応効率 ……210
　　　6-4-4　NASDA における原子状酸素に対する取り組み ……214
　　　6-4-5　原子状酸素にかかわる地上模擬試験設備 ……220
　6-5　宇宙における潤滑への原子状酸素の影響 ［田川雅人・鈴木峰男］ ……222
　　　6-5-1　宇宙用潤滑剤 ……222
　　　6-5-2　低地球軌道環境の原子状酸素によるトライボロジーの問題
　　　　　　……223
　　　6-5-3　ESEM での MoS_2 スパッタ膜の実験結果 ……225
　　　6-5-4　MoS_2 系潤滑剤に関する地上試験結果とその問題点 ……229
　　　6-5-5　最先端の実験結果と今後の課題 ……231
　　　6-5-6　おわりに ……233

7章　宇宙放射線

　7-1　放射線と物質の相互作用 ［井口道生］ ……236
　　　7-1-1　放射線とは何か ……236
　　　7-1-2　放射線が物質に当ったときに何が起こるか ……236
　　　7-1-3　第1種の問題：放射線がどうなるか ……237
　　　7-1-4　第2種の問題：物質がどうなるか ……238
　7-2　放射線を測る ［井口道生］ ……240
　　　7-2-1　線量測定の基礎 ……240
　　　7-2-2　線量という概念の限界 ……241
　　　7-2-3　放射線の防御と保健 ……243
　7-3　宇宙放射線の性質と被曝線量 ［池永満生］ ……244
　　　7-3-1　宇宙放射線の一般的性質 ……244

7-3-2　国際宇宙ステーションにおける被曝線量 ……………245
　　7-4　宇宙環境における放射線の生物への影響 [池永満生] ……………245
　　　7-4-1　高LET放射線の生物への影響 ……………245
　　　7-4-2　微小重力と放射線の影響 ……………248
　　　7-4-3　低線量被曝および低線量率長期被曝の影響 ……………251
　　7-5　地上研究や宇宙実験における重点的研究課題 [池永満生] ……………253

8章　生命物質と宇宙環境利用 —タンパク質の結晶作製— [安岡則武]

　　8-1　生命科学の奔流 ……………256
　　8-2　核酸とタンパク質 —セントラルドグマ— ……………256
　　8-3　生命とはタンパク質の存在形態 ……………258
　　8-4　タンパク質の結晶化 ……………262
　　　8-4-1　塩溶と塩析 ……………263
　　　8-4-2　シーディング法 ……………268
　　　8-4-3　クリスタルスクリーン ……………268
　　8-5　宇宙環境におけるタンパク質の結晶化 ……………269
　　8-6　ポストゲノムはプロテオームの時代 ……………270

9章　短時間の微小重力実験手段 [中村富久]

　　9-1　はじめに ……………274
　　9-2　落下実験施設（落下塔・落下坑） ……………274
　　9-3　航空機 ……………280
　　9-4　小型ロケット ……………282
　　9-5　まとめ ……………288

参考文献・引用文献一覧 ……………289
宇宙開発関係機関リスト ……………297
索　引 ……………305

　　　　　各章扉の写真は宇宙開発事業団およびNASA提供

1. 宇宙環境利用 研究序説

井口洋夫

1-1 はじめに
1-2 宇宙環境の特徴
1-3 本書の構成

国際宇宙ステーションの想像図

1章　宇宙環境利用　研究序説

1-1　はじめに

　私は、宇宙時代の幕開けを次のような体験を通して鮮明に記憶している。昭和32年（1957年）9月下旬、2年間の留学生活を終えてイギリスから日本に帰国した。その直後、ソ連の人工衛星スプートニクが打ち上げられた。10月4日のことである。ファックスも e-mail も無かった時代、イギリスの多くの友人たちは航空便で新聞の切り抜きをどんどん送ってきてくれた。その内容は異口同音に、「ヨーロッパの空は完全に開放されて、宇宙からの攻撃の防ぎようがなくなった」という、あきらめにも似た悲壮な手紙が同封されていた。この突然の出来事は、世界中の人々、とくにソ連との厳しい戦争を経験しているヨーロッパの人々にとって、正に晴天の霹靂であったであろうことを想像したのを思い出している。

　あれから40数年、時代は宇宙時代になり、その間にロシアは通算約3000機の人工衛星を打ち上げ、アメリカは約1500機を、そして日本も80機を打ち上げている。

　その科学技術の総決算として、国際宇宙ステーション（ISS；International Space Station）の組み立てが1998年から開始されている（図1-1）。わが国もISS計画に積極的に参加し、宇宙環境利用研究の推進を目途に、既存のスペースシャトルやロケットを利用し、次第に研究目標も絞られつつある状況にある。

　ここでは、このISSに焦点を合わせて、「ISSが提供できる宇宙環境とはどんな状態か」について触れておこう。それをもって、本書の導入部としたいと思っている。

1-2　宇宙環境の特徴

　宇宙環境場を科学的な見地からみると、どんな条件になるだろうか？　理解を容易にするために1枚の表を提示しておこう（表1-1）。この表を地球

1-2 宇宙環境の特徴

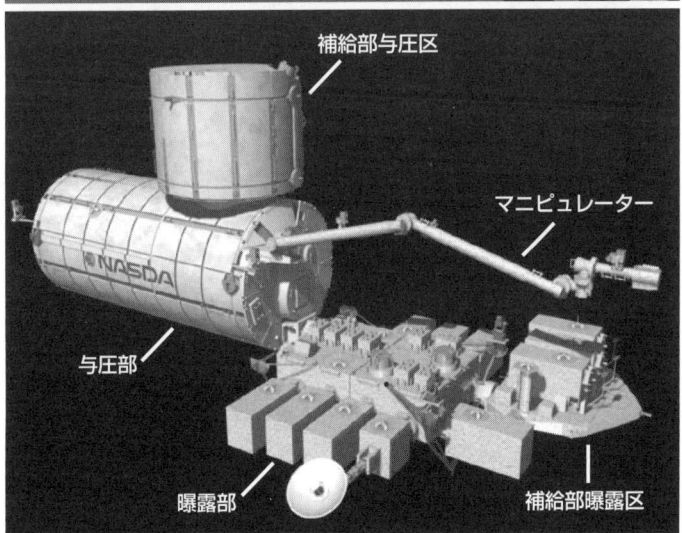

図1-1 国際宇宙ステーションの想像図．上：全体，下：日本実験棟「きぼう」
（写真提供：宇宙開発事業団）

1章　宇宙環境利用 研究序説

表1-1　宇宙環境利用に対する宇宙環境の特徴

微小重力	$10^{-6} \sim 10^{-4}\,g$
真　空	10^{-5} Pa の空間
	(10^{-11} Pa に達する超高真空の創生)
特異的な大気組成	85%が原子状酸素
宇宙放射線	さまざまな宇宙放射線の複合環境
広い視野	全天視野を確保
太陽エネルギー	$1.4\,\text{kW}/\text{m}^2$
軌道熱環境	真空・微小重力環境での熱・流体の制御

上の数値と対比しながら考察していただくと、いかに宇宙環境場が特異的であるかを理解するのに役立つであろう。

ここでは、これらの各項について簡単な説明を加え、宇宙環境利用研究の条件設定に役立てることにしよう。

1-2-1　微小重力場

国際宇宙ステーション（ISS）は、高度約400 km の軌道を飛行する。そのステーションのなかでの重力は $10^{-6} \sim 10^{-4}\,g$、すなわち地球上の重力の1万分の1から100万分の1という値である。

この条件では、物質に"重さ"が無くなってしまう。その結果、物質に浮力がなくなり、流体中の物質は浮かんだり沈んだりしない。さらに、流体を加熱しても対流が起こらない。また、流体中の物質には静水圧がかからない。たとえば流体中にできた気泡は、静水圧がかからないので、いつも大きさは一定になる。

これらの特徴は、結晶成長や臨界点物理学などの研究に有効であることは容易に理解できる（第3章、第4章参照）。さらに、流体を容器に入れないで保持することができる。これは、容器からの不純物の混入を防止できるのみならず、地上では考えられない独特の実験を遂行することができよう。

1-2-2　真空と特異的な大気組成

よく知られているように、高度が上昇すると空気も薄くなる。ISS が飛行

する付近での大気圧は 10^{-5} Pa の真空の世界である。

しかし、それに加えて異常なことは、その成分である。よく知られているように、地球の大気は 78% が窒素、21% が酸素である。ところが、ISS 環境では、85% が原子状酸素（O）であり、非常に強い活性を保持していることである。それが、いかに特殊な環境であるかを第 6 章にまとめて、読者の関心を深めたいと思っている。

1-2-3 宇宙放射線

一口に「宇宙放射線」と言っても単純ではない。地上の自然環境でよく知られている 3 種類の放射線（α 線、β 線、γ 線）以外に、陽子、重イオンの核子、中性子などが地上より高いエネルギー状態で複合して存在するからである。宇宙放射線は、はるか宇宙の彼方から飛来する銀河宇宙線、太陽から飛来する太陽粒子線、その太陽粒子線が地球磁場に捕捉されてできるヴァン・アレン帯の捕捉粒子線から成り立っており、これを一次宇宙線と呼んでいる。

この一次宇宙線が、大気や宇宙船の機体を組み立てている材料に衝突して原子核を破壊して、陽子・中性子などを生成する。これらを二次宇宙線と呼んでいる。

宇宙船の内部は、これら一次宇宙線と二次宇宙線が複合してでき上がった宇宙放射線の環境場になっている（7 章参照）。

地球は地磁気と大気の二重の放射線シールドによって、宇宙放射線の侵入から守られ、生物の生存に適した温和な環境がつくり出されている。しかし、大気圏外を飛行する宇宙船には放射線シールドがないために厳しい宇宙放射線に曝されており、その研究は、すべての宇宙環境利用研究に関連をもつ大切な研究課題である。

1-2-4 広い視野

ISS は大気圏を抜け出して、約 90 分で地球を 1 周しており、1 日に地球

1章　宇宙環境利用 研究序説

図1-2 「きぼう」(JEM)の曝露部（写真提供：宇宙開発事業団）

を約16周している。その軌道からは、青い地球や無限に拡がった宇宙空間が視野に入ってくる。これによって、大気に妨害されることなく、天体観測や地球観測を行うことができる。

ISSには曝露部と呼んでいる外部に突き出た観測装置を保持するステーションをもっている（図1-2）。これによって、地球環境監視や大気観測の実験ミッションが計画されている。

1-2-5　太陽エネルギーの効率的な利用

ISSが飛行している軌道上では、太陽エネルギーのエネルギー密度が非常に高い（～$1.4\,\text{kW}/\text{m}^2$）。これを利用することによって、ISSの運行エネルギー源としている。具体的には、太陽電池を使って約110 kWの発電を行い、ISS全体の電源としている。

さらに大切なことは、この太陽光を利用する発電システムのより高度な利用の技術開発も計画されている。

1-2-6　軌道熱環境

最後にもう1項目、付加して説明しておきたいことは、放熱の問題である。1-2-2節で述べたように、ISSが飛行しているのは真空空間である。いわば魔法瓶のなかに浮かんだ物質に相当する。したがって、ISSからの熱の放出が非常に困難だということである。これもまた宇宙環境利用研究の対象となりうるであろう。

これらの7本柱の研究課題について、多方面の第一線の研究者に筆をとっていただいて集約したものが本書である。

1-3　本書の構成

前節で述べた7本の柱からなる宇宙環境利用の研究について、本書の章を追っての記述を通して案内していきたい。

何といっても微小重力場は、宇宙環境のもっとも特筆すべき研究分野であり、それを物質科学の立場から第3章に詳しく記述してある。そのひとつの具体例——物質に重さがなくなる——をコロイド科学に題材を求めて合せて記述してある。

宇宙環境は、従来の基礎科学研究にまったく新しい「研究手法の場」を提供してくれることが期待され、その代表例が基礎物理学の分野であろう。この分野の現況を知ってもらうことは、新しく宇宙環境利用研究に取り組む方々にも示唆に富んだものとなるであろう。これが、第4章に「微小重力と基礎物理学」として稿をたてた理由である。

植物の根は大地に向けて伸びていくのに、茎は重力に逆らって天空に向けて育っていく。なぜだろうかとする単純な疑問は、重力場を考えに入れた新

しい生物学を生み出す。その研究対象は、個体から細胞へ、細胞から分子へと展開している。その切り口を第5章に求めた。

　話題を変えて、国際宇宙ステーション（ISS）が運行し続ける約400 km上空の雰囲気はどんな状況だろうか。**1-2-2**項と**1-2-3**項で述べたように、厳しい原子状酸素の場であり、宇宙放射線の降り注ぐ環境におかれている。第6章はこの現状を知っていただくためで、化学に直結した分野でもある。

　ISSの特徴のひとつに、曝露部と呼んでいる実験場がある。こここそ、広大な視野を利用した宇宙科学・地球科学の研究に絶好の場所であり、その利用計画が練られているが、これについては次の機会に譲りたい。

　いま科学研究は、宇宙時代に入ったばかりであり、ISS利用研究でも、これから10年、20年の期間をかけて行われていく分野である。それに必要な科学技術面からの思考を第2章で描き、具体的な手段や方法を第9章にまとめた。

　これらの記述を通して、一人でも多くの科学者・技術者が宇宙環境利用研究に興味をもっていただければ、本書をつくることに加わった者として、この上ない喜びである。

2. 有人宇宙飛行と科学・技術

藤森義典

2-1 技術の定義など
2-2 有人宇宙飛行技術の歴史と内容
2-3 有人宇宙飛行技術における課題

スペースシャトル（STS-88）の船外活動

2章 有人宇宙飛行と科学・技術

2-1 技術の定義など

　はじめに、「**科学技術**」と一口に言うものの一般的理解と認識を合わせるため、定義などを明確にしておく。

　技術の根源である**工学**は、自然界の原理・原則を探究する**理学**を土台にして立つとする二元論——理学の延長上に工学があるとして欧米では"Linear Theory"とも呼ばれるのだそうだ——を信ずる人は今でも多い。19世紀の末には自然科学の研究もさかんになり、その結果を応用して人工物がさかんにつくられ始めた。その当時と現在とでは状況も大いに変化しており、工学と理学の明確な境界はなくなりつつある。

　工学や技術を歴史的に見れば、確かに自然界の摂理に基づいた技術をつくり上げることが第一と考えられてきたから、何か新しく根本的な原理を見つけたり創造しなければならないような技術は考えられなかったのである。しかし、いまや物理学、化学、生物学などの根本に立ち帰り、新法則・新原理を探しながらでないと、新しい技術はつくれなくなってきている。また、従来良しとされて長く使われてきている技術でも、それを量子力学的にジャンプさせるには、私たちの気づいていない何か別の自然界の法則なり原理を探さなければダメになってきている。科学と技術は一体なのだ。

　技術とは根本的に発明であり、これまでにない人工物をつくり出すことである。多くの発明品があるにもかかわらず、発明者に対するノーベル賞のような賞がないことや、発明当初は顧みられず後年になって価値を認められたものもあり、発明品そのものが個人の業績となっているケースは少ない。この点は大きく理学と異なる性格であった。

　技術の価値は、その新規性は当然として、社会全般に認められることで決まる。端的に言えば、経済的効果があるとか、社会生活に便利だとか、自然科学をはじめ技術などをあまり理解していない多数の人々の価値観で決まる。その意味では、民主的な決まり方をする。一方、理学でいう科学上の価値は絶対的であり、従来わかっていないことが判明したとか、新理論が創造

されたとか、内容のわからない人々に判断してもらうものではなかった。

現代の科学技術は、基礎理論、応用、技術、人工物などがすべて一体となった集合体で、従来の図書館学的な分類で専門分野を分けることには意味がなくなりつつある。21世紀には自然科学全体にも統一理論が必要で、そのなかで新しい整理の仕方、教育の方法、研究の進め方が議論されるべきであろう。

自然科学の法則に無知だった中世の技術者は（当時は「技術者」という職種の人は厳密にはいなかったが）、魔法使いになるか、錬金術師になるよりほかになかったことを考え、種類は違うとはいえ、同じような矛盾と自己撞着に陥っていないかどうかを検証し、常々自然の摂理という原点を見据えていくことの大切さを強調したい。

2-2 有人宇宙飛行技術の歴史と内容

有人宇宙飛行技術は、今日技術の頂点に立っていて、これ以上困難な技術はない。技術とは何か、応用を重視する工学とは何か、基礎となる理学とは何か、またそれらはいかに連携しているのか、等々の歴史を理解するとともに、将来に向けた展望を考えるときに、この有人宇宙飛行技術ほど適している課題はない。

すでに19世紀末には、人間が宇宙へ行くのは理論的には可能だと考えられていたが、工学的にそれを実現する第一歩は、20世紀初頭のライト兄弟による初飛行であった。当時すでに初歩的ではあったが、空気力学、構造力学、内燃機関（熱力学）、制御（機械力学）などは存在し、ライト兄弟は何ら新しい理論を創造したわけではなく、まわりにある技術や学問を有機的に組み合わせて、飛行を可能にしたにすぎない。ただし、ライト兄弟の名誉のため付言すると、彼らの工学面での業績は、手製の風洞試験で翼の断面を決めたことである。これは航空工学者・技術者のイロハになったことはご承知の通りである。このライト兄弟の"組み合わせ"技術は、後年ロケットや人

2章　有人宇宙飛行と科学・技術

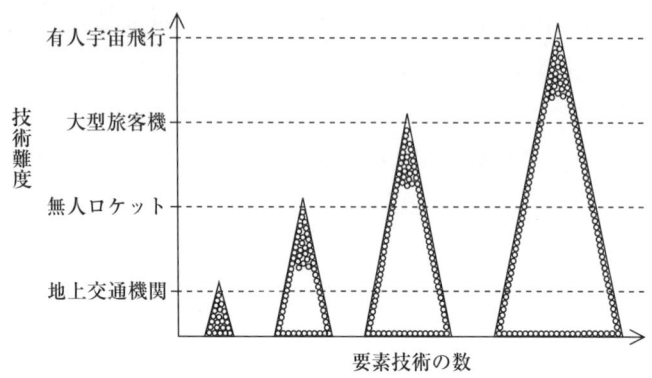

図2-1　システム技術のピラミッド

工衛星の時代となり、システム技術と呼ばれ発達した。

　ロケット技術は第二次世界大戦中にドイツで完成したが、これもいろいろな科学の原理に基づく多数の技術の集大成で、システムとして完成されたものである。その主な特徴は、原理・原則に忠実にものをつくることで、確立された知識を使うことであり、最先端の知識や賭け的な部分は排除することであった。こういうと、多くの科学者や技術者は怪訝な顔をするかもしれないが、組み合わせの対象となる要素技術はかなりありふれたもので、考え方としては保守的であったのである。"組み合わせ"の妙により画期的なシステムとするのが技術者の腕の見せどころであり、ひとつの新規性といえる。ロケット技術者の間で「"Better" is an enemy of "good"」と言われたくらいである。使う技術は good で十分、better である必要はない、と揶揄した言い方である。

　有人宇宙飛行技術は、システム工学のなかでもっとも困難な課題であった。限りなく多くの技術要素を効率よく、かつ信頼性を向上させつつ組み合わせるわけだから、全体へどのくらい目が届くのかが重要であった。そして、信頼性工学という新たな工学と技術が、この有人宇宙飛行技術とともに発達してきた。"目の届き方"が客観的に評価できないと、実際に物として

製造できないからである。現在この信頼性工学は、多くの分野・活動に応用され適用されて、ひとつの尺度として定着している。

2-3 有人宇宙飛行技術における課題

　人間が宇宙飛行に出かけるときは、地上にあるものを大体持っていかなければならない。整理して我慢するものもあるにせよ、其本的に必要なものは持参しなければならない。また、運搬手段も大切である。ここでは、抽象的な学問体系に合わせるのではなく、機能要素別に、有人宇宙飛行にどんな技術が必要なのか、それらの現状はどうかなどを述べる。そして、現在すでに建設中の国際宇宙ステーションを見ればわかるように、個々にはある程度存在して使われている技術もあるので、その延長線上にどのような課題があるのか、どのように視点を変えていくべきなのか、等々について、要望風に記述しよう。

2-3-1　有人宇宙活動用の設備
(1) 与圧モジュールなどの基本構造
　与圧モジュールの構造・機構系の設計・製造・組み立て技術を始め、宇宙塵防護、機械・電装・計算機などの艤装（ぎそう）、さらに全体の保守・点検・修理のための技術が含まれる。

　これらは、これまでの航空機やロケットなどの技術で基本的には可能なもので、現在の技術でも将来にわたって使うことができる。しかし、打ち上げ重量の軽減は宇宙開発最大の課題のひとつだから、将来に宇宙活動が全般的に活発になるためには、どうしても超軽量の構造を考えることである。

　超軽量化のためのひとつの方向は、展開構造にすることである。打ち上げ時には畳んでおき軌道上で展開するのは、アンテナなどにすでに取り入れられている。しかし、宇宙での与圧構造までには及んでいない。信頼性のある技術がないからである。軌道上で骨や皮膚となる部分を展開していきなが

図2-2 国際宇宙ステーションの日本実験棟（JEM）の与圧部
（写真提供：宇宙開発事業団）

ら、なかへ発泡材などを流し込んで固めていけば、現在の構造に比べて極端に軽くすることができるであろう。展開構造の挙動の力学的な解析、使用材料の製造・製作、発泡材自体の開発、構造部分（骨や皮膚）との濡れ性、（とくに微小重力下での）発泡材の挙動、発泡材の充填時の挙動（どういうように加圧するのが効率よいか）、固化した後の強度はどうかなど、かなりの研究課題がある。

人間が居住する与圧構造に限らず、部品、デバイス、各種機械類の構造体の小型化もこの分野の大きな共通的テーマであるが、先の展開型の構造と基本的には類似したテーマであり、両者は同時に発展させられる。

(2) 環境制御・生命維持

与圧室内では空気の循環により、空気圧・組成・湿度を制御し、二酸化炭素（炭酸ガス）、そのほか有害ガス、悪臭などを除去しなければならない。また、水・ガスの供給と再生、廃棄物処理（短期的には蓄納）も欠かせない。火災・減圧・汚染など非常時の対処も要求される。

現在運用されているスペースシャトルや建設中の国際宇宙ステーションで

は、基本的に地上で可能な技術の範疇にあり、とくに宇宙だからといって目新しい技術が使われているわけではない。今後さらに長期の宇宙滞在を可能にするには、この分野で次のような根本的な革新を目指さなければならない。

　まず与圧室内のガス分析である。どのような成分がどのくらい存在するのかをきちんと測れなければならない。現在でもある程度可能ではあるが、十分なレベルではない。いまあるガスクロマトグラフィー技術をどの程度高められるのかが課題である。これは物理と化学の基本へ立ち帰る課題である。

　さらに、空気や飲料水のなかには微生物や細菌が（ある程度）生存しており、また宇宙での突然変異によって新種が現れるかもしれない。したがって、そのような微生物の存在と量もすぐに測定できるような技術も必要である。現在の技術では、細菌の同定には非常に時間がかかり、わかったころには周囲の人はすべて中毒を起こしていた、というのは地上でよくある話である。これは、同定のための菌の培養・増殖に時間がかかるためで、この培養のステップは省けないのか、何かほかによい方法はありえないのかなど、生物学の基本に立ち帰り、解答を探すべきだ。素性のわかった菌を空気中や水中に放ち、彼らを使って情報を集めることはできないのかなど、いろいろな研究の方向がありえると思う。

　現在、物質の循環を100%行うのは不可能だが、技術的に部分再生が可能な物質と、再生不可能で持っていかねばならない物質の割合は、おおよそ見当はつけられる。しかし、火星などへ行くことを考えるときは、この見積もりがはるかに精度の高いものである必要がある。地球周回軌道であれば補給がすぐできるから、この見積もりの狂いはあまり問題とはならない。水や酸素も含めた必要な補給品の量の見積もりは、やさしいようでじつは難しい。人間の新陳代謝や活動が定量的に数値化できないことも理由のひとつである。実験でデータを積み重ねていかないと方向性が見えない分野であり、研究課題も絞り込みづらい。

　水の循環を例にとると、水の循環技術そのものはかなり確立されていて、

そう大きな課題であるようには思われないであろう。確かに、地上で広くかつ大きな体積を対象として行うのであれば、あまり問題はない。どこの工場でもやっている。しかし、宇宙船の内部のように狭い空間、しかもかなり重量に制限があるような場合にはかなり困難になる。すなわち寸法効果が出てくるのである。機械も小さくすればパイプが詰まったりする。大きい機械の方が問題は少ない。

このように物質の循環技術は、寸法効果を乗り越えないとダメである。水の循環やガスの循環はトランク1個ないし簞笥1棹ぐらいの体積で機械をまとめてくれないと宇宙飛行に供することはできない。現在この点で完全な機械はなく、技術的課題である。

(3) 居住空間

衣類や食品などの必需品、また先に述べた廃棄物処理とも関わるが、トイレなどでの排出物処理など、さらに衛生設備としてシャワー、洗顔・歯磨き用具、そして飛行士の睡眠区画の工夫、運動・体操器具の配置と使いやすさなどに関係する技術である。

これらも、スペースシャトルの飛行を見ればわかるように、人間の地上生

図2-3 スペースシャトルのなかでシャンプーで頭を洗う毛利 衛
宇宙飛行士（写真提供：宇宙開発事業団）

2-3 有人宇宙飛行技術における課題

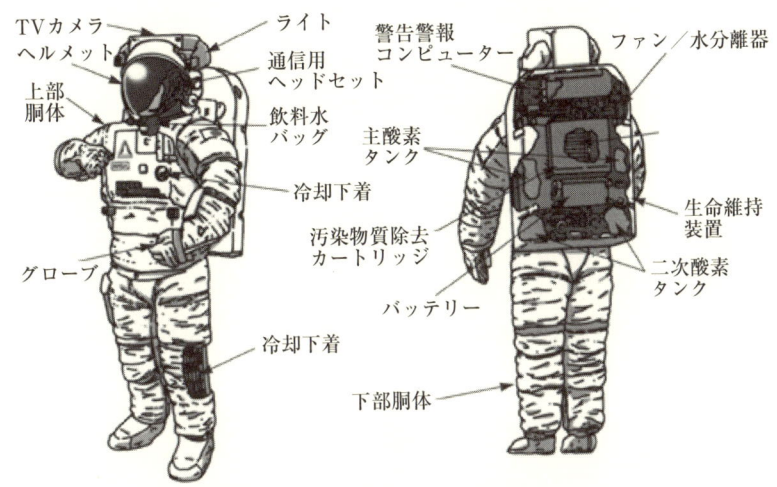

図 2-4 宇宙服（資料提供：宇宙開発事業団）

活を基準として宇宙でもある程度可能になりつつある。しかし、かなり物理的にギリギリの空間であること、プロとして訓練した乗員が滞在することが基本となっており、快適性はこれからの課題である。将来の宇宙観光などを考えるならば、別の次元の研究（あまり訓練をせず、健康な人ならすぐにやれるようなシステムにする）が必要となってくる。

(4) 船外活動

宇宙服、船外活動用エアロック、可搬型の生命維持装置、空間移動椅子などに関わる技術である。

これらの技術も、アポロによる月ミッションの時代（1960年代）からあることはあった。最近は、宇宙服内の各種制御機器も小型となり、一層の進歩が伺える（図2-4）。現在のところ、いまある技術を飛躍的に向上させようという動機には乏しい。いまあるものを使い続けるのは悪いことではない。唯一発展の方向があるとすれば、1気圧宇宙服の開発である。

現在の宇宙服は軟質で、服内気圧も0.3気圧ぐらいであるので、船外活動をするためには数時間純酸素を呼吸して血液内の窒素を追い出さないといけ

17

ない。また0.3気圧とはいえ、軟質の服を膨らますので、とくに指の部分は折れ曲がりにくくなり、作業性はあまり高くない。これらの課題群を一挙に解決できる宇宙服は、夢の宇宙服である。たとえば、1気圧にも耐える硬質の服は、鎧(よろい)のようになるか"タンクタンクロー"型になるかのいずれかであると予想されるが、腕や足の屈節部分、指の作業部分は可動性・作業性とも技術的にかなりの難題と思われる。

宇宙服はひとつの完結した小さな宇宙船システムということもできる。そして、このシステムの実現は、かなり困難な部類に入り、改善・改良にも時間がかかろう。1気圧型のような宇宙服の出現には、宇宙観光のような別の動機が必要かも知れない。

(5) 有人実験支援

これらは飛行士が宇宙実験を実施するときに問題となるもので、テレサイエンス活用、危険物・有害試料の取り扱い、生物試料の活性維持や操作性・作業性の向上、人間―機械系における役割分担の最適化などの技術である。

現在でも宇宙飛行士が行う各種の活動は効率よく、しかも安全に進むようできる限り考慮はされている。足りない部分があるとすれば個々の要素技術の改善・改良で、「多々益々弁ず」の世界となる。

(6) 管理・運用

これは、ソフト面の管理が主であるが、開発や試験用文書の管理、故障・事故分析・後処理(実務は技術開発に含まれることもある)文書管理、飛行運用時間の管理、軌道上への補給や大気圏への廃棄処理などの管理(これも実務は技術開発に含まれる)などである。従来のロケットや人工衛星の開発で、「コンフィギュレーション管理」といわれる項目である。システムが複雑になればなるほど、この作業も複雑になる。

技術的な内容の処理を別と考えれば、この管理技術も多くのシステムの開発過程で確立してきたと思われる。完璧(かんぺき)とはいえないまでも、多くの経験とノウハウは蓄積されている。

2-3-2 宇宙飛行士の選抜・訓練・健康管理

(1) 資質・能力評価

宇宙飛行士に要求される資質を的確に素早く見抜き、適格者を選抜することが要求される。これは効率よくかつ安全に有人宇宙飛行を実施するのに不可欠だからである。ここでいう資質とは、専門的能力、身体的な健康状態と特性、心理的・精神的な安定性、語学力、教養、自己管理能力、社会的（集団への）適応能力、人格・性格などを指す。

これまでの宇宙開発において、どんな人を選んだら良いかについては、かなりの経験とノウハウが蓄積されている。ただし、宇宙飛行士の人数は少なく、母集団としては小さい。したがって、選ばれた人のその後の追跡評価で現在の評価方法に何か問題がないか、改善すべき点がないかなど、国際宇宙ステーションの運用時代を通じて検証されるものと理解される。

(2) 募集・選抜

ある程度、評価基準が決まったら、後は機械的に募集・選抜が進められなくてはならない。宇宙飛行士は大衆にも人気があることから、個人情報の管理、プレス・報道関係への対応方法も大切な要素である。

これも特別な研究課題があるとは思われないが、宇宙開発の社会や一般大衆などへの接点となるから、社会全体の宇宙活動への理解を増進させる対策での検討課題・要処置課題ではある。

(3) 訓　練

宇宙飛行士の軌道上での役割を考慮し、座学、実習（実験）などにより、効果的に各資質の向上、能力の養成を行う。宇宙輸送系、有人宇宙システム全般、各種実験装置などになるべく早く熟知してもらうことである。

宇宙飛行士は一般に、どの面を取っても並以上に、たまには桁外れに、優れた人たちである。その人たちを訓練・教育する人は、担当事項に関し、宇宙飛行士よりはるかに優れていなければならない。いろいろと庶務的事項もあるものの、育成する側の養成が課題であろう。

2章 有人宇宙飛行と科学・技術

図2-5 船外活動訓練中の土井隆男 宇宙飛行士（写真提供：宇宙開発事業団）

(4) 健康管理

自明のことながら、飛行中また飛行前後の健康管理、それらを効率的に実施できる機器類、個人情報管理システムなどが必要とされる。

これまでのロシアの宇宙ステーション「ミール」やアメリカのスペースシャトルの経験から、考えられる事項については対処することになっている。未だに気づいていない不測の事態も予想されなくはないが、基礎的な医学研究に待たなければならないことも多い。

2-3-3 宇宙飛行士の作業能力の向上
(1) 人間と機械のインターフェース

宇宙環境の特殊性を考慮した作業負荷、作業内容の分析・解析とそれらの機器設計への反映、すなわち人間工学データベースの構築と利用などが考慮事項である。

この面においても、これまでの全般的科学研究や技術研究の成果は反映されている。ただし研究面において、研究に使う機材は多種さまざまであり、こういう機器と事前に特定できないから、それら機器ごとの対処となる。し

たがって、上記の「作業負荷、そのほか」といっても、あまり標準化できるものではない。予測の付かないケース・バイ・ケースをどのように処置していくかが課題といえる。

(2) 自動・自律化・人工知能

現在はロボットの導入を中心に、遠隔運転や無人運転が操作上可能となってきている。機材によるが、自動運転も考慮されている。ただし、実体は地上の工場とさほど変わらず、単純な動作を機械で置きかえることが主体である。ソフト的な面、すなわち自律系機械、判断・学習機械という意味では、さほど進歩は見られない。

かつて「人工知能」という語がかなり喧伝された時期があったが、学問的にも技術的にもはかばかしい進歩は見られず、今日頭打ちである。これは宇宙だけではなく、すべての人がお世話になる情報科学分野の課題である。

人工知能とは、その分野の専門家が考えるほどややこしいものではなく、単純に「質問に答えてくれる機械」のことである。機能からして、メモリーを持ち、計算処理（事務処理も含む）ができ、入出力可能なものなどから、端末計算機のような形態になるだろうことは想像に難くない。質問を発する人がどんな質問をするかにもよるので、この人工知能も各種ありえよう。幸いというか、不幸というか、現在「簡単な質問に答える機械」はあるのである。そのため、この分野の専門家は「人工知能をつくることは可能である」「その可能性は証明された」としているが、進展ははかばかしくない。世のなかで人工知能が活躍しているという話を聞いたこともなく、もちろん技術として確立されてはいない。

この分野では、ソフト面での挑戦、すなわち計算機言語の新規創造、人間の脳内での情報伝達処理などの解明と応用などが課題としてあげられる。計算機言語も過去に多数提案されており、進歩はみられている。ただし、超膨大な情報の処理、多数の複雑な問題の並列処理には到底満足とはいえない。

計算機の性能・能力など、ハード面の進歩は当然あるというのが前提である。ハード的にも新言語の創作と同じく人間の脳の機能に近い性能が最終的

な目標だ。コンピューターの演算速度についても、いく度となく限界説がささやかれたが、その都度、新技術の出現によって乗り越えられてきた。計算機の性能は人工知能のためのみならず、通信・情報伝達にも貢献するので、ハードとしての性能は高ければ高いほどよい。

(3) 居住空間・作業空間の快適化

先に述べた与圧モジュールの構造や環境制御技術とも関わるが、与圧室内の騒音・音響・振動の抑制、室内色彩の適正化、衣服・食事・余暇・人間関係などのバランスを取る。

我慢しようと思えば、現在のレベルでも我慢できるとは思うものの、快適性などをより追求する宇宙観光などで、ときにはまったく違う角度から研究を進める必要が出てこよう。

たとえば騒音の問題では、国際宇宙ステーション内もかなり"うるさい"環境と予想されている。この騒音レベルを下げることは機械技術者に取ってもそう簡単ではない。下げる努力は当然するものの、たぶん満足するレベルまでは下がらないであろう。技術的な課題であると同時に、「どうしてもそこまで下げなければダメなのか」という問いに答えることでもある。現在は宇宙飛行士（プロ）が我慢してくれるレベルで折り合っている。

ほかの項目も似たり寄ったりで、基本的な要素技術の研磨と向上が課題であることも確かである。

(4) 微小重力耐性の向上

宇宙飛行士の健康管理とも関わるが、軌道上での運動とトレーニングなどの処方箋、地上での模擬訓練やこれに関する医薬品などの問題がある。

これは宇宙飛行士の健康管理項目でもあり、ここで別項目にしたのは、宇宙での微小重力の影響はいろいろと多いからである。筋肉や骨に与える影響はすでに事実として教科書にも載っている。なぜ筋肉が退化する（心臓も怠け者になる）のかも、理由は思索する以外にない。骨からカルシウムが抜けるのも同じである。対処法として、軌道上で毎日2時間ぐらい運動するのがよいことがわかっているだけだ。

2-3 有人宇宙飛行技術における課題

図 2-6 エルゴメータ（自転車こぎ）でエクササイズするグレン宇宙飛行士
（スペースシャトル STS-95 内にて．写真提供：宇宙開発事業団）

　"宇宙酔い"などに対しては薬も出されているが、効くか効かないかは個人の体質にもより、微小重力の影響を排除することに効果のある薬はいまのところない。これには医学、基礎生物学、そのほか諸々の分野の協力による研究が必要である。

2-3-4　安全確保・向上
(1) 設備・装置の安全
　現在、開発・試験などが実施されている飛行する機材・機器、すなわちハードウエアについては、安全要求が設定されているので、打ち上げや軌道上での組み立てのときに最終的には検証される。したがって、それらをデータベース化し、今後に生かす必要がある。
(2) 宇宙飛行士の安全
　これは、宇宙飛行士のヒューマンエラーに基づくであろう事項を事前に洗い出して、その対処を考えることと、医学上の事項とに分けられる。前者では作業負荷の適正化、教育・訓練プログラムの見直し、環境の行動へ与える影響の分析、ストレス対処、心理サポート、知覚・認知・運動能力の維持な

どがあり、後者では健康管理の徹低と軌道上における治療法の開発が考えられる。これらは、先に記述した「宇宙飛行士の作業能力向上」の項目（2-3-3項）と重複する部分もあるが、総合して問題対処へのガイドライン（指針）とかフィロソフィー（基本的な考え方）ということに帰着する。

有人宇宙飛行において、宇宙飛行士の安全は最大かつ最優先事項である。これが危うくなるようでは宇宙飛行の意義がなくなるし、一般大衆の支持も得られない。

個々の多くの技術課題の検討・研究を進めるのは当然として、問題群の所在、それらの性質、誰の問題か、誰がどうすれば解決に繋がるのかなど、戦略的な対処方針の確立がまず求められる。

けがや病気に対して、宇宙でどのくらい治療が可能であるのかは大きな課題ではあるが、地球周回軌道上の場合は地球へ降りれば済むので、あまり問題とはならない。火星へ飛行するときは対処策が要る。この対処策の構築こそ、国際宇宙ステーションでの大きな研究課題ということになろう。

2-3-5 共通的宇宙工学

宇宙におけるシステムは、物としても技術としても存在しているが、現在のものを改良したい、こういう目的に使いたいなど、今後の発展を考えたとき、研究すべき課題は多い。ここでは工学的にみたおもな課題をあげる。

(1) 宇宙輸送系

今日、宇宙環境利用の促進が叫ばれ、宇宙の商業化が強調されているが、最大の障害は打ち上げ費用の問題である。このコストを下げない限り、短期的にも長期的にも人類の宇宙活動は発展することができない。宇宙関係者にとって最大かつ究極の難題である。

先にロケットは航空機の後輩で、戦後「システム技術」として発達してきたと述べた。宇宙開発が始まって以来、ロケットは改良に改良が重ねられたが、基本的にはさほど進歩しておらず、システムとして纏めるという視点では限界に達していると判断される。システムにおいて、そのなかに含まれる

要素のレベルはありきたりでもよいのだとされた歴史も記述したが、しかしいまや、エンジンの要素技術もベターでは足りずベストでなければならない。このベストな要素技術は何かということは、いま現在、誰にもわかっていない。

ロケットの燃料として水素が、酸化剤として酸素が最善であることは、1930年代の教科書にも書いてある。それらからどの程度の化学エネルギーが出てくるかもわかっているし、その数値は人類が何億年待っても変わるものでもない。物理化学上の原理なのだ。残念ながら、ロケットの推力に使えるにはその一部だから、効率は上げなければならない。しかし、効率を上げても上限は変わらない。

現在ある情報や技術を総合すると悲観的な材料ばかりであるが、しかし、宇宙開発の関係者は総力を上げて、ベストな要素技術とベストなシステム技術（これらはたぶん現在の延長線上にはなく、革命的なものとなろう）を探さなければならない。以下に研究の方向を示してみよう。

a．燃焼効率を上げる

ここでいう燃焼効率とは、広く解釈して、取り出して利用するエネルギーの割合を高めることである。いまアメリカで検討されているアエロスパイクエンジン（aero-spike engine）もひとつの方向ではある。このほかにないのかどうか。

b．重量を軽くする

現在の技術でも、全離陸重量のなかでの燃料・機体・積荷の重量の割合はわかるし予測もつくが、機体重量などを極端に軽くできれば話は大きく変わってくる。紙のように軽く鉄のように強い材料があればよいのだが、いまのところ夢物語に近い。ただ、この要因はさまざまなところに効いてくるので、重量の軽減はわずか2〜3%でも数%でも相当効果が期待できる。

c．空気力学的な考察

飛行中の機体周りの流れ、揚力や抵抗などは現在でもわかるし予測もつく。大体設計通り飛行していると考えてよい。問題は、機体の周りの流れで

衝撃波などによる圧縮をあまり活用していないことだ。今後は、いままで完全に抵抗にしかならなかった部分を、揚力なり推力に変換・活用するように考えなければならないのではないか。新しい熱サイクルの創造である。

(2) 部品・装置の耐放射線機能そのほか

ひとつの典型的な要素技術課題として、半導体・トランジスターなどの宇宙放射線対策があげられる。これは経験的にはかなり進んでいる技術分野で、実際の飛行に差し支えないようにすることはできており、対症療法としてはある。それでも極端に高エネルギーの粒子にぶつかられてシステムがダウンすることは間々ある。

物理化学的な理解が進み、現象が原子・分子レベル（量子レベル）できちんと説明できるようになれば、本当の意味の対策も立てられよう。

(3) ミッション・シミュレーター

ここでいうミッション・シミュレーターとは、大掛かりな人工知能のことであり、設計の道具でもある。そこには過去のロケット開発、人工衛星開発、国際宇宙ステーション開発に関わるすべてのデータベース、経験、ノウハウ、教則（lessons-learned）が計算機のなかにコード化されて収納され、そして技術者の多種多様な質問に答えてくれるシステムを想定している。

ミッションは通常、設計→試験・検証→ハードの確定→製造→組み立て→運用、と進む。現在の大概のミッションで、ほとんど設計が進んでいないのに、根拠もなく運用時の話をしたり、完成時のコストの話をしているなど矛盾が多い。過去の知識を集大成し、それを基礎に（直感と気分によるのでなく）きちんとライフサイクル解析ができることが重要である。このことは、ミッションのコストが高くなればなるほどさらに重要になってくるはずだ。

このシミュレーターをどのようなときに使うのかを考えると、たとえば近未来的には全世界で火星ミッションなどを作業するときに使える。ネットワークを世界中に繋げておき、発展の目覚しいバーチャルリアリティーの技術も当然取り入れて、世界中の技術者があたかもひとつの部屋で設計作業やライフサイクル解析を実施しているかのごとき環境と必要機能を提供するも

のである。
　これは理論的には可能と思うが、実現には時間がかかろう。世界中の協力も取り付ける必要があるが、まず国内で構築していくのが手始めであろう。それはゆくゆくは全世界で使用するものの一部、すなわちサブルーチンになるのだから。

(4) 物質循環

　先に、環境制御と生命維持の個所で、現代の宇宙システムのなかで、物質循環がどの程度考慮されているかに触れたが、現在の技術はまだ幼稚なレベルである。物質循環は、地上における環境問題や不用品のリサイクルなど、私たちの日常生活とも関わってくる。地球上でも物質がどのように循環しているのか、生態系とはどのように関わるのか、という問いに答えなければならない非常に大きいテーマである。どこから手を付けるべきかと迷うほど課題は多い。

　これがなぜ大事かというと、いずれ人類も地球以外の惑星へ到達するであろうから、そのときは宇宙船という「小地球」を持参しなければならない。動植物、人間、機械も含めて総合して循環できるものは循環させ、どうしても循環の効かないものは最低限持参するというのが効果的かつ合理的宇宙進出の基本である。そのためには地球のこともっともっと理解しなければならないことは、幸いなことであり、かつ当然のことでもある。

(5) 人工食糧

　現世新人類は約15万年前に誕生し、3万5000年前ころに一段と飛躍があり、数千年前に歴史時代となり、文明が大いに進歩してきた。現代の成果は数千年前の人類には考えられなかったと思うが、こと毎日口へ運ぶ食品・食糧となると、人類の誕生以来ほとんど進歩がない。私たちは15万年前とほとんど変わらない食生活を良しとしている。

　現在でも人工食品はある。ただし、大体はまずく、大半の人からは嫌われているし、食品として一人前とはみなされていない。唯一インスタントラーメンと人工イクラが頑張っているくらいであろうか。最近は贅沢な人が多

2章　有人宇宙飛行と科学・技術

図 2-7　1992 年 9 月のスペースシャトル（STS-47）に持参された宇宙食（写真提供：宇宙開発事業団）

く、貝柱に似せた寿司ダネ（練り物）などは捨てる人もいる。

　宇宙時代を迎えても、食品は田や畑、海、山、川、牧場などからしか来ないのは片手落ちであろう。食品も工場から出荷されてしかるべきである。宇宙旅行にすべて自然食をというのは無理だと思うことと、味や風味も工夫し、自然食より美味しい人工食品（栄養はもちろん）が出てくれば世界の食糧問題も一挙に解決すると思うからだ。

　研究の方向として、自然界には美味いものがたくさんあるのだから、まずそれらを人工的に合成することから始めるのが第一歩とは思う。ただ、自然界で素性のよくわかっている糖でも、ものによっては非常に合成が困難ともいわれるので、基礎研究に立ち帰る部分は多いだろう。

(6) そのほか

　以上のほかにもさまざまあるが、宇宙との関わりがより高い事項を選んで記述してきた。また説明のなかで、広範な微細にわたる基礎研究との関連は一々付けなかったが、何ごとによらず、基礎研究がすべての土台であることは間違いのないことである。いまある技術に直接寄与しないかもしれないが、多くの参考情報となり、間接的に技術の向上に資している事項も多いことを付記しておく。

3. 微小重力下の物質科学

依田真一 (3-1〜3-4), 伊勢典夫 (3-5)

3-1　宇宙実験と材料科学
3-2　微小重力の特徴
3-3　微小重力と材料製造
3-4　微小重力の利用が期待される
　　　分野と現象
3-5　コロイド科学

FMPT に使われた材料実験用ラック

3章 微小重力下の物質科学

3-1 宇宙実験と材料科学

宇宙実験とは、宇宙の特殊な環境因子、すなわち① 微小重力、② 高真空、③ 放射線、④ 太陽エネルギー、⑤ 広大な空間、を利用することにより科学技術的な目的を達成するために行う実験である。これら環境因子のうち、材料実験としてとくに有効で興味ある因子として**微小重力**があげられる。

近年、重力に起因する対流などの種々の阻害要因を極小化することによる新たな材料の創出、あるいは拡散などの物理現象をより正確に理解するなどの現象の解明、の二つの側面から微小重力の利用に対してとくに期待が寄せられている。

3-1-1 宇宙実験の歴史

ここでは宇宙実験の歴史を振り返り、概観する。

微小重力環境を利用した実験は、アメリカにおいて 1950 年代後半から、主としてロケットの液体燃料の微小重力下の挙動を調べる目的で、落下塔や航空機を用いて始められた。宇宙空間における宇宙実験は、アポロ計画の一環として、1971 年にアポロ 14 号の指令船のなかで、対流実験、複合材料の製造実験、バイオテクノロジー実験が行われたのが初めである。

本格的な宇宙実験としては、アポロ計画で使用されたサターンロケットの燃料タンクの一部を実験室として改造したスカイラブ計画が 1973 年から実施され、燃焼実験、半導体の結晶成長実験、偏晶合金の均一混合実験、共晶合金の一方向凝固実験などが行われた。特筆すべきは、日本初の宇宙実験がここで行われたことである。それは科学技術庁 金属材料技術研究所が提案した銀と SiC ウィスカーの均一混合実験である。この後、1975 年にアポロ指令船とソ連のソユーズとのドッキングによる米ソ両国の国際協力のもと、気相からの結晶成長などの材料実験や生体物質の分離などのバイオテクノロジー実験が行われている。

その後は、アメリカと西ドイツにおいて小型の固体燃料ロケットを用いた

宇宙実験が行われた。アメリカにおける小型ロケットを用いた宇宙実験は、SPAR 計画と称され 1975 年から、西ドイツの小型ロケットによる宇宙実験は、テキサス（TEXUS）計画と称され 1977 年から開始されている。これら小型ロケットを用いた宇宙実験では、5〜6 分間ほどの微小重力実験時間が得られる。材料科学分野に含まれる凝固、材料製造、拡散および燃焼などかなりの領域の研究が小型ロケットにおいて行うことができる。一方、結晶成長実験など長時間にわたって微小重力を必要とする研究においては、地球周回軌道上での本格的な宇宙実験を行うに際しての予備実験として、最適実験パラメーターや試料形状などの確認、実験技術の検証などが行われてきている。アメリカにおける小型ロケットによる宇宙実験は、1981 年のスペースシャトルの打ち上げまで頻繁に行われ、それ以降も小規模ながら継続されている。ドイツのテキサス計画は、現在も実施されている（9 章参照）。

アポロ・ソユーズ計画以降、地球周回軌道上の有人を介した本格的な宇宙実験の再開は、1981 年より開始されたスペースシャトルの打ち上げを待たなければならなかった。スペースシャトルによる最初の宇宙実験は、1982 年に打ち上げられた 3 号機によって行われた小規模な宇宙材料実験である。その後、ヨーロッパ宇宙機関（ESA；European Space Agency）が、スペースシャトルのオービターに搭載するスペースラブを開発した。スペースラブは、1 気圧の空気を満たした宇宙実験室と宇宙空間に露出した実験台から構成されている（図 3-1）。このスペースラブを用いて、1983 年に ESA とアメリカ航空宇宙局（NASA；National Aeronautics and Space Adiministration）が共同して宇宙実験を行っている。

アメリカ独自の本格的な宇宙実験は、1984 年に実施されたスペースラブ 3（SL-3）によって行われた。また、西ドイツ独自の本格的な宇宙実験として、1985 年にスペースラブを用いた D1 計画が実施されている。D1 計画では、材料分野とライフサイエンス分野を合わせて 75 テーマの宇宙実験が行われた。その後、周知のように 1986 年 1 月に起きたスペースシャトル・チャレンジャー号の不幸な事故により、地球周回軌道上における本格的な宇

3章 微小重力下の物質科学

図 3-1 1992 年 9 月打ち上げのスペースシャトル (STS-47) に搭載された
スペースラブの外観(上)と内部(下)(写真提供:宇宙開発事業団)

宙実験は 1989 年 9 月のスペースシャトル打ち上げ再開まで待つこととなり、停滞を余儀なくされた。

スペースシャトルの打ち上げ再開後は、各国の宇宙実験計画が積極的に行われた。スペースシャトルを利用した国際協力による国際微小重力実験室計画 (IML; International Microgravity Laboratory) は、1991 年および 1994 年の 2 回実施され、有機結晶成長、粒子分散合金の製造実験などが行われた。一方、アメリカ独自の宇宙実験計画 USML (United States Microgravity Laboratory) と USMP (United States Microgravity Payload)、ドイツ独自のＤ２計画、また 1997 年には国際協力による微小重力科学実験室計画（MSL-1；First Microgravity Science Laboratory）が行われている。

3-1-2 日本の宇宙材料実験

日本の宇宙材料実験については、欧米やソ連と比較してこれまで立ち遅れていたが、1990 年代前半からの小型ロケット実験計画の実施、第一次材料実験計画（FMPT；First Material Processing Tests)、国際微小重力実験室計画（IML-2）、微小重力科学実験室計画（MSL-1）などへの積極的な参加によって急速なキャッチアップを行い、現在では世界最先端レベルにある研究領域も現れるようになった。

わが国初の宇宙実験は、すでに述べたように 1973 年のスカイラブ計画のときに行われた。その後、宇宙開発事業団（NASDA；National Space Development Agency of Japan）において、1980 年から 3 年間 TT-500 A 小型ロケットを用いた微小重力実験が行われ、複合材料の製造、半導体の結晶成長などが実施されている。それ以後は、1983 年から 84 年にかけて民間企業による雪の結晶成長、流体実験などが行われている。また 1986 年には、金属材料技術研究所が西ドイツのテキサスロケットにより金属の凝固実験を実施し、さらに 1988 年と 89 年には民間企業がテキサスロケットにより半導体製造、拡散などの実験を実施している。

日本として地球周回軌道上における本格的な宇宙実験は、1992 年の FMPT であり、複合材料の製造や半導体の結晶成長、流体実験など 22 テーマの材料実験と、細胞分離など 12 テーマのライフサイエンス実験が実施されている（図 3-2）。このなかには、鋳造などにおける鋼塊中心部での結晶粒等方化の原因について、従来は「中心部で熱流束が滞り新たな核発生により等方的な結晶粒が生成する」との説明であったが、宇宙実験の結果、「るつぼ壁で生じた結晶核が地上では対流により中心部まで運ばれることによっ

3章 微小重力下の物質科学

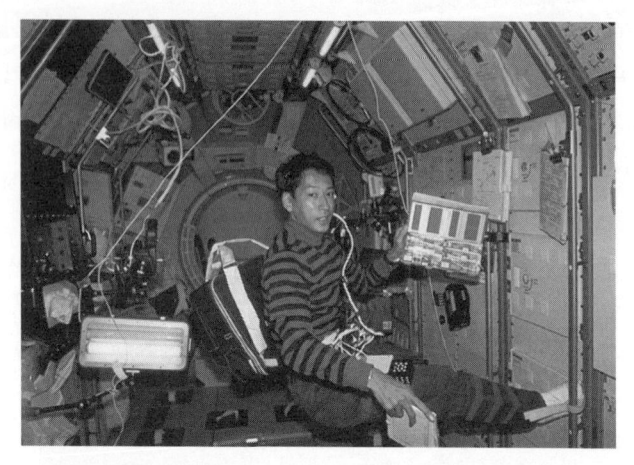

図3-2 FMPT ライフサイエンス実験中の毛利 衛 宇宙飛行士
（写真提供：宇宙開発事業団）

図3-3 自然対流と拡散に対する重力加速度ゆらぎ（g擾乱）の影響
（写真提供：宇宙開発事業団）

て等方的な結晶粒が生成する」との新たな理論が構築され、そのほかにも多くの意義ある成果が創出された。

1994年の国際微小重力実験室計画 IML-2 では、gの擾乱による流体挙動の実験が行われ（図3-3）、g擾乱がある流体の見かけの拡散は、擾乱がないものに比べて50％ほど大きいとのデータが得られ、g擾乱が実験目的に

3-1 宇宙実験と材料科学

よっては無視できないものとなることを示唆する結果が得られた。また、粒子分散合金の製造実験では、粒子分散状態の均一性が確認されるとともに、微細粒子が凝固時の核発生サイトとして寄与することが明らかになった。さらに、濃度差マランゴニを利用した半導体材料の均一混合実験では、マランゴニ対流を利用することにより濃度差のある材料を微小重力下で効率的に均一混合できることを実験的に証明するという成果が得られている。

1997年に行われた微小重力科学実験室計画（MSL-1）では、NASDAが開発した大型均熱炉（図3-4）を用いて拡散の実験が行われた。錫の自己拡散の実験では、1985年に行われた錫の自己拡散の実験（D1計画）での温度域を2倍以上広げた範囲で拡散係数の温度依存性を調べ、従来の温度の2乗からわずかにではあるがずれがあることを明らかにした。さらに、この温度依存性について、剛体球モデル用いて解析を行って実験結果との一致を見いだし、また粘性率をこのモデルにより理論的に導出し、実験結果とよい一致を得た。錫のような単純な液体構造においては、剛体球モデルが拡散の挙

図 3-4 MSL-1 で使われた大型均熱炉（資料提供：宇宙開発事業団）
1：真空排気パネル，2：制御装置データインターフェースユニット，3：制御装置実験部，4：電気炉本体，5：ガス供給装置，6：バルブアクセスパネル，7：モータードライバー，8：実験支援装置共通電源

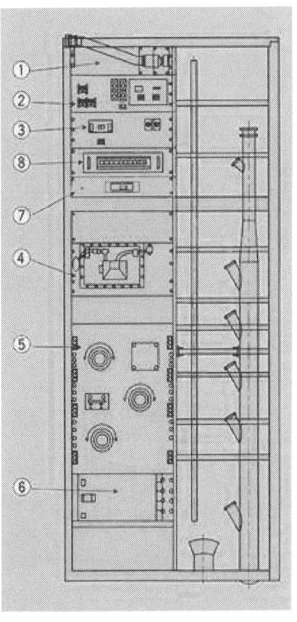

3章　微小重力下の物質科学

動を有効に説明できるとの結論が得られた。半導体材料である鉛錫テルルの相互拡散実験では、広範な温度域においてこれまで明らかにされていなかった拡散係数の測定が行われ、さらに拡散係数の温度依存性も明らかになった。また、溶融塩を用いたイオンの不純物拡散の測定では、地上に比べて長時間の測定を行い、高精度の測定に成功した。地上において対流の影響を除去するためには、短時間で拡散係数を測定する必要があるので、電気化学非定常法が用いられる。上記の結果は、地上での実験結果とよく一致した。すなわち、電気化学非定常法による拡散係数測定の確実性に根拠を与えることになった。

　また、シアーセル法の技術開発もこのミッションで行われた。微小重力を利用すると拡散係数の測定において精度の向上に寄与するが、そのためには実験方法の改良も必要である。拡散係数の測定は、一定温度における拡散量を測定することにより行われるが、加熱・冷却したときの拡散量は実験試料の融点が低いものほど、また実験温度が高くなるほど実験誤差が大きくなり無視できなくなる。MSL-1 では、シアーセル技術の開発を行い、錫の自己拡散の実験において高精度のデータを得ることができた。

　今後の宇宙実験計画としては、国際宇宙ステーション計画がある（1章参照）。国際宇宙ステーションとは宇宙に浮かぶ実験室である（図1-1 参照）。日本、アメリカ、カナダ、欧州宇宙機関およびロシアの国際協力により21世紀初頭の完成を目指し、現在その開発が各国において進められている。この国際宇宙ステーションには、搭乗員がシャツ姿で乗り込み、約400 km の地球周回軌道上で、宇宙環境を利用した数々の実験を実施することになっている。日本は、「きぼう」（JEM；Japanese Experiment Module）と呼ばれる1気圧に与圧されている実験棟（モジュール）と、曝露部と呼ばれる宇宙空間に曝露しているインフラストラクチャーを開発しており（図1-2 参照）、与圧部では主として材料実験やライフサイエンス実験が行われ、曝露部では天体、太陽系、および地球の観測、宇宙空間の環境特性を調べることやエネルギーの伝送などの理工学実験、さらには衛星間での通信実験などが行われ

る。わが国としては、国際宇宙ステーションの完成をみて、初めて宇宙実験が実施できる宇宙インフラストラクチャーを保持することになり、宇宙実験へのアクセスがより身近なものとなる。

3-2 微小重力の特徴

3-2-1 微小重力利用の意味

微小重力下では、**重力**によって覆い隠されていた微小な力が顕在化する。地上では重力の効果により見いだしにくかった表面張力や濡れなどの現象が、微小重力下では顕在化し、このため地上では観察が困難な現象を正確に理解し解明することができる。また拡散係数などの熱物性値は、地上では、重力に起因する対流などの現象によって精密な測定が困難であったが、微小重力下ではそのような対流などの要因を除去できるため、精度の高い測定が可能になる。

微小重力利用の意味としては、以下のことがあげられる。

重力の働きは、原子・分子の結合力に比較して無視できるほど小さい。結合力の弱いファン・デル・ワールス結合でも、1原子面が重力のため剥離することはない。自重で変形が認められる場合があるが、そのためには重力方向に膨大な量の原子が配列する必要がある。したがって、重力がもっとも有効に作用する状態は、原子間あるいは分子間の結合状態がもっとも弱い状態である気体か液体である。後述する微小重力利用による対流、沈降・浮遊などの抑制は、主として気体あるいは液体状態に関係している。

重力の働きは、一方向のみに作用する、すなわち地上に向かう加速度である。したがって、質量のあるものには地上方向への力として作用する。このため、地上での現象はすべて地球表面へ垂直な方向軸に対して軸対称な現象となる。微小重力下では特定の方向への加速度がほとんどないことから、すべての現象は等方的となり、対称性が確保される。等方的な形状は球であり、このため微小重力下では、ロウソクの燃焼火炎のように、形状的に球と

なる現象が多く存在する。また、地上では水中に重い粒子があれば沈み、軽い粒子は浮くことになるが、微小重力下では粒子の重さがなくなることから粒子はどの方向にも動かず、そのままの位置を保持することになり、対称性が確保される。このことを利用すると、たくさんの微細な粒子を均一に分散した材料を容易に製造することが可能となる。

3-2-2 微小重力は技術的なツール

地上では、気体と液体に関わるすべての現象は2次元対称であり、微小重力下では3次元対称となることを述べた。気体・液体の特徴は、力の勾配が存在すると容易に流れ（**対流**）が生じることである。対流の存在は、非線形であるが故に、流れに関係するさまざまな現象の理解を複雑にする。

微小重力利用目的のひとつは、この対流を排除することにより、現象の理解を単純化することである。流れが関係する理論やモデルの展開において、重力というパラメーターを減らすことによって現象を単純化すれば、本質的な理解やモデルの検証に役立つ。このことから、微小重力の利用は、重力というパラメーターを除去して単純化し、濡れ現象などの微小な力を顕在化したり、あるいは燃焼研究などの観測時間を拡大するなど、微小な部分の拡大に役立つ。

ここで重要なことは、すべての現象は地上においても微小・微量ではあるが存在しており、微小重力は重力というパラメーターをそれらから除去することによって単純化あるいは拡大・拡張することである。したがって、観測手段の高速化や高精度化などの手段によって、微小重力を利用しなくてもある程度は理解できるので、微小重力を利用するときにはこの点に留意する必要がある。このことから、微小重力の利用自体が新たな発見を促すという要素は少なく、多くの場合は想定される現象を確認したり単純化したりできるために、理論・モデルの検証などに有効である。この点で、微小重力は技術的なツールといえよう。

3-2-3 微小重力と材料製造に関係した物理現象

さらに材料製造という観点からは、微小重力を利用することにより材料製造時の重力に起因する種々の阻害要因を除去し、先端的な材料が製造できる可能性がある。そこで近年、これらの観点から微小重力の利用には大きな期待が寄せられている。金属、無機物、有機物などほとんどの材料は、その生成過程で液体または気体の状態を経て固体状態へと相転移する。このため、生成過程の液相や気相で対流や密度差による偏析などの重力の影響を受け、これらは材料の組成的・構造的な均一性を妨げる要因となっている。

ここでは、材料製造の観点から無重力下で期待される物理的な効果を整理しよう。

(1) 材料製造に期待される効果

微小重力において材料製造の観点から期待される効果としては、**無対流、無沈降・無浮力、無静水圧、無接触浮遊**がある。

a. 無対流

重力方向に対して下のほうが温度が高いような温度分布が液体や気体に生じた場合、上下方向に密度差が発生し、地上では流動（**熱対流**）が生じる。微小重力下では、液体の粘度にも依存するが、密度差の効果による流動はほとんど生じなくなる（図 3-5）。

図 3-5 熱対流の抑制

b. 無沈降・無浮力

地上では、液体中に密度の異なる物質があると、液体に比べて密度が大きな物質は沈降し、小さな物質は浮上する。また、密度差のある流体どうしでも、地上では2相に分離するが、微小重力下では混合した状態が保たれる（図3-6）。

c. 無静水圧

地上では、液体や固体中に重力が作用し、材料を製造するときに圧縮応力が作用する（図3-7）。結晶固体は、そのときに融点直下で臨界剪断応力が小さいために圧縮の塑性変形をすることになり、結果として転位が導入される。微小重力下では、このような体積力が発生せず、高品質の結晶が得られ

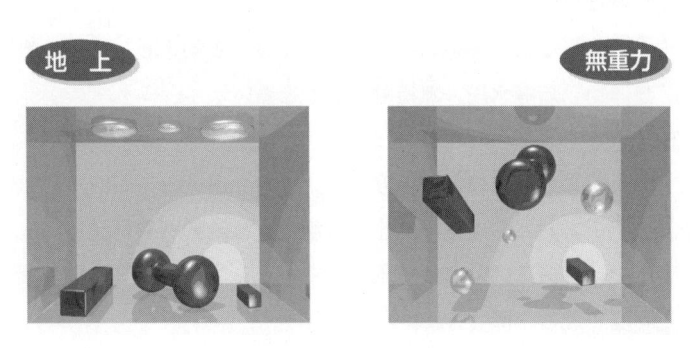

図3-6　無沈降・無浮力

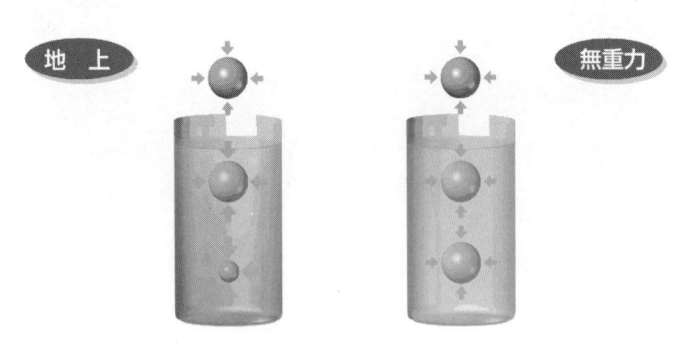

図3-7　無静水圧

図 3-8　無容器浮遊の実現

る可能性がある。

d. 無接触浮遊

　微小重力下では、物体に作用する力がきわめて小さいために、ごく小さな力で物体の空間的な位置が制御できる。地上における結晶成長では、容器として必ず るつぼ を用いるが、微小重力下では、るつぼなどの容器を用いないで材料の溶解・凝固が可能となり（図3-8）、容器から不純物が混入したり、凝固するときに容器と製造材料の熱膨脹係数の違いによって発生する熱応力による結晶欠陥が導入されたりすることなどが避けられるために、きわめて純度の高い物質や高品質の結晶などの製造が期待されている。また、地上ではるつぼの溶融温度により溶融物の最高温度が限定されるが、微小重力下では容器を使用しないために4000 K以上の超高温で材料を溶解することができる。

　以上が、材料製造にあたり微小重力下での基本的な効果である。これらの効果と宇宙材料実験の詳細は3-3節に譲ることにして、次に材料製造に関係した微小重力下での物理現象について重要なものを述べる。

(2) 微小重力によって顕在化する物理現象

　材料製造という観点から微小重量の影響を評価したとき、影響の大きな材料の状態は、気体や液体のように原子間あるいは分子間の相互作用の弱い状態であることはすでに述べた。したがって、流体に関するさまざま物理現象には微小重力の影響が顕在化することになる。

3章　微小重力下の物質科学

a. 界面張力

　気体あるいは液体の状態において、その表面にある原子・分子に働く力は、表面より外側に同一の物質が存在しないため、異方的なものとなる。すなわち、表面上にある原子あるいは分子は、結果として内部の原子あるいは分子からの引力によって引っ張られることになる。このため液体の場合には、液体に働く力が等方的であることから球体となる。この界面に垂直に働く力を**界面張力**という。

　このような状態は、相の異なる2相において成立する。たとえば、異なる2種類の気体や液体はいつでも一様に混ざりあうことができるので、界面が存在するためには少なくとも1相は液体または固体である必要がある。とくに、気相と液相または固相との界面に働く力を**表面張力**と呼んでいる。さらに、液体の場合には、表面張力は表面の単位体積当たりの自由エネルギー、すなわち新たな表面をつくる仕事に対応する。

　固体においても表面張力は定義されるが、固体とくに結晶体の場合には、液体の場合に比べて大きな相違点をもつ。詳述は避けるが、ひとつは、液体には存在しない長範囲の規則性が結晶体に存在することであり、また、表面自由エネルギーが結晶面によって異なることである。この原因は、原子間の相互作用が等しくても結晶構造によって原子間隔が異なることに起因するとして定性的に理解される。

　表面張力は温度依存性が強く、一般には温度の上昇に伴って直線的に減少する。また、表面の汚染によって表面張力は著しく変化する。表面活性剤は、ごく微量でも液体表面に拡散すると、表面張力を大きく変化させる。

　ところで、表面張力の大きさが場所によって異なる場合もある。表面上で温度勾配が存在するとか、濃度勾配が存在するとかの場合である。このような場合には流れが生じ、マランゴニ対流と呼ばれている。

b. マランゴニ対流

　マランゴニ対流とは、液体自由表面での界面張力の力の不均質に起因する流体運動である（図3-9）。19世紀にイタリアの物理学者Marangoniに

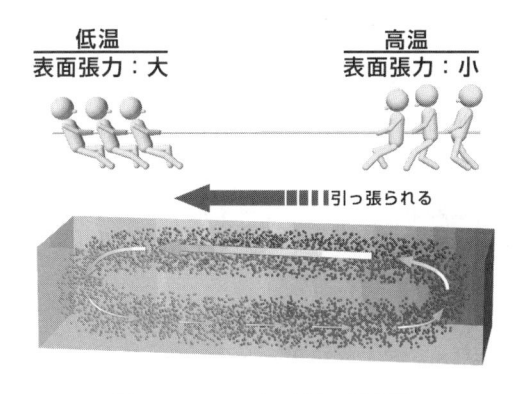

図3-9 マランゴニ対流の概念図

よって理論的に予想されたが、この現象が実験的に示されたのは宇宙実験であった。これは、地上においては、温度の相違によって密度差が生じ、このため重力による自然対流が顕在化し、自然対流の流れに比べて表面張力という弱い駆動力に起因する表面流れの現象が隠されてしまい、純粋に表面流れだけの観察がきわめて難しいためである。

マランゴニ対流の強さの程度を表すものとして、マランゴニ数 Ma がある。これは次の式で表される。

$$Ma = -\frac{\partial \sigma}{\partial T} \frac{\Delta T L}{\nu \kappa} \tag{3.1}$$

$\partial \sigma / \partial T$ は表面張力の温度依存性、ν は動粘性率、κ は温度伝導率、ΔT は温度差、L は流体の長さを示している。この式（3.1）から明らかなように、マランゴニ対流の強さは、表面張力の温度依存性が大きいほど大きく、動粘性率、温度伝導率が小さいほど強い対流が生じることになる。さらに、表面張力は物質の濃度にも依存するため、温度勾配が存在しなくても、場所によって濃度勾配が存在すればマランゴニ対流は生じる。この場合には、式（3.1）中の温度 T 依存性を濃度 C に置き換えてマランゴニ数 Ma を評価すればよい。

マランゴニ対流の挙動についての興味深い実験として、温度勾配下での気

泡の運動がある。気泡内部では液体-気体の界面が存在するために、液体内部に温度勾配があると気泡に表面張力の勾配が生じる。このため、液体の流れが生じ、気泡はこの流れとは逆方向、すなわち高温方向に移動する。1985年に西ドイツによって実施されたスペースラブ実験Ｄ１計画における気泡の運動についての実験では、シリコンオイル中の気泡の運動が観察されている。

地上では、このようなマランゴニ対流は観察が難しいために、結晶成長に及ぼす影響を熱対流と区別して定量的には評価できないが、たとえばゾーンメルト法、とくにフローティングゾーン法のように融体と自由表面が存在するような結晶成長法においては、マランゴニ対流がかなりの影響を及ぼしている可能性がある。

微小重力下におけるマランゴニ対流の顕在化は、宇宙実験としては異なった二つの意味をもつ。ひとつは、拡散係数など物理定数の正確な測定を目的とした対流除去という微小重力利用の期待への問題提起である。このことは、この種の実験でマランゴニ対流を除くために、自由界面をなくすとか物理的にマランゴニ対流を阻止するとかの十分な実験設計を必要とすることを意味する。第二の意味は、材料製造の観点からマランゴニ対流を積極的に利用することである。微小重力下では熱対流が存在しないために、地上では簡単に混合する物質どうしを均一に混合することが難しい。また、密度差が存在しなくなるために、融液内部に存在する気泡を除去することも簡単ではない。このため融液から凝固させる前に物理的に圧力をかけて気泡を押しつぶすなどの処理が必要であり、実際に宇宙実験ではこのような処理が実施されている。しかし、このような処理は、気泡が融液の蒸気圧で構成されている場合にのみ有効で、それ以外の場合には気泡を除去することは難しい。このような例は、とくに均一粒子分散複合材料などを製造するときに、実験試料を粉末冶金として準備したときにとくに問題となる。マランゴニ対流による気泡の運動を用いれば、微小重力下における気泡を除去するための方法として利用できる可能性がある。

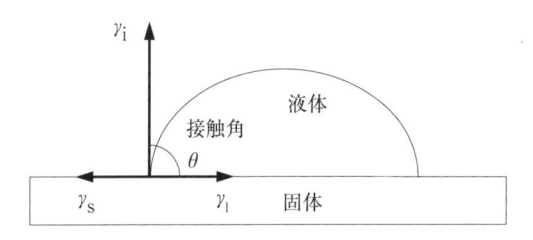

図 3-10 固体表面上の液滴による濡れ

c. 濡れ現象

濡れとは、固体と液体の界面に関する現象である。材料製造においては、高品質の耐熱合金の製造や複合材料における粒子や繊維の強化相と母相との界面強度を決定する上で重要な要素である。濡れ現象を模式的に図3-10に示す。たとえば、清浄なガラス板上にアルコール滴を置くと濡れ拡がって、図3-10における接触角(濡れ角)θはゼロとなるが、水銀の場合には滴状となって接触角はゼロとはならない。この場合、アルコールはガラスとよく濡れ、水銀は濡れないという。

また図3-10において、γ_s、γ_lを固体および液体の表面張力、γ_iは固体と液体の界面張力とすると、γ_s、γ_l、γ_iの間には、

$$\gamma_s = \gamma_i + \gamma_l \cos\theta \tag{3.2}$$

が成立する。これはヤングの式としてよく知られている。一般には、接触角θが90°より小さい場合を濡れがよいとしているが、ここで注意しなければならないのは、同一の表面張力をもつ液体に対する濡れを比較する場合にのみ用いることができることである。

微小重力下においては、地上では一般にほとんど問題とされなかった濡れ現象が、以下に述べる理由で大変に重要な要素となる。

地上における材料製造には必ず るつぼ が使用される。この際、るつぼと溶融試料の濡れによって、図3-11に示すような違いが生じる。ここで、るつぼ壁を上昇する溶融試料の高さhは、るつぼが非常に細ければ毛管現象となり、rをつるぼの直径、dを溶融試料の密度とすれば、

3章 微小重力下の物質科学

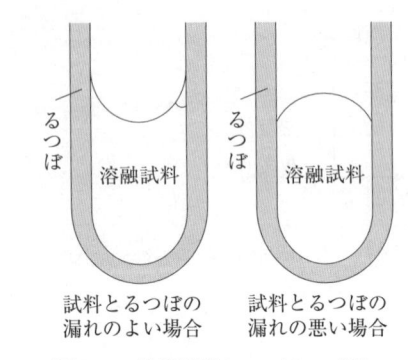

図 3-11 溶融試料とるつぼとの濡れ

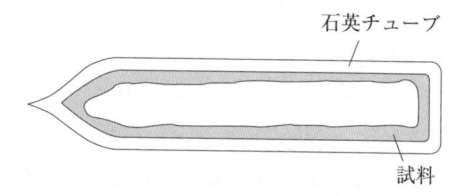

（左：試料とるつぼの漏れのよい場合／右：試料とるつぼの漏れの悪い場合）

図 3-12 微小重力下でのるつぼ容器と溶融試料との濡れ性．図は，石英チューブと濡れがよいために，溶融試料が内壁に付着した状態

$$\gamma_1 = \frac{rdhg}{2} \tag{3.3}$$

となる。ここで g は重力加速度である。この式が意味することは、地上では重力があるために、溶融試料がるつぼ壁を上昇する量には限りがある、ということである。もし g がきわめて小さければ、γ_1 が有限の値をもつために、h はきわめて大きくなる。すなわち微小重力下では、るつぼと溶融試料の濡れ性がよい場合は、るつぼ壁を溶融試料が移動し続けることになる。

1980年に宇宙開発事業団が実施した小型ロケット（TT-500A）による材料実験では、Si-As-Te 系のアモルファス半導体の製造実験が行われた。このとき、るつぼとして使用した石英チューブとこのアモルファス半導体が、図 3-12 に示すように石英チューブの壁全面を濡らしてしまい、実験に必要な試料の形状が得られなかった。また、ほかの宇宙実験でも、溶融試料と容

器との濡れ性がよいために、溶融試料が容器の外へ流出してしまう現象が報告されている。

このように、地上の実験ではまったく注意が払われていなかったるつぼ容器と溶融試料との濡れ現象が、微小重力下では表面張力という微小な力が顕在化するために、材料製造上きわめて重大な問題になる場合がある。

(3) 液体の拡散現象

対流現象は、温度の上昇に伴い液体や気体が不均一に膨脹して密度差が生じ、重力下では浮力が生じるために起こる（**自然対流**）。自然対流の強さは、グラスホフ（Grashof）数 Gr として

$$Gr = \frac{g\beta\Delta TL^3}{\nu^2} \tag{3.4}$$

によって表される（Legros, 1987）。ここで g は重力加速度、β は流体の熱膨張率、ΔT は温度差、L は系の長さ、ν は動粘性率である。この式の意味するところは、温度差が大きい場合、系の長さが大きい場合、あるいは動粘性率が小さい場合には、微小重力下においても自然対流が生じる可能性があることである。このような状態は、とくに動粘性率の小さい気体において顕著となろう。

ここでは、微小重力利用の観点から、とくに結晶成長などの材料製造のときに重要な輸送現象のうち、拡散現象について述べることにする。

地上における液体の拡散実験では、重力に起因する対流が実験結果に大きく影響を及ぼすことが知られている。この対流の影響のため、よく準備された実験を実施しても、実験値は数%から100%も異なることがある。

一方、液体の拡散理論（Malmejac and Frohberg, 1987）はいくつか提案されているものの、地上における実験結果が不確かであるために現状では理論の確証はなく、ある温度における拡散係数は、次に示すアレニウスの式で便宜的に整理されている。

$$D = D_0 \exp\left(-\frac{Q}{kT}\right) \tag{3.5}$$

ここで D_0 は拡散係数、Q は活性化エネルギー、k はボルツマン定数である。この式の意味するところは、原子の拡散に当たってポテンシャルの障壁を越えるためには熱活性が必要であるということである。固体の拡散では、このアレニウスの式が実験結果とよく一致し、固体中の原子の拡散が熱活性過程であることを示している。

宇宙における最初の拡散実験は、1973年にスカイラブで行われた亜鉛の自己拡散係数の測定である (Ukawa, 1979)。得られた結果では、マランゴニ対流による擾乱が生じていたと思われるものの、地上で測定されたもっとも精度の高い亜鉛の拡散係数よりも約10％も小さく、液体の拡散係数の測定にとって微小重力を利用すればより精度の高い測定ができることを示唆するに十分であった。その後、アポロ・ソユーズ計画において、鉛中での金の拡散挙動について測定が試みられたが、強い濃度差のもとでのマランゴニ対流のためよい結果は得られなかった。

1983年にスペースラブを用いて、錫の自己拡散係数の測定が実施された (Frohberg *et al.*, 1984)。実験目的として、地上での精密な拡散係数の測定実験よりも精度の高い実験を実施すること、拡散係数の測定に使用される測定管の壁が実験結果に及ぼす影響を明らかにすることなどを目指していた。このため、径の異なる測定管（1mmと3mm）を用い、測定管の径の影響は小さいことを明らかにした。また、測定の精度は0.4％から1.0％であり、精度の高い実験ができることを示した。得られた錫の拡散係数は、地上のもっともよい測定結果と比較して20～40％低い値になった。このことは、地上における拡散係数の測定実験では、どのように実験を工夫したとしても対流の影響を取り除くことが難しいことを示している（図3-13）。

興味深い結果は、錫の拡散係数の温度依存性が温度 T の2乗で整理でき、Swallin が提案したゆらぎモデル (Swallin, 1959) と一致したことである。1985年に実施されたD1計画では、錫（Sn）-インジウム（In）合金を用いて自己拡散係数と相互拡散係数の測定が行われており (Kraats *et al.*, 1985)、In-20％Sn 合金の相互拡散係数の温度依存性も温度 T の2乗と

3-2 微小重力の特徴

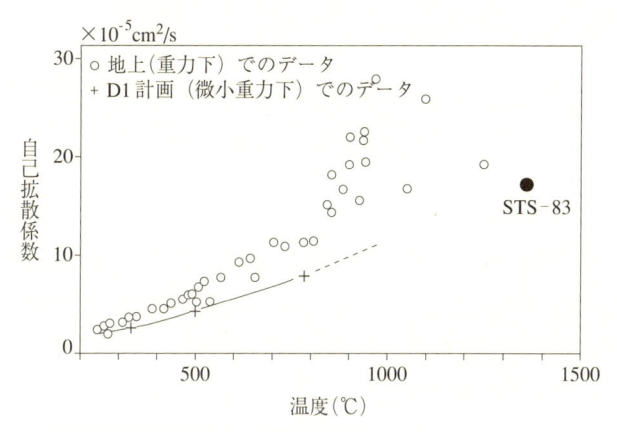

図3-13 重力下（地上）と微小重力下（D1計画）における錫の自己拡散係数の測定結果

なった。Swallinのモデルとは、拡散に必要な空隙が最近接する数個の原子の確率的なゆらぎによって生じ、さらに原子がその空隙へ移動するというモデルに反応速度論を用いて、拡散係数が温度Tの2乗の温度依存性をもつことを説明するものである。しかし後年、最近接原子のゆらぎの確率の評価方法を見直し、拡散係数が温度Tの1乗に依存することを示す理論への見直しを行っている（Swallin, 1968）。このゆらぎ理論については、最近の中性子非弾性散乱実験や分子動力学実験の結果をもとに、ゆらぎ理論のもつ矛盾点が指摘されている（下地, 1989）。

液体金属の拡散に関しては、いろいろなモデルに基づく理論が提案されているが、現在の知見は十分なものではないので、宇宙実験によってより精度の高い測定を行うことは重要なテーマのひとつである。

液体の拡散現象を理解するための微小重力の利用は、主としてこの重力に起因する対流項の影響を除去しようとするものである。しかし、このほかにも精度の高い拡散係数の測定を損なうものとして、温度の不均一さ、これに基づく界面張力の不均一さから生じる微視的な対流、固体における表面拡散的な効果、測定管と試料との熱膨脹の違いなどがあり、今後の宇宙実験の実

施に当たっては、これらの項目に十分な注意を払う必要がある。

3-3 微小重力と材料製造

3-2-3(1)項ですでに述べたように、微小重力下における主な物理現象は無対流、無浮力・無沈降、無静水圧、無接触浮遊である。これらの物理的現象を利用して、より高品質の材料を製造しようとする場合、まず重力が関与する材料製造上の問題点を明らかにする必要がある。

ここでは、まず重力が材料製造に及ぼす影響を述べ、次に、これらの物理的現象の利用について材料製造の観点から述べることにする。

3-3-1 重力と材料特性
(1) 組成および不純物の均一性

一般に、地上において半導体などの電子材料を製造する場合、多元系の結晶や不純物を添加した結晶を育成しようとすると、組成分布や不純物分布が不均一になり、結晶の電気的特性を劣化させてしまう。このような現象は熱対流によって引き起こされ、固液界面近傍の低温融体と界面から遠く離れた高温融体を攪拌(かくはん)するために固液界面に温度ゆらぎを生じさせ、このため結晶の成長速度が一定とならず、局所的なストリエーションと呼ばれる組成変動が生じる。

(2) 結晶欠陥

電子材料にとっては、結晶中の空格子や格子間原子などの点欠陥、刃状転位、らせん転位などの線欠陥、双晶、積層欠陥などの面欠陥などは、その質を低下させるため、低欠陥材料の開発に大きな努力が払われている。たとえば、ガリウムヒ素（GaAs）単結晶の場合には、インジウムを添加して臨界剪(せん)断応力を大きくする方法がとられている。また、ヨウ化水銀は柔らかい結晶であり、結晶成長中に自重によって転位が入るとされており、このような結晶では微小重力下の無静水圧という特性を利用すれば無転位の結晶を得る

ことができる。

(3) 高純度化

電子デバイスやオプトエレクトロニクス材料（光電子材料）にとっては、微量な不純物がデバイス特性や光学特性に大きな影響を及ぼすために、高純度化は大きな課題とされている。地上では、これらの材料製造に当たってるつぼを使用するが、微小重力下の無接触浮遊の特性を用いれば、るつぼを使用しないために高純度の物質を得ることができる。

3-3-2 微小重力と凝固・結晶成長

前項で、材料製造における微小重力の利用を簡単に述べた。次に、微小重力利用のうち、とくに重要な**凝固**と**結晶成長**について詳細に述べよう。

凝固・結晶成長の過程には、重力が大きな影響を及ぼすことがよく知られている。そこでまず、重力下における対流と凝固・結晶成長について基礎的な理解を述べる。

(1) 対流と融体中の温度分布

凝固過程は、固液界面における融体からの熱の放出によって生じる。このため、融体中には必然的に温度勾配が生じるために密度の相違ができ、重力下では対流発生の原因となる。

融液中の温度分布と対流との関係は、融液の物理定数の関数（プラントル数 Pr）として示され、

$$Pr = \frac{\nu}{\kappa} \tag{3.6}$$

と表される。Pr は無次元数である。ここで κ は温度伝導率、ν は動粘性率である。プラントル数は物性値の比で表され、物質によって異なった値をとる。表3-1に示すように、酸化物の融体では1より大きく、金属や半導体では一般に1よりはるかに小さく、10^{-2} 程度の値となる。プラントル数が小さい融液では、温度分布は流れにあまり影響されず、むしろ熱伝導によって決定される。一方、プラントル数の大きな融液では、温度分布が流れによる

表3-1 さまざまな融液の特性値

融液	凝固温度 T_m(K)	動粘性率 ν(m²/s)	温度伝導率 κ(m²/s)	プラントル数 Pr
水（H_2O）	273	8.9×10^{-7}	1.5×10^{-7}	6.1
$MgAl_2O_4$	2412	3.3×10^{-6}	$\sim 5.0\times10^{-7}$	~ 8
Al_2O_3	2318	3.5×10^{-5}	$\sim 1.0\times10^{-6}$	~ 40
Zn	693	4.4×10^{-7}	2.0×10^{-5}	0.022
Ga	303	3.2×10^{-7}	1.5×10^{-5}	0.022
Si	1210	2.7×10^{-7}	5.0×10^{-6}	0.054

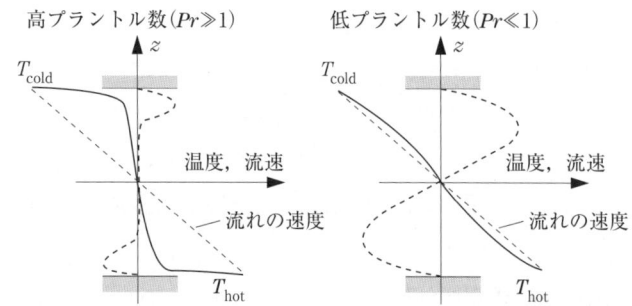

図3-14 液体中の流速と温度分布（Rosenberger *et al*., 1983）
波線：熱伝導のみの場合の温度分布，実線：流を考慮した温度分布

物質移動に依存することになる。

　高プラントル数と低プラントル数の液体中における流速と温度分布のシミュレーションの結果を図3-14に示す（Rosenberger *et al*., 1983）。高プラントル数をもつ融体（左）では、温度分布が流れによって影響されているのに対して、低プラントル数の融体（右）では流れと温度分布にほとんど相関関係がないことがわかる。半導体のようにプラントル数の小さな融液では、対流は定常的な流れから非定常的な流れ、周期的な流れあるいはランダムな流れに移行する。非定常的な流れは融液の温度変動をもたらし、後に述べるように結晶の質を低下させることになる。

3-3 微小重力と材料製造

(2) 対流と溶質の再分布

凝固中の固体の溶質原子濃度は、固液界面前方の溶液中の溶質濃度とは異なる。純物質などの例外を除いて、状態図の上で固相線と液相線は一致しないため、固体は通常それと平衡になっている液体と組成が異なる。したがって、固液界面において固相の溶質濃度が液相の濃度より低い場合は、溶質原子は界面で排出され液体中に拡散していく。

このように固液界面前方の液相中に溶質拡散境界層が存在するために、結晶の成長は対流の有無によって大きく影響される。結晶成長の固液界面に対流が存在すると、この対流によって溶質拡散境界層が減少し、そのため固相の溶質濃度は結晶の最初の部分から最後の部分にかけて異なり、組成の差が生じる。一方、微小重力下では対流が存在しないので、溶質の物質輸送は溶質拡散境界層を通してのみ行われるようになると、結晶の初めと終わりの部分を除いた中間部分は、定常状態の成長にあるので実効分配係数は1になり、液相と同じ組成の均一な固溶体結晶が得られるため、微小重力利用による高品質な結晶が製造できると期待されている。

3-3-3 微小重力と合金の製造

過去の宇宙実験において、いくつかの材料製造についての実験が試みられ、地上で製造した同一材料と比較して、特徴的な事実が明らかになっている。ここでは、そのうち凝固に関係した共晶合金、非混合合金である偏晶合金についての結果を述べる。

(1) 微小重力下での共晶合金の製造

共晶合金を一方向凝固することによって、熱流をコントロールして凝固速度および固液界面の温度勾配を一定に保ちながら凝固が制御されるので、凝固方向に整列した組織が得られる。たとえば、Al-$CuAl_2$ の共晶合金の一方向凝固では層状の組織となり、Al-Al_3Ni の共晶合金の場合には第2相の Al_3Ni が繊維状の組織となる。このように、第2相が整列して組織制御された材料が得られるために、合金の組織制御によって得られる材料を総称して

"*in situ* composite" と呼んでいる。これらの組織制御された材料は、引っ張り強度やクリープ強度などの機械的性質が、組織制御しない共晶合金に比べてはるかに優れた特性をもつため、タービンブレード材料などの耐熱材料としての用途が期待されている。

小型ロケット実験によって実施された MnBi-Bi 系の共晶合金の製造 (Larson *et al.*, 1987) では、微小重力下で作製した試料の繊維間距離が、地上で作製した試料と比較して 50% 以上も減少し、また固液界面における過冷却度が増加したと報告されている。共晶合金の一方向凝固における繊維間隔(ラメラ間隔)λ と凝固速度 R との間には、$\lambda R^2 = $ 一定 の関係があることが多くの実験により示されている。この関係は、凝固速度 R が増加すると繊維間隔が減少することを意味しており、微小重力下での一方向凝固は、ちょうど地上における凝固速度の増加に対応することになる。微小重力下におけるさまざまな共晶合金の一方向凝固の相間隔の変化を表 3-2 に示す。この表において、とくに一定の法則的な変化は観察できない。また図 3-15 に、重力下と微小重力下における MnBi-Bi 系の共晶合金の繊維間隔を示す。図中の $\lambda R^2 = $ 一定 の直線関係からのずれは、対流の効果によるものとされている (Pirich, 1984)。

微小重力下で共晶合金の一方向凝固の相間隔が変化することについて、溶質拡散境界層と対流、溶質の再分布と対流、過冷却の効果などを考慮して、この現象の理論的な解明が試みられているが (Pirich, 1984)、現在までのと

表 3-2 微小重力下における共晶合金の一方向凝固組織の相間隔

凝固組織	微小重力の効果 (%)
層状組織	
Al$_2$Cu-Al	変化なし
Fe$_3$C-Fe	-25
繊維状組織	
MnBi-Bi	-50
InSb-NiSb	-20
Al$_3$Ni-Al	$+17$

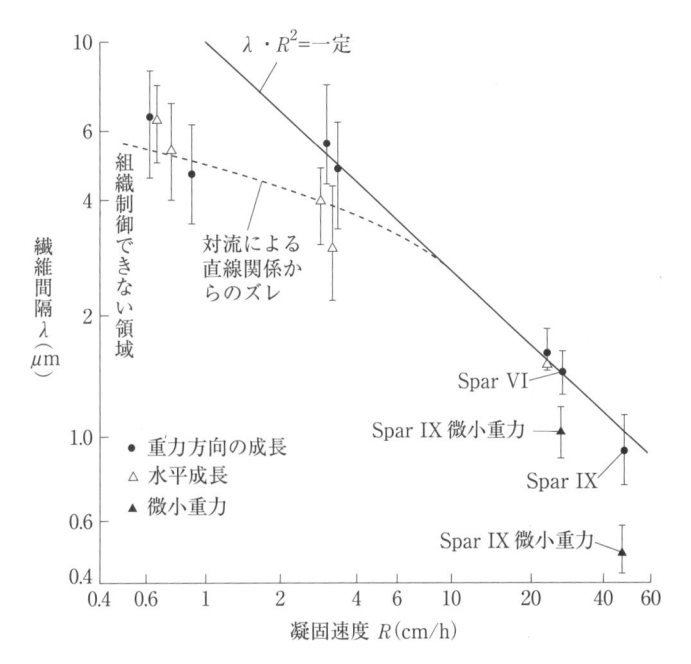

図 3-15 重力下および微小重力下における MnBi-Bi の線維間隔 λ と凝固速度 R との関係

ころ合理的な理解は得られていない。この問題に関しては、実験装置の制御精度や温度の測定精度などハードとしての要因が寄与することも考えられ、より精度の高い実験の積み重ねが必要と思われる。

(2) 微小重力と偏晶合金

非混合合金は液相状態で2相に分離し、しかも固相でもほとんど固溶しないものが多い。したがって、地上で偏晶合金を溶解凝固すると、液相状態で2相が(ちょうど水と油を混合させたときのように)密度差や対流によって分離するため、固体状態のマクロ的偏析を生じることになる。このため、地上では非混合合金の均一組成材料を製造することは困難である。とくに材料特性の観点からは、2相が接する界面で互いに混ざりあわず純度を保つような材料は、電気的な特性を飛躍的に向上させる可能性を有している。そこ

で、微小重力を利用して、密度差が生じず対流が影響しない条件での材料製造が試みられてきた。

　Ga-Bi 非混合合金の落下塔による微小重力実験（Lancy et al., 1975）ではある程度の混合状態が得られたが、Zn-Pb（Lancy et al., 1977）や Al-In（Frohberg et al., 1977；Gells et al., 1977）の実験結果では巨視的な偏析を生じ、微小重力による非混合合金の均一分散が当初の目論み通りにはいかなかった。これらの原因としては、るつぼと非混合合金の濡れ性の問題、オストワルト成長のため、表面張力の差による液滴移動、対流による液滴どうしの衝突・合体などの機構によると考えられているが、統一的な結論に至っていない。興味深いことは、Ga-Bi 非混合合金の実験において、超伝導状態への遷移温度の変化が報告され、重力下で作製された材料に比べて微小重力下で作製された試料の超伝導遷移温度が高くなったという事実である（Lancy et al.,1975）。同様な結果は、スカイラブで実施された Pb-Zn-Sb の実験（Reger, 1974）でも観察され、より高い超伝導遷移温度を有する材料が微小重力下で作製されている。

　非混合合金のこのような結果は、宇宙実験による新材料創生の可能性と、宇宙実験を実施するための困難さを示すよい例であろう。

3-4　微小重力の利用が期待される分野と現象

　ここでは、微小重力利用が期待される分野や現象などを整理して述べる。
　微小重力の利用が期待される分野と現象などをまとめて表 3-3 に示す。3-2-3 項で述べたように、材料製造における微小重力の効果としては、無対流、無沈降・無浮力、無静水圧、無接触浮遊がある。以下では、これらの各々について、微小重力利用からの科学的な視点を記すことにする。

3-4 微小重力の利用が期待される分野と現象

表 3-3 微小重力の利用が期待される現象

1. **対流の制御**（3-4-1 項, 3-4-2 項）
   - 凝固界面　　　　界面キネティックス, 凝固パターンの形成
   - 燃焼現象　　　　燃焼と燃焼合成反応
   - 熱物質輸送現象　熱対流, 溶質対流, マランゴニ対流, 磁気対流
   - 熱物性　　　　　熱伝導率, 拡散係数, 密度, 表面張力, 比熱
   - 均質組織材料　　モデル系凝固研究, 元素半導体, 化合物半導体（2元素）, 多元系半導体, 共晶合金

2. **沈降・浮遊の制御**（3-4-3 項）
   - 均質混合　　　　相分離現象（液液相分離現象）
   　　　　　　　　　気液混相（沸騰と気泡挙動）
   　　　　　　　　　固体状態均質分散（粉体処理）
   　　　　　　　　　固液共存系均質分散（液相焼結, 偏晶合金, 強化材分散合金）
   - 粒子位置　　　　自発核形成・成長（タンパク質結晶, 希薄環境での核形成）
   　　　　　　　　　燃焼（液滴・噴霧燃焼）

3. **静水圧除去の制御**（3-4-4 項）
   - 重力圧縮　　　　臨界現象
   - 自由表面形状　　固液界面の静力学（濡れ性, 接合）
   　　　　　　　　　自由表面の動的挙動（液体ブリッジ形成）

4. **無容器処理**（3-4-5 項）
   - 不均一核形成抑制　融液系核形成過程
   　　　　　　　　　　過冷却凝固現象（準安定材料）
   　　　　　　　　　　非平衡熱力学（非平衡状態図）
   - 液滴球の安定生成　液滴の動的挙動（液体表面変形）
   　　　　　　　　　　過冷却熱物性（熱物性と過冷却）
   - 高純度化　　　　　反応性材料製造（高純度ガラス）

3-4-1 対流の抑制

(1) 凝固界面

a. 界面キネティックス

　高品質の材料を製造するときに、界面キネティックスの影響はきわめて大きい。純金属を除いた大部分の材料について、多かれ少なかれこの影響が存在する。異方性のある結晶では、固液界面での結晶内への成長単位の取り込み速度が結晶学的方位により変化する。結合異方性の大きい材料ほど、また溶液として希薄になるほど顕著であり、半導体単結晶製造のような比較的に

効果が弱いものでも、結晶面を一定の方位に揃えなければ良好な結晶を得ることはできない。二次のストリエーションの原因も、この界面キネティックスであるとされている。これまで、微小重力の利用の観点から体系的なデータは取得されていない。

b. 凝固パターンの形成

過冷却液体を凝固させたり、濃厚溶液系を強制的に凝固させると、いわゆるデンドライト組織が生じる。デンドライト組織は、結晶構造、熱輸送・溶質輸送などにかかわっており、凝固条件によってさまざまなバリエーションを示す。物理現象としての興味深さに加え、系が内在する特性を活用した材料組織制御への期待から、比較的多くの研究が行われている。

界面の異方性の小さい金属や金属類似物質については、いくつかの理論モデルが存在する。融液系か溶液系かを問わず、凝固のときに発生する潜熱や、凝固によって放出される溶媒の量は大きく、地上では対流を引き起こすため精密な解析は難しい。微小重力下では、熱と溶質がともに拡散輸送となるために解析が簡単にできるので、金属凝固モデルの検証や異方性結晶凝固モデルの確立のためのデータを取得する場として有効である。

(2) 燃焼現象

a. 燃 焼

燃焼現象は、燃料と酸化剤の輸送、燃焼反応、熱の輸送、排ガスの輸送など、さまざまな因子が複雑に絡みあう複合現象である。地上では、輸送過程は基本的に対流輸送が卓越するため、解析がきわめて困難である。微小重力下では、輸送プロセスが拡散支配となるため、解析が比較的容易になり、また対流の影響を除去できるので観察時間を長くすることができることから、燃焼現象を素過程に立ち返って議論することが可能になる。

b. 燃焼合成反応

燃焼合成反応は、超高温を比較的容易に発生させ、従来の電気炉では難しかった材料製造が期待される化学反応合成法である。反応フロントにおいて膨大な反応熱が発生し、これが引き続く反応の駆動力となる。地上では、周

囲との温度差が大きいため熱対流が発生し、反応フロントの形状が乱れてしまう。しかし、微小重力環境では、熱対流の発生が抑制されるため、反応フロントの形状や反応に伴う温度分布、反応生成物の分布などが解析できるようになり、現象の定量的な解明に有効であるとされる。

(3) 熱物質輸送現象

a. 熱対流

熱対流はもっとも理解が進んでいる対流現象である。基本方程式は確立されており、さまざまな無次元数により流体挙動が特定されている。しかし、重力などの体積力の変動による対流ロールパターン分岐や、振動流から乱流に至る現象の精密な解明など、現象面でも課題は残る。とくに材料製造プロセスとの関連では、時間に依存したアスペクト比（繊維の長さと直径との比）の変化による対流パターンの変化などは今後興味ある課題である。

b. 溶質対流

溶質対流も、基本的には熱対流と同様の方程式で記述される。熱対流と比べて、これまであまり研究が行われていない。これは、溶質対流については基本的な物性が不明なものが多いことがあげられる。物性データの拡充と数値計算を含めた現象の解明、および熱対流と関連させた研究が今後の課題である。

c. マランゴニ対流

マランゴニ対流は、微小重力下で顕在化する流れであることから、微小重力下での結晶成長におけるマランゴニ対流現象の影響を理解することは今後の大きな興味であり、このため低プラントル数液体の研究が期待される。さらに、高プラントル数液体において、定常的な流れから振動的な流れが実験的に観察されているが、そのメカニズムも含めて体系的な理解には至っていない。このようにマランゴニ対流の現象はまだ十分に解明されていないので、今後の取り組みが期待される。この研究においては、地上ではいわゆる自然対流のため、良質のデータを得ることができないことに加え、液体の自重により自由表面が複雑に変形し、現象の解明を難しくしている。自然対流

の影響を排除し、また自由表面の変形効果も考慮に入れやすい微小重力の利用は有効である。

d. 磁気対流

磁性流体に磁場を加えると、この磁場を駆動力とした対流が発生する。磁性流体の流動挙動を把握することは、基礎科学としての重要性に加え、磁性流体の制御技術を確立する上でも重要である。地上では、重力も体積力として働くため、磁場の効果を正確に評価することは困難である。微小重力では、体積力としての重力が無視できる程度に小さくなるため、磁気対流の現象を精密に把握することができる。

(4) 熱物性

a. 熱伝導率

熱伝導率は、材料製造にきわめて重要な熱輸送にかかわるパラメーターであり、材料製造の高精度制御などへの活用を目的に、データの高精度化が望まれているパラメーターのひとつである。熱伝導率を測定するには、対象試料を加熱する必要がある。地上では加熱により熱対流が発生するため、微小重力の利用が期待される。なお、近年、レーザーフラッシュ法など、地上でも熱伝導率を精密に測定できる方法が使われるようになったが、原理的に熱対流の生じない微小重力環境での計測が有効である。

b. 拡散係数

拡散係数もまた、材料製造にきわめて重要な溶質輸送にかかわるパラメーターであるにもかかわらず、熱伝導率よりもさらにデータが未整備である。拡散には自己拡散と相互拡散がある。自己拡散は、たとえば同位体などを用いて地上で計測することも不可能ではないが、相互拡散については液体中での密度変化を伴うため、地上での高精度の計測は困難である。すでに微小重力の利用が有効であることは確認されており、今後、微小重力の利用を通じて半導体など有用材料のデータを取得することが期待される。

3-4-2 組成と構造の制御
(1) 均質組織材料
a. モデル系凝固研究

材料の製造において、熱輸送・溶質輸送は非常に重要なプロセスである。純金属や元素半導体融液からの成長の場合、熱輸送が支配的となり、一方、タンパク質やゼオライトにおいては溶質輸送が支配的となるが、一般に、凝固過程は熱・溶質の複合過程である。地上では、密度差に起因する対流が存在するため輸送プロセスは複雑になり、電磁場の印加などによる対流抑制などが適用できる系を除いては、精密に制御することはできない。微小重力環境では、自由表面（マランゴニ対流が生じる）がある場合を除いては対流が抑制され、熱と溶質の輸送は拡散のみで行われる。このため、材料プロセスとして制御性が大幅に向上し、材料の均質化など高品位化が期待される。

b. 元素半導体

元素半導体の代表的な材料としてはシリコンがあげられる。現代の電子材料としてもっとも重要な材料のひとつである。現在、シリコンはチョクラルスキー法[*1]で製造されることが多く、超高純度の用途がある場合にフローティングゾーン法[*2]が用いられることがある。微小重力では熱対流が抑制されるため、不純物の添加を厳密に行うことができ、均質化に有効であると考えられる。今後の研究の進展が期待される。

c. 化合物半導体（2元素）

代表的なものとしてはⅢ-Ⅴ族のGaAs、InPなどがある。電子の移動度がシリコンに比べてはるかに大きいこと、光電子材料としてレーザーなどに用いることもできることから、近未来において主力となる半導体素材のひとつとして注目され、現在積極的な研究開発が行われている。これらの材料に

[*1] 引き上げ法。るつぼ中に融液の種結晶を挿入し、種結晶またはるつぼを回転しながら単結晶を引き上げる方法。
[*2] 浮遊帯溶融法。両端を鉛直に保持した多結晶試料棒または焼結棒の一部を加熱溶融して溶融帯をつくり、これを一端から他端に浮遊移動することによって単結晶を育成する方法。

ついては、地上技術も発展段階にあり、熱対流の抑制や溶質輸送の制御など、微小重力を利用した材料製造実験によって得られる知見を地上技術へ反映させることが期待される。

d. 多元系半導体

多元系半導体の代表としては、いわゆる混晶があげられる。混晶は、構成成分の組成比をある程度連続的に変えることが可能な半導体を指し、組成に応じて格子間隔やバンドギャップが変化する。これにより、レーザー発振周波数を任意に設定できるなど、材料設計技術としての大きな革新が期待されている。別な多元系半導体の材料としては、いわゆる半導体超格子がある。地上では対流などの擾乱のため、自発的な超格子の製造は難しく、エピタクシー[*3]成長などに頼らざるを得ないが、微小重力を利用すれば、自己組織化成長などによる超格子の製造の可能性もあり、今後の進展が期待される。

3-4-3 沈降・浮遊の制御

(1) 均質混合

a. 相分離現象

液液相分離現象：液相状態で2相に分離する系である。液液分離系は、材料という面から考えると偏晶系であるが、液相分離過程の研究としても、液相核形成の問題、核形成後の粗大化（オストワルト成長）など、重要で興味深い現象が多く存在する。地上では密度差のため、液液分離のときに液相が完全に分離してしまうが、微小重力下では均一な分散状態が保たれるものと期待される。

b. 気液混相

沸 騰：沸騰現象は、液体が沸点以上に加熱されたときに気化する現象で、地上ではありふれた現象である。しかし、微小重力環境では、この沸騰現象はまったく異なった挙動を示す。その原因は、沸騰により一部気化した

[*3] ひとつの結晶がほかの結晶の表面上にある定まった方位関係をとって成長する状態。

気泡が重力によって移動せず、熱伝達が原則として熱伝導のみによって行われることである。地上では、沸騰現象は非線形性が強いために解析が難しいが、微小重力下では素過程に分けて解析ができるため、沸騰初期の核形成や気液共存系における沸騰熱伝達機構の定量的な解明に有効であると考えられる。

気泡の挙動：微小重力では、密度差による分別作用が生じず、液中に生成した気泡は位置を変えずに液中に存在する。そのため、材料製造のときに固液界面の前進を妨げるなど直接的な阻害要因となる。また、温度勾配のある環境に置かれた場合には、気泡の周囲にマランゴニ対流が発生するなど、間接的に材料製造に対して悪影響を与える可能性がある。微小重力下での材料製造において、問題となる気泡の挙動を把握することは、気泡除去の観点からも重要である。

c. 固液共存系の均質分散

偏晶合金：偏晶合金は、液相からの凝固が起こる前に液相状態で2相に分離する。さらに温度を下げると、それぞれの分離相が凝固するが、この液液分離状態を凝固するときまで保つことができれば、金属強化材分散型の複合体を製造することができる。地上では密度差があるので、液液分離のときに液相が完全に分離してしまうが、微小重力下では均一な分散状態が保たれると期待される。

強化材分散合金：強化材分散合金とは、金属やセラミックス粒子を合金内に分散させた材料を指し、粒子の分散により強度の向上を狙ったものである。合金を完全に融解させた場合、分散粒子との間の密度差により沈降などが生じ、完全に均質な材料をつくることができない。微小重力下では密度差による沈降が生じないため、均質な組織をつくることができる。

液相焼結：液相焼結は、セラミックスや金属紛体のバルク化に用いられる焼結プロセスの一種であるが、反応に一部液相が関与するところが通常の焼結と異なる。液相焼結では、固体粒子の粒界が一部溶解もしくは融解し、焼結反応が進むため、超高温材料を比較的低温で高速に処理することができ

る。固体粒子そのものは基本的に位置を変えないため、固相成長の特徴を残しているが、反応に関与する液体の分布や組成などに重力の影響が現れる。

(2) 粒子位置の制御

a. 自発核形成・成長

タンパク質結晶：タンパク質の構造解析は、医学、ライフサイエンス、バイオテクノロジーなどの分野で重要である。構造解析のためには、比較的大型の単結晶が必要であるが、地上では生成した結晶が沈降するなどによって、なかなか思うような結晶を製造することができない。微小重力下では、生成した結晶の沈降が生じず、また擾乱もないため、配向性のよい単結晶の製造が過去の宇宙実験として行われている（8章参照）。最近では、アメリカで顕微観察機能付きタンパク質製造が試みられようとしており、精密化の点で今後に期待が寄せられている。なお、高品質化と微小重力との関係については、いまだ明らかではない。

希薄環境での核形成：材料プロセスのうち、核形成はもっとも研究の進んでいない分野である。単結晶を製造する場合は一般に種結晶を用いるため、核形成は重要な要因ではないが、タンパク質、ゼオライトのような溶液系からの結晶成長では本質的なプロセス現象である。地上では、いったん生成した核が沈降などを起こし、核形成の位置や速度を評価することがきわめて難しい。微小重力下では、核形成の位置が容易に特定できるので、核形成の研究に最適である。

b. 燃　焼

液滴・噴霧燃焼：液滴・噴霧燃焼のように、空間中に浮遊する液滴や噴霧体が燃焼するケースでは、燃焼に伴う密度対流の発生に加え、浮遊体自体の沈降効果により、現象の観察や理解が困難になっている。微小重力環境では、粒子位置の制御や密度対流の抑制が可能となり、現象の解明に有効である。

3-4-4 静水圧除去の制御

(1) 重力圧縮の抑制

臨界現象：臨界状態とは、気体でも液体でもない状態を指し、密度や比熱などさまざまな物性が大きく変化する。臨界点では流体の圧縮率は無限大になり、結果として、試料流体は自重によって積層構造をとるようになる。そのため地上では、臨界点付近の物性値が場所により大きく変化し、精密なデータを取得できない。微小重力下では、このような重力による効果がなくなるため、均一な臨界点流体を実験的につくることができ、高精度な臨界点挙動の研究が可能になる（4-3-2 項参照）。

(2) 自由表面形状の制御

a. 固液界面の静力学

濡れ性：濡れ性は、容器と試料との親和性の大小を示すパラメーターである（3-2-3(2)c 参照）。数値的には濡れ角（接触角）で規定される。濡れ角は、容器（固体）の表面張力、液体の表面張力、固液界面での界面張力から原理的に計算され、方程式としては確立している（式 3.2 参照）。しかし、実際には固体表面に微視的な凹凸があり、重力によって見かけの接触面積が増大したりするので、地上で正確な濡れ角を測定することは難しい。微小重力を利用すれば、重力効果を消去することができるので、濡れ性を精度よく評価できる。

接　合：接合は、宇宙インフラストラクチャーにとって微小重力下での組立・補修技術として重要である。微小重力下では接合のメカニズムがかなり異なることから、その理解が必要となる。

b. 自由表面の動的挙動

液体ブリッジ：液体ブリッジは、マランゴニ対流の代表的な実験系であることに加え、帯溶融成長などの溶融帯を利用した材料製造に用いられる。地上では静水圧が存在するため、形成可能な液体ブリッジの直径はかなり小さなものに限定される。微小重力環境では静水圧がなくなるため、相当に大きな液体ブリッジを形成することができ、マランゴニ対流を観察する実験を高

精度にしたり大型結晶を育成するのに有効である。

3-4-5 無容器処理
(1) 不均一核形成の抑制
a. 核形成の過程

融液系核形成過程：融液系では成長速度がきわめて大きく、また容器壁からの不均一な核形成が卓越するため、均一な核形成の過程を精密に研究することは、溶液系にもまして難しい。微小重力環境では無容器処理が可能であり、比較的大きな過冷却を安定に維持することができる。融点直下から達成可能な最大過冷却までの温度範囲で核形成の速度を求めることにより、融液系の核形成モデルの詳細化が達成できると期待される。

b. 過冷却凝固現象

準安定材料：準安定材料は、平衡状態図の上で最安定相以外の相からなる材料一般を意味し、アモルファス材料などもこれに含まれる。これを製造するためには大きな過冷却が必要であるが、安定相の（不均一）核形成を抑制する必要があり、地上では試料容器を必要とするので製造することはきわめて難しい。微小重力環境では、無容器による溶融凝固が可能であるため、容器壁からの不均質な核形成が抑制され、準安定相を製造することができると期待される。

c. 非平衡熱力学

非平衡状態図：通常の材料製造では、平衡状態図がすべての基礎となっているが、準安定材料の製造などでは、限定的にしか有効ではない。非平衡状態に対応した状態図を確立することが、準安定材料を効率的に製造するために不可欠と考えられる。非平衡状態図を取得するためには、さまざまな非平衡状態（すなわち過冷却状態）を実現する必要があり、このためには、微小重力下における無容器状態の処理が期待される。

(2) 液滴球の安定生成
a. 液滴の動的挙動

液体表面変形：重力がない状態では、自由表面をもつ一定体積の液体は、表面のエネルギー不利を最小にするように変形する。自由表面の形状については、物理モデルはほぼ完成しているが、地上では重力によるさまざまな変形が生じるため、詳細な測定を伴う検証は困難である。微小重力の理想的環境で自由表面形状の定常値を取得した上で、わずかな外部場で形状を変化させることで、液体の表面張力などの物性計測が可能となる。

b. 過冷却熱物性

過冷却熱物性：流体の熱物性は、材料製造技術や材料特性を向上させるためにきわめて有用である。液体の融点以上の温度領域における熱物性は通常の方法で計測できるが、高融点材料の物性や過冷却液体の物性については、地上での計測はきわめて難しい。微小重力下での無容器技術を利用すれば、さまざまな物性を融点以上の温度から過冷却状態まで連続的に計測することができるため、高精度な物性のデータを取得するという面から、また過冷却液体の構造を推定するという面からも期待される。

(3) 高純度化 ―反応性材料の製造技術―

高純度ガラス：一般のガラスは、融体からの冷却により製造される。しかし、るつぼを用いることができない反応性材料の超高純度ガラス化については、無容器加熱ができる微小重力は有効である。

3-5 コロイド科学 ―微小重力科学の次なる展開―

直径 $10〜10^3$ Å の粒子が媒体中に分散したコロイド分散系は、"無視された次元"と呼ばれ (Wo. Ostwald)、取り扱いの困難な系であった。最近では合成化学の進歩により、希望する粒径の粒子をつくり、また粒径分布を小さくしたり、表面に官能基を導入することなどが可能となり、興味ある研究対象となりつつある。

3章 微小重力下の物質科学

ここでは、水媒体に高分子ラテックス粒子やシリカ粒子が分散した系を取り上げる。この種の分散系の特徴のひとつは、粒径が μm 程度のとき、光学顕微鏡で粒子が直接観察できることである。これを巧妙に利用したのが Perrin によるアボガドロ定数 (N_A) の決定である (1908)。ガンボージ粒子を注意深く分別し、水媒体中での沈降平衡分布、回転拡散、ブラウン運動性を顕微鏡で調査し、N_A として $6.5〜6.8×10^{23}$ を得た。当時の技術水準からすれば驚くべき成果であり、これで「分子存在の現実を疑うことはできなくなった」(Perrin, 1913)。

その後、電荷をもつ、粒径の揃った高分子ラテックス粒子が合成され、その水分散系からイオン性不純物を取り除くと、分散系が虹彩色を呈することが発見された(口絵⑤)。Luck (1967) は光回折実験により、この発色が粒子の形成する規則構造による可視光のブラッグ回折であることを証明し、格子定数と格子系を決定した。またシェラーの式により格子の厚みを推定し、さらに位相差顕微鏡により結晶の成長がオストワルト熟成則に従うことを示した。一方、Hachisu ら (1973) は、限外顕微鏡法を利用して規則構造の写真撮影に成功した。また、粒子の格子振動や格子欠陥など、固体結晶においてよく知られた事実がラテックス粒子系で観測されている。

Perrin 以降に集積されたこれらの知見は、コロイド粒子分散系が原子・分子のモデルと見なせることを示している。従来さまざまなモデルが提案されたが、もっとも著名なのはブラッグ-ナイの泡いかだである。これにより確かに結晶構造や格子欠陥は再現されているが、熱運動は取り上げられていない。この点で、コロイド系は優れている。したがって、コロイド分散系に対する重力の影響の有無が観測できれば、現実の物質系の理解に興味深いヒントが与えられよう。

将来への期待を込めて、ここでは、コロイド分散系における構造形成に関する最近の研究を概観する。

3-5-1 二状態構造

同じサイズの多数の剛体球を狭い空間に閉じ込めれば、球相互間の排除体積（斥力）効果により、最密充填の規則構造が出現する。濃厚なコロイド分散系でも同様に、系全体が規則構造で覆われる。これは**器壁の存在と粒子間斥力**を考えれば説明のつくことである。しかし、希薄な濃度では、事情は異なってくる。

2vol%のラテックス分散系における粒子中心の軌跡を口絵⑥に示した。外見上は均一な分散系中に自由粒子（気相）と構造を形成する粒子（固相）が共存し、微視的な不均一性が認められる。ここでは省略するが仔細に観察すると、境界域の粒子は、

$$（気相への）蒸発 \longleftrightarrow （固相への）凝縮$$

を繰り返しており、2相の間に器壁に対応するような境界が存在するわけではない。凝縮系では、局所的なゆらぎはあるものの、分子はほぼ均一に分布していると理解されているが、ここに示した二状態構造は、この伝統的な理解と相容れない。

また、固相での粒子密度が気相のそれより高い。この結果、固相での最近接粒子間距離（$2D_{exp}$）は、濃度から推定される平均距離（$2D_0$）より小さい。低濃度では $2D_{exp}/2D_0 = 0.5$ 程度になることすらある。この事実は、粒子間に斥力のみが作用するとの考えでは説明がつきにくい。筆者らは、粒子間に**静電的な斥力**のほかに**引力**が作用している結果であると解釈している。

3-5-2 格子振動・格子欠陥

コロイド結晶中の粒子は格子点近傍で振動する。Video imagery 手法（分散液中の粒子分布の顕微鏡像をビデオ撮影し、その情報をコンピュータ処理することによって粒子の中心位置の時間的変化を知る方法）で重心位置を再現したのが、図3-16である。とくに注意を要するのは、濃度が低いほど、$2D_{exp}$ および振動振幅が大きくなっていることである。これらの特性は

3章　微小重力下の物質科学

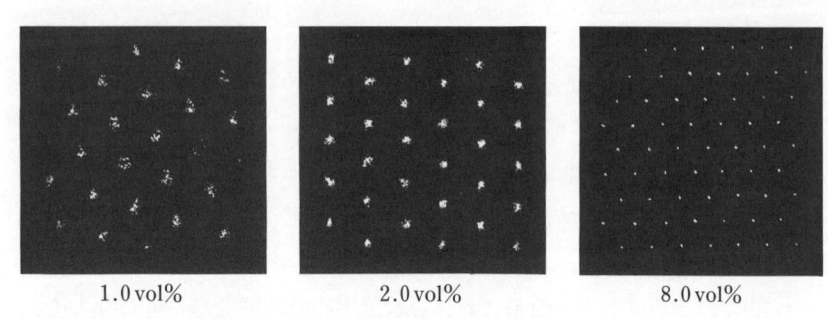

|1.0 vol%|2.0 vol%|8.0 vol%|

図 3-16 コロイド結晶の格子振動（Ito *et al*., 1988, Fig.4. より）
粒子直径 $0.4\mu m$，粒子の分析的電荷密度 $6.9\mu C/cm^2$．1/30 秒毎の粒子重心位置を 8.3 秒間に渡りビデオ記録し，コンピューター処理によりひとつのフレームに再現した．3 枚の写真は同一の拡大率であり，濃度 8.0%，2.0%，1.0% で粒子間距離（$2D_{exp}$）はそれぞれ 0.73，1.07，$1.08\mu m$ である

固体結晶では見られないもので、現実の分子間ポテンシャルとは異なり、粒子間ポテンシャルの極小点の位置が濃度依存性をもつことを示す。この事実や、ほかの観測結果の説明として、粒子間には静電的な斥力に加えて、逆イオン[*4]の媒介による粒子間引力が作用すると筆者らは考えている。

この相互作用は基本的に遠達力である。これを如実に示すのが、隣接格子点の協奏的な振動である。図 3-17 に示すように、隣り合う 3 粒子の x 軸、y 軸方向における変位－時間曲線は類似の形と位相を示し、少なくとも 3 μm 程度まで粒子間の相互作用が及んでいることを示す。

完全なコロイド結晶をつくることはむしろ困難であり、転位や点欠陥がしばしば観察される。図 3-18 は点欠陥の一例で、周辺の粒子の重心位置分布は予想されるように非等方的になる。

3-5-3　気液相平衡とボイドの形成

負の電荷をもつポリスチレンラテックス（密度 $1.047 g/cm^3$）を軽水に分

[*4] ラテックス表面の解離基（たとえば-SO_3H）は、水中で解離して-SO_3^- と H^+ に電離し、ラテックス粒子は負に帯電すると同時に H^+ が水中に放出される。この H^+ を逆イオンと呼ぶ。Na^+ や K^+ の場合もある。

3-5 コロイド科学

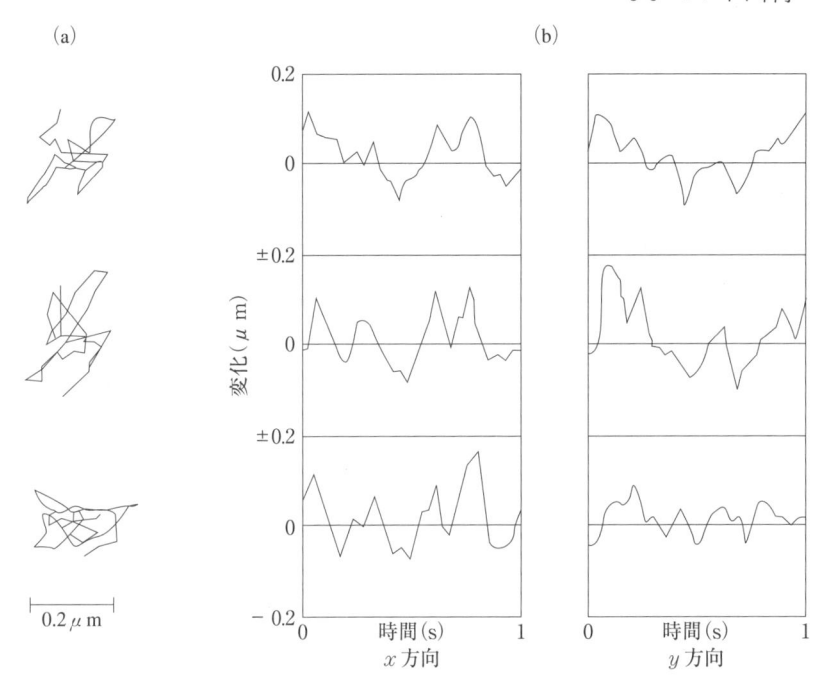

図 3-17 同一格子面上の隣接格子点の振動（Ise *et al*., 1990, Fig.2 より）
a：粒子中心の軌跡，b：x 軸と y 軸上の変位．
時間 1 秒間，粒子は図 3-16 と同じ，濃度 0.5%，粒子間距離約 1 μm，室温

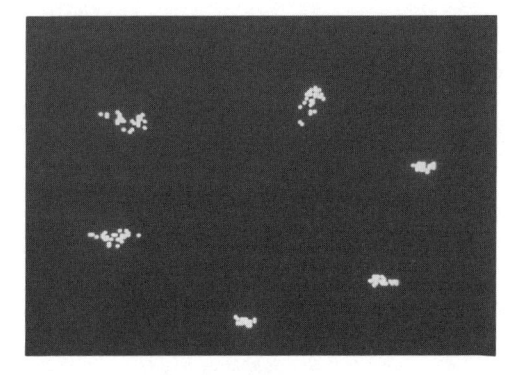

図 3-18 Schottky 欠陥周辺の粒子の振動（Ise *et al*., 1990, Fig.2 b より）
時間 1 秒，ラテックス濃度 1%，室温，粒子直径 0.5 μm，粒子の分析的電荷密度 13.3 μC/cm²，2 D_{exp}＝約 1 μm

3章 微小重力下の物質科学

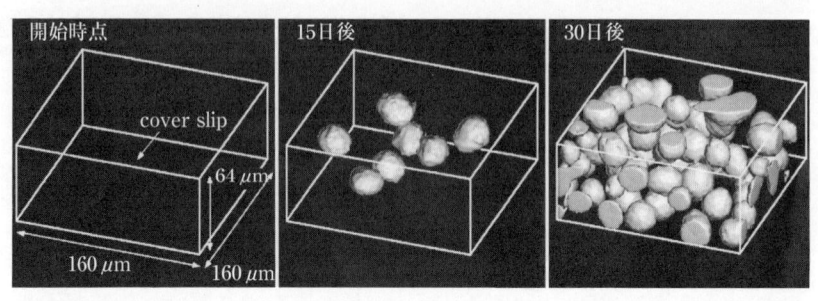

図 3-19 ポリスチレンラテックス (PS-latex) 分散系のボイド構造 (Yoshida et al., 1995, Fig.2(a)(c)(d) より)
分散媒 H_2O-D_2O (密度 1.047), 粒子直径 0.120 μm, 粒子の分析的電荷密度 4.8 μC/cm^2, 有効電荷密度 0.48 μC/cm^2. 分散液を激しく振とうした時点を $t=0$ とし, 静置して $t=15$ 日, $t=30$ 日におけるボイド (図中の白い部分) を示す. 顕微鏡の cover slip を底面とする石英容器に分散液を入れ, 共焦点顕微鏡 (CLSM) により 160×160×64 μm^3 の体積を 1.6 μm 間隔でスキャン (走査) し, この情報を画像処理により 3 次元に再構築したものである. 黒い背景は液体状の粒子分布を示す

散させた系は、低濃度で粒子をほとんど含まない相と含む相に相分離することがある。同じ粒子を密度を一致させた軽水-重水混合系に分散すると、相分離は観察されないが、巨大な安定したボイド[*5] が顕微鏡で認められる。

観測例を図 3-19 に示すが、30 μm 程度の球状のボイドが緩やかに成長することがわかる。これらの現象は、粒子間に斥力のみが作用するとすれば、説明できない。積極的に引力の存在を示す事実である。

なおボイド発生は、分散系の厳重な精製によって可能になること、それに加えて、粒子が比較的高い電荷密度をもつ場合に観測されやすいことに注意する必要がある。

3-5-4 結晶の収縮 ($2D_{\text{exp}} < 2D_0$)

以上述べたように、巨視的には均一なコロイド分散系に、粒子密度の異なる領域が観測される。定量的には、規則構造内の粒子間最近接距離 $2D_{\text{exp}}$

[*5] 肉眼では均一に見えるコロイド分散系を顕微鏡で観察すると、条件によっては、多数のコロイド粒子を含む部分と、そうでない部分とが共存していることがわかる。後者をボイド (void) と呼ぶ。この領域は分散媒によって満たされ、粒子濃度はゼロに近い。

3-5 コロイド科学

表 3-4 4種類の実験によって得られた最近接粒子間距離と平均距離の比較

濃度 (vol%)	$2D_{exp}$ (μm)	$2D_0$ (μm)	$2D_{exp}/2D_0$	濃度 (vol%)	$2D_{exp}$ (μm)	$2D_0$ (μm)	$2D_{exp}/2D_0$
実験 1 (PS-latex, 顕微鏡法)				実験 3 (シリカ粒子, USAXS 法)			
0.4	1.8	1.94	0.95	0.96	0.39	0.45	0.88
0.55	1.5	1.75	0.85	3.01	0.28	0.31	0.91
1.5	1.0	1.25	0.80	7.53	0.20	0.23	0.92
4	0.8	0.9	0.88				
実験 2 (PS-latex, 顕微鏡法)				実験 4 (PS-latex, USAXS 法)			
0.75	1.26	1.94	0.65	56.0	0.257	0.265	0.97
1.40	1.07	1.57	0.68				
3.72	0.89	1.14	0.78				
5.59	0.82	0.99	0.83				
11.2	0.71	0.79	0.90	PS-latex：ポリスチレンラテックス			

実験 1：粒子直径 $(d)=0.34\mu$m，分析的電荷密度 $(\sigma_a)=0.04\mu$C/cm^2 (Hachisu et al., 1973)
実験 2：$d=0.42\mu$m，$\sigma_a=7.2\mu$C/cm^2 (Ise et al., 1983)
実験 3：密度 2.02 g/cm^3，$d=0.109\mu$m，$\sigma_a=0.24\mu$C/cm^2，有効電荷密度 $(\sigma_e)=0.07\mu$C/cm^2 (Konishi and Ise, 1997)
実験 4：$d=0.101\mu$m，σ_e は未決定 (Vos et al., 1997)

が濃度から計算される平均距離 $2D_0$ より小さくなる。両者の比較の例を表 3-4 に示す。

顕微鏡法は直接的であるが母集団の数が限られているという不利をもち、散乱法はそれとは逆の特徴をもつ。散乱法でもひとつの幅広いピークしか観測されない場合、$2D_{exp}$ と $2D_0$ との 10% 以下の差を議論することは不適当であろう。散乱法のなかで、多数のスポットを与える USAXS（超小角 X 線散乱、後述）では 4% 程度の差を議論しても差し支えない。

以上の実験誤差を考慮しつつ、表 3-4 やほかの実験結果を評価すると、次の傾向が読み取れる。

① 高濃度では $2D_{exp}=2D_0$ であり、規則構造は系全体を覆い、一相構造である（たとえば表 3-4 の実験 4）。

② 電荷数が小さいとき $2D_{exp}\simeq 2D_0$（たとえば表 3-4 の実験 1 と実験 3）、大きくなると低濃度で $2D_{exp}<2D_0$（同じく実験 2）。

これら二つの傾向は、現在のコロイド科学の問題点を明らかにしている。

一相構造である限り、また低電荷密度の粒子を選ぶ限り、粒子間相互作用は斥力と見なして十分に説明がつく。すなわち、これらの条件では、粒子間に斥力のみを仮定するD.L.V.O.理論 (Derjaguin-Landau-Verwey-Overbeek理論) は正しく映る。これまでの関心は主として濃厚系に集中し、また実際に低電荷密度の粒子がしばしば対象になっていた。しかし、上に述べた二状態構造 ($2D_{exp} < 2D_0$、結晶の収縮) やボイド形成が、したがって引力の存在が、稀薄分散系と高電荷密度粒子系で観測されたことに留意しなければならない。

3-5-5 コロイド結晶の最近の構造解析
(1) 超小角X線散乱 (USAXS)

格子定数が μm 近辺のコロイド系では、小角X線散乱 (SAXS: small-angle X-ray scattering) は利用できない。最近、超小角X線散乱 (USAXS: ultra-small-angle X-ray scattering) 装置がコロイド結晶の研究に非常に有用であることが示された。その基本は入射X線の高度の平行化にあり、理論的には $8\mu m$ の長さまで測定できる。光散乱と異なり、白濁試料も検討でき、また多重散乱の心配もない。

その光学系を図3-20に、シリカ粒子の形成する単結晶のUSAXS像を口絵⑦に示す。口絵⑦の図中で、散乱スポットのそばに記した数字はミラー指数である。$2\theta = 197''$ および $139''$ でも類似の散乱像が得られる。そのうち22個のスポットは、格子定数 $0.323\mu m$ のbccが、[$1\bar{1}1$] 方向を毛細管の軸に平行に維持されていると仮定すると説明できる。逆に、このような単結晶を前提にして計算されるスポット位置が図中に○で示されているが、実測と計算の一致は良好である。この一致からシリカ粒子の**単結晶**が形成されたと結論され、その大きさは毛管内径と入射X線の断面積から判断して少なくとも $2mm^3$ と推定される。

USAXS法により観測された多数のスポットから決定した $2D_{exp}$ は、単一の幅広い散乱ピークからの値よりはるかに精度の高い議論にも耐えること

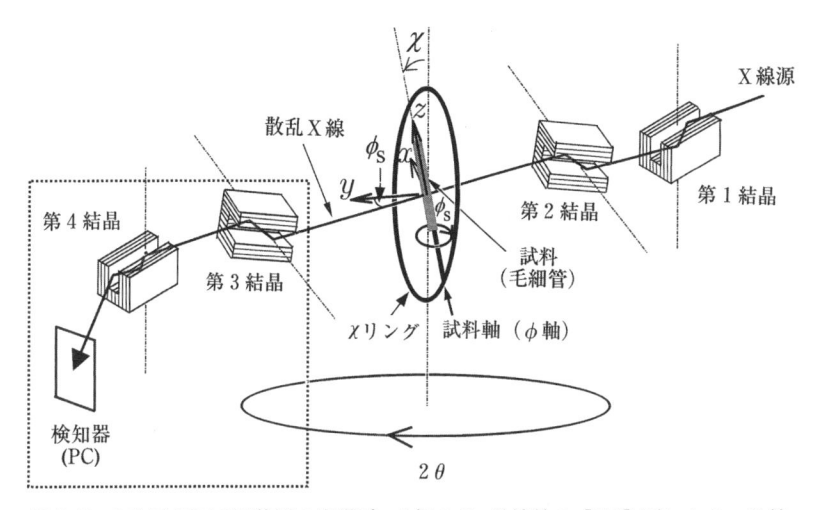

図 3-20 2次元 USAXS 装置の光学系．2組の Ge 単結晶の [111] 面により，X 線は垂直および水平方向に平行化され，分散液（毛細管容器）に入射する．散乱ベクトル q（$|q|=(4\pi/\lambda)\sin\theta$．ここで λ は波長，2θ は散乱角）の方向を変えるには，試料容器を χ と ϕ_s だけ回転する．また大きさを変えるには，第3，第4結晶と検知器（PC）を試料の軸周りに 2θ 回転する（小西，1998）

ができる．その結果の一部を表 3-4 に示してある．実験3は有効電荷密度 $0.07\mu C/cm^2$ のシリカ粒子の結果であるが，$2D_{exp}/2D_0$ は 0.9 である．後述のように，電荷密度が低くなると斥力と引力の双方が弱くなるため，このような結果になる．実験4では濃度が非常に高いため，粒子は互いの排除体積（斥力）のみで構造をつくらざるを得なくなり，$2D_{exp}=2D_0$ となる．

(2) コッセル線回折

コッセル線回折は著しく簡便な装置で、構造に関する豊富な情報を提供する。レーザーを用いると、コロイド結晶の結晶系、格子定数、方向が確定できる。USAXS 装置は約2トンの重量をもつので、宇宙空間への打ち上げには不向きであるが、この点、軽量なコッセル線装置は非常に有利である。

図 3-21 にその原理図を、図 3-22 にシリカ粒子の結晶のコッセル線回折像と USAXS 像を示す。それぞれ 4550 と 4400 Å の格子定数を与え、結晶系は bcc である。結晶面の散乱像は、通常の散乱法では点となるが、この

3章　微小重力下の物質科学

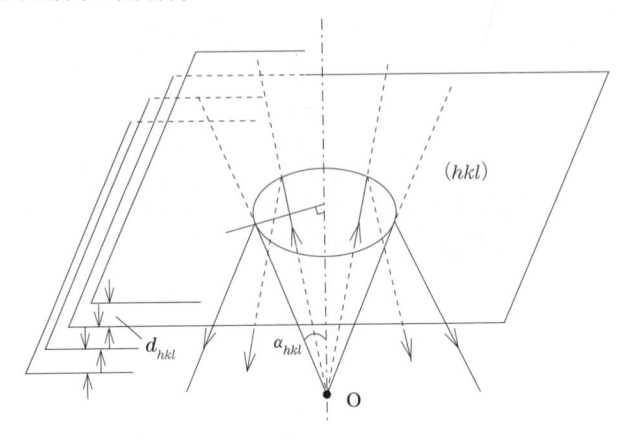

図 3-21 実空間でのコッセル線回折
格子内の欠陥から放射する発散ビームは，結晶面でブラッグ条件を満足する角度でのみ反射され，そうでないものは透過する．角度 α_{hkl} から面 hkl 間距離，また格子定数が決定される

表 3-5 コッセル線解析によるポリスチレンラテックス結晶の収縮

濃度（vol%）	a_k（Å）	$2D_{\exp}$（Å）	$2D_0$（Å）
0.6	7118±70	6164	7512
0.8	6705±30	5806	6825
2.0	4939±60	4277	5029

a_k：コッセル線回折より決定された格子定数，溶媒：軽水．
この表の濃度範囲では bcc，3% 以上では fcc が観測される

コッセル法では曲線となる。この結果、構造解析にあいまいさが入りにくい。

　コッセル法によっても $2D_{\exp} < 2D_0$ の関係は観測される。表 3-5 に一例を示すが、ほぼ 15% 以上収縮している。また分散液容器壁に接する結晶面の情報——fcc 結晶では（111）が、bcc 結晶では（110）であることが顕微鏡観察、USAXS により認められている——も、ほかの方法と首尾一貫した結果となっている。

　コッセル法の利用でもっとも興味深い成果は、コロイド結晶の成長過程についての情報である。コロイド系の時定数が原子・分子系より小さく、また

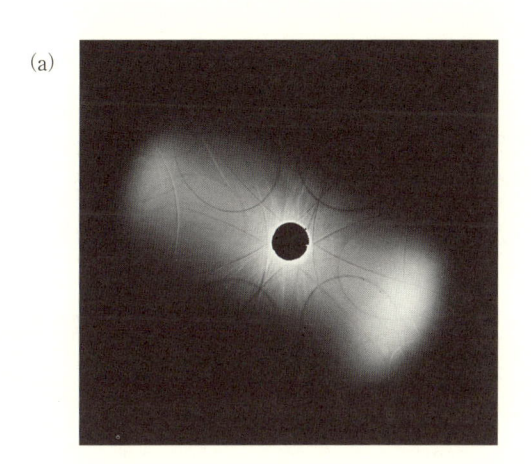

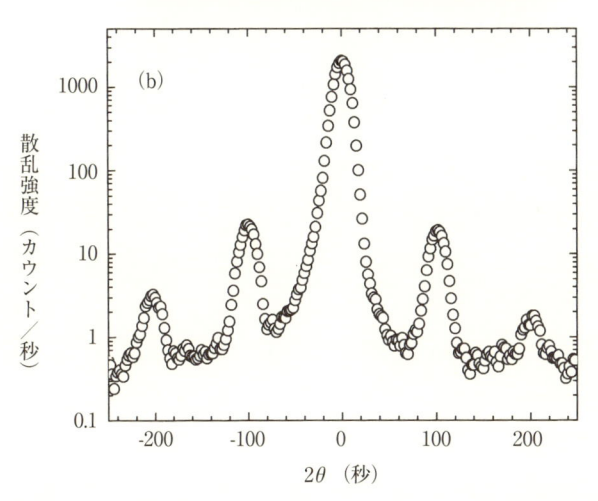

図 3-22　シリカ粒子分散系のコッセル像(a)と USAXS 像(b)
シリカ粒子は密度 2.02 g/cm³，粒径 0.100 μm，有効電荷密度 0.2 μC/cm²，濃度 1.09 vol%（篠原ら，1999）

コッセル線が局所的な微小な変化を非常に鋭敏に反映する結果である。曽我見らの研究により (1990)、ラテックス結晶 (2% 以下の濃度) の成長は、次の中間状態を経て進行することが明らかになった。すなわち、①2次元的な六方稠密構造、②無秩序な層構造、③一方向に滑り面をもつ層構造、④積層不整、⑤多周期積層構造、⑥fcc 双晶、⑦fcc、⑧bcc 双晶、⑨bcc。初期の層構造期では、容器壁の影響が強く出て構造は非等方的であるが、立方構造期では熱運動や粒子間相互作用によって次第に非等方性が修正され、最後には bcc が完成する。興味深いのは、途中の段階で fcc が出現すること、また3次元の六方稠密構造が観察されないことである。コッセル法によって初めてこれらの知見が得られたことに留意する必要があるが、この成長過程に重力がどのような役割を果しているのか、現在のところ不明である。

　コッセル線回折の有用性にかかわらず、コロイド系への応用は始まったばかりであり、今後の組織的な検討、とくに微小重力下での研究が期待される。

3-5-6　静電的粒子間引力とモンテカルロシミュレーション

　以上、高電荷密度の粒子の希薄分散系では、D.L.V.O.理論と相容れない現象が観察されること、またこれらの現象は同符号の粒子間に引力が作用していると考えることにより説明できることを指摘した。直観的にやや理解しがたいが、類似の引力の事例は、周辺に数多く見いだされる。たとえばイオン結晶内の二つのカチオンは斥力のみを及ぼすが、両者間にアニオンが介在するとき、アニオン-カチオン間には強力な引力が作用し、この結果、二つのカチオンはアニオンを介して引力を及ぼす。同様に、コロイド粒子も逆イオンの媒介により引き合うことになる (counterion-mediated attraction)。ある体積の溶媒中に存在する2個の粒子を取り扱う D.L.V.O.理論では、この逆イオンが適切に取り扱われておらず、そのポテンシャル $U_0(r)$ (ここで r は距離) には上述の引力は出現しない。現実の凝縮系一般

3-5 コロイド科学

では、斥力と引力が共存して一定の密度が維持される。D.L.V.O.理論では、この事態に対応するため、特別にファン・デル・ワールス引力が導入されている。他方、曽我見は多数の粒子を対象にした理論を組み立て、この結果、粒子間の有効対ポテンシャル $U_s(r)$ に、弱いが明確な遠距離引力が存在することを示した (Sogami and Ise, 1984)。ポテンシャルの谷の位置は、粒子電荷数、粒子濃度、添加塩濃度の増大に伴い近距離に移動し、谷の深さはゼロから極大を経て、ふたたびゼロに戻る。この傾向は D.L.V.O.理論でなぜ引力が出現しないのかを説明しており、また各種の実験事実と定性的な一致を示す。

Tata と Ise (1998) は、U_0 と U_s を用いてモンテカルロシミュレーションを実行し、U_s の場合は $2D_{exp} < 2D_0$、ボイド形成などの諸現象が再現されるのに対して、U_0 ではそれが不可能であることを示した。図 3-23 に U_s を用いて計算された動径分布関数 $g_c(r)$ と粒子位置の投影を示す。電荷密度 σ が小さいとき、粒子は bcc 構造をつくる

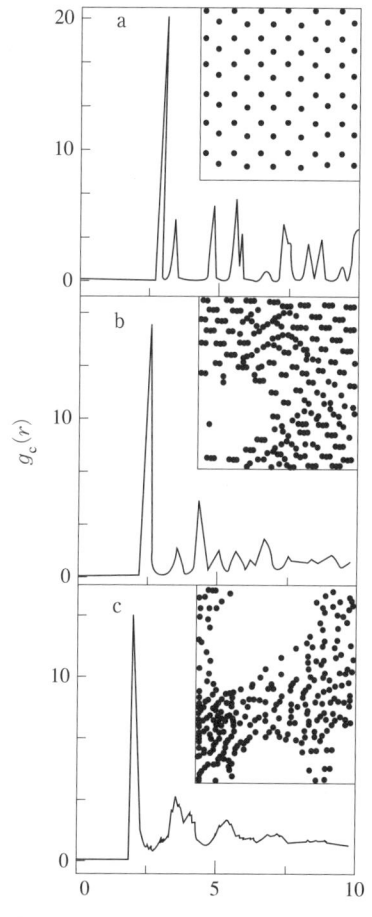

図 3-23 Sogami ポテンシャルを用いたモンテカルロシミュレーションによるボイドの生成 (Tata & Ise, 1998, Fig.7 A より)
添加塩濃度 0, 粒径 0.055μm, 粒子濃度 3%. a：電荷密度 $(\sigma)=0.2\mu C/cm^2$, b：$\sigma=0.4$, c：$\sigma=0.65$. a では一様に bcc 構造であるが、b, c になるとボイドが生成する

が（図3-23 a）、σが大きくなると系は不均一になり（図3-23 b と c）、ボイドの生成が再現される。なお、U_0 を用いる限りボイドは再現できない。

従来の解析で U_0 によって説明されたという現象のなかには、U_s によっても実験結果と同程度の一致が認められる場合が報告されている。また、D.L.V.O.理論は2個の球を対象とするものであって、本来コロイド濃度0の極限でのみ使われるべきであり、この意味では、この理論は多成分系に対する熱力学的要求のひとつであるギブズ-デュエム式を満足していないことを指摘しておきたい。

3-5-7 微小重力下でのコロイド現象

いままで述べてきた実験結果は、すべて地上で得られたものである。重力のない状況で、どのような新規な現象や構造が現れるかは予測を許さない。それだけに宇宙実験室での実験は非常に有意義である。

しかし、このような特殊な装置を用いる前に、地上で工夫をこらして、"無重力"場での情報を集積することは可能であり、また必要である。たとえば、ポリスチレン球の場合、分散媒として軽水-重水を利用することにより重力の影響を消すことができる。この種の予備的な情報を集積して初めて、重力の影響が確定できるのであり、宇宙空間での実験が価値をもつのである。

筆者らは現在、地上での予備実験により、コッセル法とUSAXS法の比較を行っている。図3-22に示したように、両者の対応はきわめて満足できる。将来、地上では検討できないような"重い"粒子（たとえば金属微粒子、金属酸化物粒子）の分散系のさまざまな性質を、微小重力下においてコッセル法により組織的かつ詳細に検討する計画である。

謝辞 3-5節「コロイド科学」で議論した成果は、次の方々の実験によりあげられたもので、ここに特記して謝意を表したい。曽我見郁夫教授、愿山 毅教授、伊藤研策助教授、吉田博史博士、小西利樹博士、篠原忠臣博士、B.V.R.Tata博士。

4. 微小重力と基礎物理学

清水順一郎・小林俊一

4-1　はじめに
4-2　NASA における微小重力利用の
　　　基礎物理学研究
4-3　日本における検討の状況
4-4　まとめ
4章の注釈

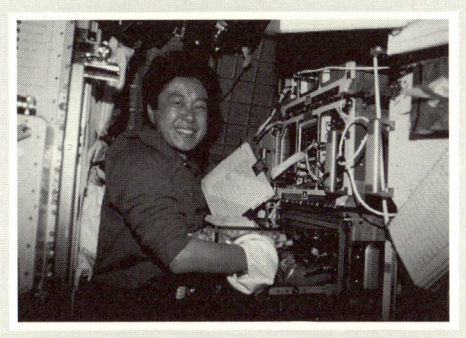

マイクログラビティ・グローブボックスを
使って実験を行う向井千秋 宇宙飛行士

4章　微小重力と基礎物理学

4-1　はじめに

　体積力として物質に作用する**重力**は、粒子間力としてはきわめて弱い力である。強い力、弱い力、電磁気力、重力という自然界に存在する**四つの基本力**[*1-1]について、粒子間に作用する近距離力の視点からその影響を比較すると、重力はあまりにも微弱であるために、その影響はほかの力によって覆い隠されてしまい弁別すら困難になる。しかし、質量の集積に伴って重力の影響は目に見えるものになり、巨視的な力学現象を支配する主要な力として大きな影響をもつことになる。また、重力の顕在化に従って物理現象が複雑になるために、重力環境のもとでは、現象の本質を把握することが困難になる場合もある。

　重力の本質を探索するためには、無重力環境を正確に認知することも重要であるが、ここでは、重力の存在によって隠されてしまう物理現象を探索し、自然現象としての新たな知見を得ようという視点から、**微小重力**[*1-2]利用の意義と実験環境としての効果的な利用の方向性を考えてみることにしたい。これまでに微小重力利用の意義が認知されている代表的な研究領域には、流体物理や物質輸送現象などの**流体科学の分野**、過冷凝固や準安定相物質の創製、結晶成長などの**材料科学の分野**、物理化学現象としての**燃焼科学の分野**などがある（日本マイクログラビティ応用学会編，1996；石川・日比野，1994；Antar & Nuotio-Antar, 1993；Walter, 1987）。

　一方、基礎物理学研究における微小重力の利用については、これまで、凝縮系物理学や低温物理学を中心に、
　①電磁気的な相互作用がきわめて弱い系
　②静水圧による圧縮を受けないきわめて一様な実験試料を必要とする系
　③観測対象を特定の空間領域に長い間自由浮遊させることが必要な系
　④微弱な力学的擾乱（加速度）によって高精度な計測や観測が不可能な系
への適用について検討がなされてきた。最近では、③の特徴を原子物理学実

＊　注釈（＊1-1 など）は「4章の注釈」として 115〜122 頁にまとめて掲載しました。

験に適用することも検討されている。

　これらの物理系に対して、微小重力を利用した**臨界現象の理論検証実験**[*1-3]の場合と同様に、微小重力の利用が劇的な効果を生む宇宙実験が期待されている。

　また、重力を可変パラメーターとして扱える**人工重力発生装置**[*1-4]の活用が可能になれば、その利用によって、物理現象や物理化学現象と重力との関わり合いを理解するためのさまざまな実験方法が開発できるのではないかとの期待もある。

　ここで、微小重力利用に関するアメリカ航空宇宙局（NASA；National Aeronautics and Space Administration）の典型的な研究事例について簡単に触れておく（Jet Propulsion Laboratory, 1999）。

　第一の事例は、流体現象を伴った臨界現象の研究で、微小重力を利用して行われてきた凝縮系物理学のさまざまな宇宙実験のなかでも際立った成果をあげてきたものである。$1g$の環境では、静水圧のために、実験試料（液相）全体を一様に臨界状態に近づけることは不可能である。これは、高さの関数として静水圧が実験試料（液相）に作用するためであり、実験技術に依存するものではない。このために、流体現象を伴うような臨界現象の実験では、微小重力環境が必須であるとの認識が定着してきた。

　第二の事例は、原子物理学の領域においても微小重力が重要な役割を果たす事例である。微小重力利用の目的は、きわめて長い時間に渡って原子や分子の運動状態を抑制し、これらを特定の空間領域に実質的に閉じ込めて分光学的な観測や計測を行うことを目指すものである。地上では、原子といえども約$9.8 \mathrm{m/s^2}$の重力加速度が作用して落下する。このため、特定の空間領域への原子の閉じ込め可能な時間が限られたものになり、観測や計測が制限される。この分野の将来的な実験課題には、**レーザー冷却技術**[*1-5]を駆使したボース-アインシュタイン凝縮の実現や原子波レーザーの技術開発実験、極低温でトラップされた原子や分子の分光観測、自由浮遊液滴に対するさま

ざまな力学挙動の観測実験などが想定されている。

　第三の事例は、実質的な力学的擾乱を排除したきわめて静かな環境を宇宙に求め、レーザー冷却技術を利用した超高性能原子時計を開発して、一般相対性理論の実験検証に利用するものである。等価原理の実験的検証など、一般相対性理論の検証を目的とした実験では、さまざまな力学的擾乱の排除が必要になるため、地上では適切な実験環境を得ることができないことによる。

　物理学全般の立場から「微小重力利用の意義」を考える場合には、重力法則の根源的な理解など、普遍的な宇宙の基本法則に対する認識を深める場として、また、新たな科学的知見を生み出す場として活用する考え方が支配的である。

　このような大きな目標を掲げて進む考え方と並行して、具体的な成果を着実に積み上げる努力もなされてきた。NASAの推進する凝縮系物理学分野の宇宙実験がそれに該当し、価値ある実験成果が着実に得られており、臨界現象の定量化や普遍化の試みと、現象を適切に記述するための**統一原理**[*1-6]が探求されている。

　その過程において、「流体現象や非平衡現象を含む統計物理学の諸現象」、「反応拡散系や化学反応系を含む物理化学や熱力学の諸現象」、「生物学の諸現象」に共通的に関わる**非平衡・非線形な現象**[*1-7]が登場してくる。微小重力を利用する基礎物理学研究をひとつの契機として、このような現象の探求に向けて、非線形数理科学や非平衡系科学全般の取り組みが大いに進展することが期待される。

　一方、これまで日本の基礎物理学分野に関連する宇宙環境利用の研究活動[*1-8]では、流体物理学分野や材料科学分野において基礎的な研究が行われてきたが、基礎科学分野としての体系的な取り組みはなされていない（清水，1998）。宇宙環境利用における物理学研究の中心的な活動は、宇宙科学（天体観測）や地球科学（地球観測）の分野に局在しており、「微小重力利用

の基礎物理学研究」の本来の主旨から考えると、その内容が広く認知されていない。

このために、NASAの「凝縮系物理学と低温物理学の分野」および「原子物理学の分野」の微小重力利用研究の紹介を通して、微小重力を利用する基礎物理学と物理化学の研究課題と、それらを探求するにあたっての方向性の概要を示し、この状況に対応する日本の検討状況について概略を述べる。

4-2　NASAにおける微小重力利用の基礎物理学研究

NASAでは、微小重力を利用する基礎物理学研究の科学的な探求の目標を、
　① 物質、空間、および時間を支配する基本的な物理法則の探求と発見
　② 構造や複雑性を発現させる自然原理の仕組みの発見と理解
にあるとしている（Jet Propulsion Laboratory, 1999）。そして、「低温物理学と凝縮系物理学」、「レーザー冷却と原子物理学」、「重力および一般相対性理論」の三つの研究分野に対して微小重力の利用が有効な研究領域を設定してきた。これらの研究領域における科学的成果を創出するために、NRA[*2-1]で公募した地上研究テーマを推進し、実験準備の整った研究テーマについては、スペースシャトル利用の宇宙実験が順次実施されてきた。このような活動は、21世紀の初頭から始まる国際宇宙ステーションの科学的利用に向けた準備活動でもある。

1990年代の初頭には、すでに体系的な推進活動の萌芽が見られ、地上では原理的に実現できない物理状態を宇宙環境のなかでつくり出し、微小重力の特徴を利用した基礎物理学領域の実験研究を進める活動がなされてきた。この分野の宇宙実験のこれまでの実績と国際宇宙ステーション利用を中心とした将来計画を表4-1と表4-2に、また参考として、欧州宇宙機構（ESA；European Space Agency）における関連分野の宇宙実験の実施状況を表4-3に示した（Walter, 1987）。

4章　微小重力と基礎物理学

表4-1　臨界現象に関するこれまでの宇宙実験（NASA）とその実験内容

λ点実験（LPE）（1991年実施，図4-1参照）
1. 相転移近傍における液体ヘリウムの静的特性の測定
2. 「重力の影響によるデータの鈍り」が微小重力の利用で回避可能なことを実証
3. 宇宙環境の利用できわめて精密なデータ計測が可能なことを実証
4. nKの精度でも，ヘリウム相転移がきわめてシャープなことを実証

臨界流体の光散乱実験（ZENO）（1993年，1996年実施）
1. 気液臨界点のごく近傍におけるキセノン光散乱の計測
2. 微小重力を利用して気液臨界点研究が効果的に行えることを実証
3. 密度ゆらぎの緩和時間の測定
4. 温度と密度の平衡達成時間を計測

臨界粘性実験（CVX）（1997年実施）
1. 気液臨界点のごく近傍でキセノンの粘性を計測
2. 臨界点の近傍における初の粘性計測
3. 臨界指数 γ について，新規でより正確な数値を導出

閉じ込めヘリウム実験（CHeX）（1997年実施）
1. プレート間に2次元的に閉じ込めたヘリウムの静的な特性の計測
2. 臨界点のごく近傍において，閉じ込め系の有限サイズ効果に関するもっとも正確なデータを取得
3. 宇宙環境での温度計測精度の改善を実証

表4-2　国際宇宙ステーション利用の実験テーマ（1999年12月現在）．NASA・JPLの極低温物理実験装置（LTMPF*）を利用したアメリカのフライト実験テーマ

宇宙実験の実施予定時期	研究テーマの名称（略称）	代表研究者（宇宙実験テーマ提案者）
2004年	1. 微小重力での臨界ダイナミックスの実験（DYNAMX）（図4-2）	Robert Duncan（ニューメキシコ大学）
	2. 微小重力下におけるスケーリング則の実験（MISTE）（図4-3）	Martin Barmatz（JPL）
	3. 超流体のユニバーサリティ実験（SHE）（図4-6）	John Lipa（スタンフォード大学）
2005年	1. 超流動転移における境界の影響に関する実験（BEST）（図4-5）	Guenter Ahlers（カリフォルニア大学サンタバーバラ校）
	2. 三重臨界点近傍の共存線に沿った実験（EXACT）（図4-4）	Melora Larson（JPL）
	3. 超伝導マイクロ波発信器（SUMO）（図4-7）	John Lipa（スタンフォード大学）
2006年以降	未定	

＊ 極低温物理実験装置（LTMPF）：NASAジェット推進研究所（JPL）が開発を進めている実験装置で，日本の実験棟「きぼう」の曝露部（図1-2参照）に搭載が予定されている．微小重力環境かつ極低温の環境条件でのみ実施可能な基礎物理学実験を長期間に渡って実施するために必要な共通的実験環境が提供できるように設計されている．

4-2 NASAにおける微小重力利用の基礎物理学研究

表 4-3 臨界現象に関する欧州の主要な宇宙実験とその内容

● スペースシャトル利用
　D1 計画（ドイツ，1985 年実施）
　　・六フッ化硫黄（SF_6）の臨界点近傍における定積比熱の計測
　D2 計画（ドイツ，1993 年実施）
　　・SF_6 の臨界点近傍における定積比熱の測定（D1 計画の継続実験）
　　・SF_6 の臨界点近傍におけるピストン効果の実証（動的な温度拡散）
　IML-1（国際微小重力実験室計画）（ESA，1992 年実施）
　　・気液臨界点の近傍における流体の静的および動的特性の観測
　　・純粋流体の臨界点近傍での熱および物質輸送
　　・臨界点近傍での純粋流体の密度分布の計測
　EURECA ミッション（ESA，1992 年実施）
　　・SF_6 の臨界点近傍におけるグライファイト・カーボンへの吸着の計測
　IML-2（国際微小重力実験室計画）（ESA，1994 年実施）
　　・気液臨界点の近傍における流体の静的および動的特性の観測
● ミール利用
　独露共同ミッション（1997 年実施）
　　・純粋流体の臨界点近傍における相転移の挙動の観測

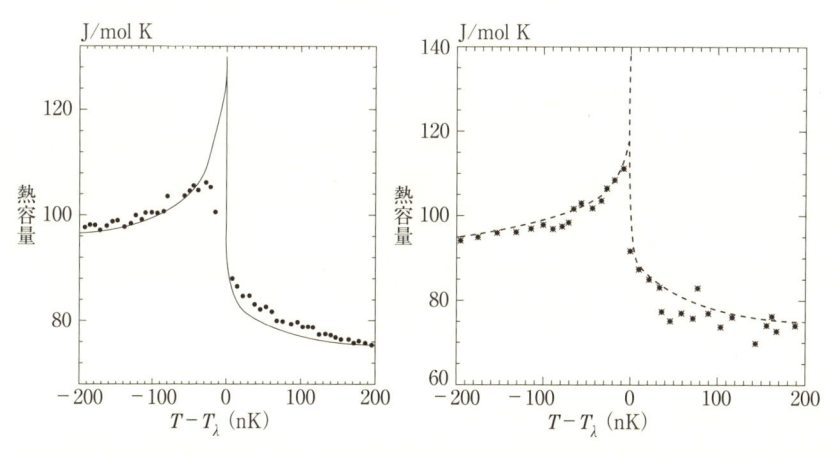

図 4-1 λ 点実験（LPE），He の λ 点近傍での熱容量測定の結果．左：地上での測定結果（点で示した部分），右：宇宙環境（微小重力）での測定結果（＊で示した部分）（右：*Physica* **B197**：239-248, 1994 より）

4章　微小重力と基礎物理学

　基礎物理学分野で対象とすべき研究課題の方向性を次のものとしている（臨界現象に関する宇宙実験の代表的な成果として、NASAのλ点実験（LPE：ヘリウムのλ点近傍での熱容量測定）の結果を図4-1に示す）。

a. 低温物理学と凝縮系物理学の分野

　一様性のきわめて高い試料を必要とする**臨界現象**に関する実験領域では、地上では実験試料内部の静水圧変化のために臨界条件の達成が困難な課題が対象になる。また、きわめて繊細で多孔質な試料を扱う**低密度粒子やフラクタル構造の物理**に関する実験領域では、地上では実験試料が自重で崩壊し、沈降のために粒子塊が巨大化してコロイドサスペンションの維持ができないなど、実験条件の達成が困難な課題が対象になる。

b. レーザー冷却と原子物理学の分野

　極低温に冷却した希薄気体原子などの実験試料を、特定の空間領域に長時間保持させるために必要な**レーザー冷却技術**とこの環境を利用する**原子物理学**の実験領域（ボース-アインシュタイン凝縮、原子レーザー、原子時計など）で、地上では重力加速度のために実験条件の維持が困難な課題が対象になる。

c. 重力および一般相対性理論の分野

　重力理論の検証を目指した**相対論と重力物理学**に関する実験領域で、地上ではさまざまな力学的雑音の排除が不可能であるために、実験の実施が困難な課題が対象になる。

　微小重力利用の基礎物理学研究に対するこのようなNASAの取り組みのうち、「統計物理学や非平衡系物理学に関連する研究領域」を中心に、今後の日本での取り組みの検討にも参考になると考えられる事項について、その概要や宇宙実験への対応を紹介する。

4-2-1　低温物理学と凝縮系物理学の分野

(1) 臨界現象

　臨界現象の理論的な説明は、**くりこみ群**[*2-2]の理論によって与えられてい

る。くりこみ群の理論は、理論物理学における 20 世紀後半のもっとも大きな業績のひとつに数えられている。臨界現象を対象にする物理学の研究領域はきわめて広範囲にわたるが、くりこみ群の理論の枠組みから見れば、統一的な視点が生まれてくる。**秩序変数**[*2-3] の一般的対称性や系の保存則に従って、異なる相転移は異なる**普遍クラス**[*2-2] に属するものとして分類されるからである。

異なる普遍クラスに属する重要な臨界現象の例として、液体ヘリウムの**超流動転移**(図 4-2)と**気液相転移**(図 4-3)をあげることができる。同一の普遍クラスに属する系の臨界点での振る舞いは、系に固有な定数因子を除いて同一になると考えられている。したがって、各普遍クラスを代表する物質について、その熱力学的特性と輸送特性が解明できれば、その普遍クラスの物性的特徴は理解されたことになる。

もうひとつの重要な系として、^{3}He と ^{4}He との混合系における**三重臨界点**[*2-4](図 4-4)をあげることができる。この三重臨界点は、その主要な臨界挙動が**平均場近似**[*2-5] によって正確に記述できるという意味できわめて特異的である。くりこみ群の理論を適用することによって、液体ヘリウムの臨界点における振る舞いが正確に予測可能とされている。

液体ヘリウムの秩序変数を直接観測することは不可能であるが、室温の気液臨界点で**乳光(タンパク光)**[*2-6] として観測される現象を利用し、秩序変数を"粒子数のゆらぎ"として同定することが可能になる。これは、密度ゆらぎに起因する光散乱であり、流体試料が臨界点を通過する際に乳白色に変化する現象として観測されるものである。気液臨界点の近傍における流体の濁りを観測するような実験によって、密度ゆらぎの相互作用に対する新たな知見が得られるものと期待される。

気液臨界点で発散する熱力学変数のひとつに体積圧縮率がある。重力圧縮効果が大きい地上では、試料の限られた部分領域においてしか、与えられた温度で定まる臨界条件を達成できない。一方、微小重力環境では、静水圧が極端に抑制されるために、臨界点の近傍で広範囲な濁り領域を観測すること

4章　微小重力と基礎物理学

微小重力下における臨界ダイナミックスの実験（DYNAMX）
(Critical Dynamics in Microgravity Experiment)

モチベーション
2次の相転移近傍における動的な特性は，科学的および技術的な視点から広範な応用が期待されているが，十分に解明がなされていない課題である．

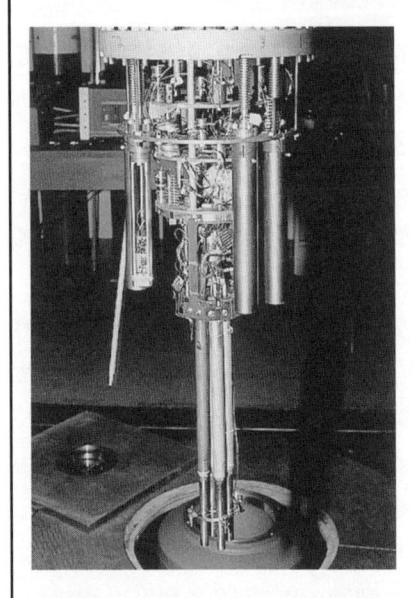

科学的目的
非平衡条件下での超流動転移に関する動的特性をサブnKレベルの温度分解能で調べる．
・線形および非線形領域における熱伝導率を測定し，理論予測と比較する．
・超流体と常流体の界面近傍における温度プロファイルとスケーリングの視点からの挙動を測定する．
・10倍のオーダーで転移温度の決定精度を改善する．
・100倍以上感度を高めて，くりこみ群の理論で予測されているヒステリシスを観測する．

ミッション内容
・国際宇宙ステーション／LTMPFのミッション候補．
・軌道上での3か月にわたる長期のデータ収集．

技　術
・宇宙放射線の影響を最小にするため，構成要素を小型化し，相互に断熱した設計の高分解能温度計．
・pWレベルの熱制御．
・熱伝導セルのサイドウォールに埋め込まれた超薄型センサープローブ（SQUID）をもつコンポジット型熱伝導セル．

測定方法
・熱伝導セルのサイドウォールに取り付けられる複数の高分解能温度計（HRT）を使用．
・熱流束－バイアス温度制御．

図4-2　微小重力下における臨界ダイナミックスの実験（DYNAMX）

4-2 NASAにおける微小重力利用の基礎物理学研究

微小重力下におけるスケーリング則の実験（MISTE）
(Microgravity Scaling Theory Experiment)

モチベーション

スケーリング則が有効な範囲に関する理解を深めるために，簡単なテストベッド系を用いて，スケーリング則の予測に対するもっとも精密な検証実験を行う．

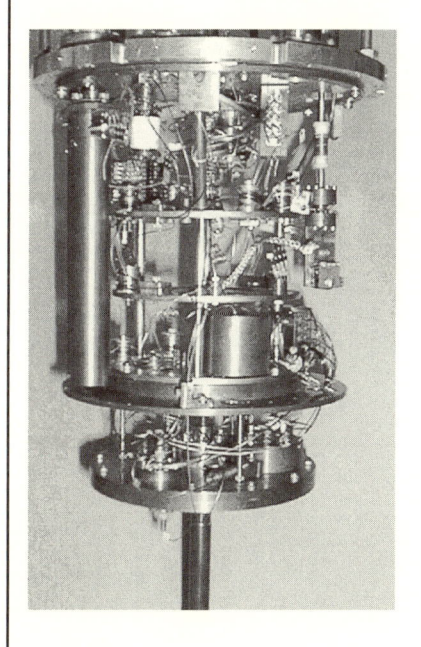

科学的目的

微小重力下において ^{3}He の臨界点近傍で臨界指数を計測し，スケーリング則の予測に対するもっとも精密なテストを行う．
- 微小重力環境で，^{3}He の気液臨界点近傍における定積比熱 C_V，および等温圧縮率 k_T の精密な測定を行う．
- 臨界点での定積線および等温線に沿った上記の値の測定結果から，臨界指数 α，γ，δ の精度を高める．
- 計測された臨界指数とその理論予測の指数を用いて，スケーリング則の成立性と妥当性を検証する．

ミッション内容

- 国際宇宙ステーション／LTMPFのミッション候補．
- 軌道上での3か月間にわたる長期のデータ収集．

測定方法

- 臨界点パラメーター（P_c, ρ_c, T_c）を精度よく決定し，臨界領域において P, ρ, T の測定を行うために高分解能の圧力，密度，および温度センサーを開発する．

技術

- 3.3K近傍で作動する小型GdCl$_3$高分解能温度計．
- 小型極低温バルブ．
- 高分解能密度センサーおよび圧力センサー．

図 4-3(1)　微小重力下におけるスケーリング則の実験（MISTE）

4章　微小重力と基礎物理学

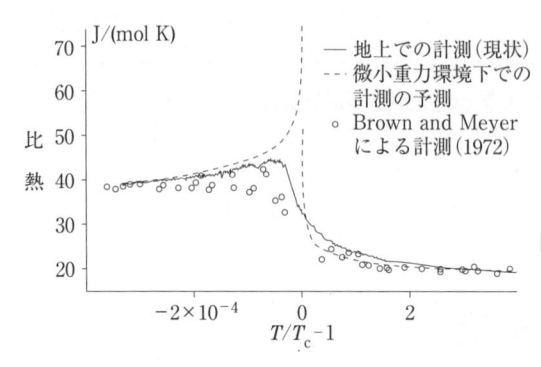

図4-3(2)　MISTEにおける微小重力の有効性（^{3}Heの臨界点近傍での比熱の計測）

凡例：
— 地上での計測（現状）
-- 微小重力環境下での計測の予測
○ Brown and Meyerによる計測（1972）

縦軸：比熱　J/(mol K)
横軸：$T/T_c - 1$

三重臨界点近傍の共存線に沿った実験（EXACT）
(Experiments along Co-existence near Tricriticality)

モチベーション

EXACTでは，「くり込み群の理論」によって厳密に予測がなされている液体ヘリウムの三重臨界点における精密な実験を行う．このような検証は，地上の如何なる実験環境でも実施不可能である．この結果は，くりこみ群の考え方を適用しているすべての理論物理学の検証実験になる．

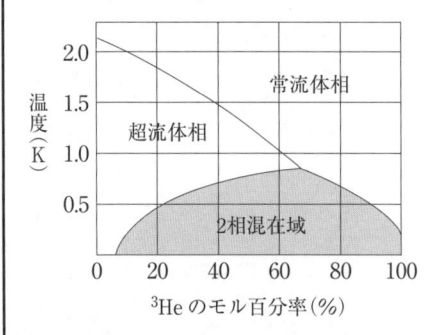

（図：温度（K）vs ^{3}Heのモル百分率（%）相図．常流体相，超流体相，2相混在域）

科学的目的

厳密な理論予測のなされている三重臨界点において精密な検証実験を行う．
・共存曲線に沿って超流体の密度指数を測定する．
・共存曲線とλ線の形状を温度と濃度の関数として測定する．
・地上実験で見いだされる計測限界を100倍改善する．

技術

・0.5Kまで冷却可能な冷却器．
・0.5K近傍で作動する高分解能の温度計．
・^{3}He-^{4}He混合液体の濃度測定と制御．
・第2音波の温度パルスを検知する薄膜フィルム・ボロメーター．

ミッション内容

・国際宇宙ステーション／LTMPFのミッション候補．
・軌道上での3か月間にわたる長期のデータ収集．

測定方法

・超流体密度を得るために第2音波を測定する．

図4-4　三重臨界点近傍の共存線に沿った実験（EXACT）

が可能になる。すなわち、大域的な変数領域で大規模なゆらぎを観測することができるようになる。

くりこみ群の理論の適用についてもさまざまな視点があり、これまでにごく一部が宇宙実験の研究対象にされたにすぎない。この領域には、基礎物理学への貢献の機会が数多く残されており、微小重力利用の研究が推奨される。

(2) 固液界面

凝縮系物理学の重要な課題のひとつとして、固液界面の特性を把握することがあげられる。固液界面を支配する境界条件には、**濡れ**[*2-7] (3章3-2-3(2)項も参照)、表面相転移、薄膜形成などが含まれ、これらは系の巨視的な現象にも影響を与えている。系の境界近傍の微視的な様相を調べるのは一般的には困難である。しかし、液体が臨界点の近傍にある場合には、固体表面に接する境界層の厚さは巨視的なサイズに成長する。

液相が空間的に局在するような場合には、固液界面としての境界は、系の平均的な巨視的特性に大きな影響を及ぼしているはずである。このような境界の影響を調べるために、閉じ込めた臨界流体が用いられてきた。**閉じ込めヘリウム実験**（CHeX）（表4-1参照）がこれに該当する。臨界流体を閉じ込める条件や閉じ込めの方法の相違によって、それぞれ異なる有限サイズの効果が予想されている（図4-5）。このような現象を統一的に理解するために、再びくりこみ群の理論が適用される。また、適切なモデルを用いた大規模なモンテカルロシミュレーションを行うことも可能で、少なくとも理論研究としては、境界条件と閉じ込めの幾何学的形状をさまざまに変えた検討がなされている。境界条件が熱力学的な特性に及ぼす影響だけでなく、熱輸送や質量輸送といった閉じ込め系内部の輸送特性についても関心が持たれているが、きわめてわずかな実験事実しか明らかにされていない。新しい研究領域として着目する必要があるであろう。

(3) 非平衡系の物理

自然界には、時間の流れに沿って不可逆的に発展するさまざまな非平衡系

超流動転移における境界の影響に関する実験(BEST)
(Boundary Effects on Superfluid Transition)

モチベーション

自然界における有限サイズの動的なスケーリング理論について,その妥当性を初めて検証する.

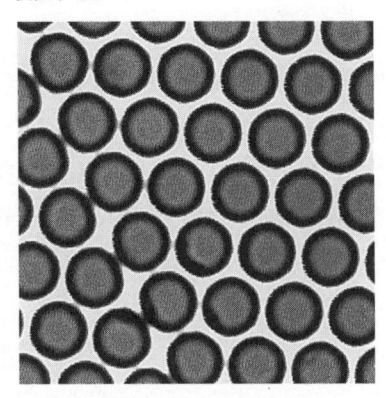

マイクロ・チャンネル・プレート
1次元の閉じ込め用のシリンダー

科学的目的

「固体境界」,「有限サイズへの閉じ込め」,「超流動転移近傍での臨界熱輸送における次元の依存性」の影響を定量的に確認し,有限サイズの動的スケール理論との比較検証を行う.

・温度分解能を1000倍改善し,3次元試料の熱伝導率をλ線に沿って計測する.
・さまざまな有限サイズの1次元および2次元閉じ込めの試料について熱伝導率を計測し,有限サイズの動的スケーリングの解析を実施して理論的な予測と比較する.
・3次元の超流動転移から2次元の超流動転移への「次元クロスオーバー現象」を確認する.

技術

・小型高分解能温度計.
・高精度圧力計および調圧.
・きわめて一様で,温度伝導率の低い1次元および2次元の「閉じ込め媒体」.

ミッション内容

・国際宇宙ステーション/LTMPFのミッション候補.
・軌道上での3か月間にわたる長期のデータ収集.

測定方法

・同じ圧力下で同時に作動し,同じ温度プラットホーム上に設置可能な熱伝導セルの利用.

図4-5 超流動転移における境界の影響に関する実験(BEST)

が存在している。これまでの物理学では、多くが平衡や線形という理想状態を研究の対象としてきたが、自然界はむしろ非平衡や非線形の現象がほとんどであり、これらへの本格的な取り組みは 21 世紀の課題と認識されている。

準安定状態[*2-8] または非平衡状態における多粒子系の統計物理学は、物理学のきわめて重要な領域ではあるが、発展途上の研究領域である。これまで、非平衡系現象を扱う場合には、平衡状態からの隔たりが小さい場合に有効な**線形応答**[*2-9] の枠組みで考察がなされてきた。現実問題としても、平衡状態から遠く離れた線形応答理論の適用できない状態をつくり出し、これを維持することは一般的に困難である。緩和時間の長くなる臨界点の近傍では、このような条件が実現できるはずだが、重力の影響のために、実験系において臨界条件を広範囲に達成することは難しい。したがって、輸送現象が非線形になる極端な非平衡状態を実現して実験を行う場合には、微小重力の利用が本質的な条件になると考えられるのである。

^{4}He の超流動転移は、非平衡現象を研究するために最適な系であり、輸送特性などを調べるためのいくつかの宇宙実験（図 4-2、表 4-2 参照）が計画されていることは、すでに述べた通りである。このような実験に加えて、熱力学特性に与える非平衡条件の影響や非平衡条件が閉じ込め系の振る舞いに与える影響などが、非平衡系における現象探求の発展実験として実現されることが望ましい。^{3}He と ^{4}He との混合系に対する非平衡条件の影響に関する研究にも、微小重力の利用が有効である。気液臨界点の近傍における流体の粘性計測（表 4-1 参照）は、平衡状態から離れた系の研究に共通して必要な物性値の取得として、基盤研究に位置付けられるものであるが、このような物性値を取得するときにも微小重力の利用が有効になる。臨界点近傍の力学は未開拓の研究領域であり、基礎物理学にとってきわめて重要な研究課題（表 4-2 参照）が山積している。

(4) 超流体の流体力学

超流体[*2-10] の流体力学には、きわめて興味あるいくつかの実験があり、それを実施するためには微小重力の利用が不可欠になる。そのひとつに、**ヘリ**

ウム II *2-11 の**量子渦糸***2-12 の内部核発生の問題がある。ほとんどすべての均一核発生の実験は、微視的なイオンの場合を除いて、容器壁境界において核発生（外部核発生）が誘起されてしまうために、内部の均一核発生の実験はこれまでのところ成功を収めていない。容器壁で量子渦糸が発生するために、外部核発生の形成に大きな影響を与えてしまうからである。微小重力を利用してヘリウム液滴を空間に自由浮遊させ、また液滴周囲の温度を十分に低くして周囲の気体の実質的な影響を排除できるならば、境界からの量子渦糸の発生が抑制されるはずであり、この場合の核発生は純粋に内部核発生になるものと考えられる。

　そのほかの実験例には、1K 以下の温度で液滴を回転させて量子渦線の核発生を観察する実験がある。液滴から不純物が完全に除去できれば、核発生は起こらない。このとき、**常流体** *2-10（1K で液体ヘリウムの 1% 以下）は回転し、超流体は静止したままである。液滴の回転は渦から解放されているので、球形容器を使用する場合より大きな回転角速度の範囲まで、超流体は静止状態を保つというものである（図 4-6、表 4-2 参照）。

　液滴の形成とその自由浮遊の実験は、液滴の衝突や合体に関する新たな実験概念を生み出す源泉になる。^{3}He と ^{4}He との液滴の衝突実験や、^{3}He の液中に ^{4}He の液滴を複数個浮かせる実験などがその例である。また、液滴群や固体水素の粒を用いた実験も興味ある系になる。十分に低い温度領域では、水素もまた**量子液体**（または**量子固体**）*2-13 として振る舞うからである。さらに、超流動液滴を利用して、長距離におよぶ**量子コヒーレンス**（量子力学的な位相の可干渉性）の出現について探索できる可能性もある。低エネルギーのヘリウム原子群が超流動液滴に向けて打ち込まれると、液滴の反対側に貫通した原子群には、凝縮に関する情報が含まれていることが期待されるからである。

(5) 溶融凝固と結晶成長

　溶融凝固と結晶成長で対象となる 1 次の相転移は、長い間、多くの物理学者の関心を集め、さまざまな課題に関する研究が行われてきた。代表的なも

4-2 NASAにおける微小重力利用の基礎物理学研究

超流体の流体力学実験（SHE）
(Superfluid Hydrodynamics Experiment)

モチベーション

表面に擾乱が作用しない条件における超流体の流体力学を理解する．この実験では，多くの理論計算で仮定されている「サンプル・アイソレーション」の理想条件を実現する．

科学的目的

単独に孤立して存在する超流体ヘリウムの液滴の運動に関する以下の詳細な研究を行う．
・回転する超流体液滴形状の回転速度との相関を測定する．
・回転する超流体液滴中の渦糸生成を研究する．
・液滴振動の減衰率を測定する．
・超流体液滴どうしの合体を研究する．

ミッション内容

・国際宇宙ステーション／LTMPFのミッション候補．
・軌道上での3か月間にわたる長期のデータ収集．

測定方法

・液滴の運動をハイスピードビデオシステム（1000フレーム／秒）で記録．
・液滴の変形を計測するためにレーザー散乱法を利用．

技術

・0.4Kまで冷却可能な冷却器．
・最小限の照明での高速画像記録システム．
・液滴の位置制御用の磁気システム．
・液滴の回転・振動励起用の電磁ドライブシステム．
・極低温における実験セルへの光学的なアクセス．

図 4-6　超流体の流体力学実験（SHE）

のには、「液相から固相、固相から液相への原子の輸送メカニズム」、「既存の相で起こる新しい相の核発生メカニズム」、「拡散や弾道による質量輸送メカニズム」がある。また、結晶成長の重要な課題として、成長を支配する臨界現象、すなわち**ラフニング転移**[*2-14]とそれに関連する現象があげられる。しかし、地上の実験環境では、対流現象に起因するさまざまな流れ場が現象の解明を妨げてきた。

ヘリウムは、このような研究課題にとってもきわめてユニークな実験試料である。第一の理由は、ヘリウムの量子的性質であり、非量子的な固体では達成できない実験が行えることである。第二の理由は、ヘリウムが微小重力の環境でしか実現できない実験を可能にするいくつかの特性を有している点である。その特性とは、「比較的速い拡散速度」、それによる「結晶形態の変化に対する短い緩和時間」である。急速に平衡状態に近づくヘリウムの特性は、その時間がきわめて長い古典的な固体と比較してとくに顕著であり、宇宙実験における限られた実験時間を考える場合には、とくに重要な特性になる。

水素の凝固における量子的性質の研究についても、微小重力の利点を活用できる可能性がある。

4-2-2 レーザー冷却と原子物理学

ここ10年の間に成し遂げられた原子物理学分野のもっとも劇的な進歩のひとつとして、レーザーを利用して希薄な中性原子ガスを冷却し、その温度をmKからnKにまで至らしめる**レーザー冷却技術の確立**[*2-15]をあげることができる。このような極低温の状態では、原子の平均速度は数百m/sから数cm/sにまで減少している。冷却温度によっては数mm/sにまで減少させることが可能であり、それまでの方法と比較して4桁から5桁レベルが高い速度減少を達成できるようになった。

このような極低温の量子領域では、重力のポテンシャルエネルギーが原子の熱運動による平均運動エネルギーをはるかに凌駕し、重力の効果が原子の

運動を支配する。たとえば、地球の重力場では、セシウム原子が1cm落下することで獲得するエネルギーは1500 mKの温度上昇に相当する。リチウムのような軽い原子の場合でも、1cmの落下で80 mKの温度上昇を伴う。

レーザー冷却ガスの物理は、原子物理学、低温物理学、量子光学、統計力学などさまざまな分野の物理学と密接に関係している。ボース-アインシュタイン凝縮のような劇的な相変化の実現は、レーザー冷却技術の研究グループの長い努力によって達成されたものであるが、現在は多様な研究領域へと急速な広がりをみせており、さまざまな中性原子気体のボース-アインシュタイン凝縮の実現や**量子輸送現象**[*2-16]の解明を中心に、きわめて広範な内容を含む研究領域が形成されつつある。レーザー冷却技術の応用についても、**原子レーザー（原子波レーザー）**[*2-17]の実現に向けた技術開発、超高精度な原子時計の実現に向けた取り組みがなされている。

レーザー光で極低温にまで冷却された原子の運動を支配するのは、最終的には重力である。冒頭でも述べたように、地上では、原子といえども約9.8 m/s^{2}の重力加速度で落下するために、特定の空間領域への閉じ込め可能な時間は限られたものになる。微小重力の利用によって、きわめて長い時間にわたって原子の運動を抑制し、特定の空間領域に実質的に閉じ込めて分光学的な観測や計測を行うことを目的とした宇宙実験が行える時期がいずれは来るものと予想される。しかし現在のところ、微小重力を利用した超高精度な原子時計の開発実験の計画が先行している。

(1) 原子時計

原子物理学の技術開発への貢献のうち、もっとも重要なもののひとつとして、原子時計の開発をあげることができる。原子時計は、時刻標準として日常的に利用されているほかにも、地上、航空機、宇宙における通信手段や航法手段にも深く関わっている。この意味で原子時計は、ほとんどすべての現代生活に関連をもっているといっても過言ではない。

このような超高精度の装置の使用で重要になるのは、次の二つの制約である。すなわち、① 精度が観測時間に逆比例すること（$\Delta E \Delta t \geq h/2\pi$ の関

係で与えられる不確定性原理による)、②原子の運動に伴うドップラー偏移が**原子遷移のブロードニング**[*2-18]を引き起こすこと。一般には、測定の**正確度**(真の値から、あるいは真の値と見なせる値からの偏りの程度)と**精度**(測定値のばらつきの程度)とは両立しないから、これらを調和させることが求められる。しかし、レーザー冷却された原子は、これら二つの制約の壁をきわめて低くしてくれる。実際、極低温に冷却された原子はきわめて緩慢に運動するために、ドップラー偏移量が減少する。しかも速度がきわめて遅いために、あらかじめ定められた計測領域の内部に長時間とどまる。このために、不確定性の関係が実質的な制約にならず、線幅のブロードニングも低減する。

　小型の冷却原子時計がすでに開発されており、短期間の安定性は、これまでの時刻標準と比較してきわめて良好であることが確認されている。しかし、地上では、原子自らの質量で計測領域の外部へ落下するために計測時間が限定される。微小重力環境の利用によって計測時間の増加を実現し、少なくとも1桁または2桁のオーダーで、時計の安定性を原理的に向上させることが可能である。現在の推定では、10^{17}分の1近くの正確度を達成することが期待されている(図4-7)。

　高機能の宇宙用時計は、人類の宇宙探査や宇宙開発には必要不可欠なものである。時刻計測が宇宙航行で中心的な役割を果たすからである。高機能の宇宙時計の実現は、GPS(グローバルポジショニング・システム;global positioning system)の改善を通して、地上の航法能力の改善にもつながる。また高機能時計の実現は、私たちの自然の理解に対しても大きなインパクトを与える。原子時計の心臓部は、分裂した原子のエネルギーレベルを注意深く選択して計測するものである。このようなエネルギーの分裂は、自然が自ら用意した"基準"であるばかりでなく、その大きさが基本力の微細な様相や自然の基本的対称性に対して敏感であり、微小重力時計の利用で達成される分解能のレベルにおいても、これらの事象が観測可能になると考えられている。この問題は、高エネルギー物理学や素粒子物理学の範疇に入る課

4-2 NASAにおける微小重力利用の基礎物理学研究

超伝導マイクロ波発信器（SUMO）
(SUperconducting Microwave Osillator)

モチベーション
原子時計の開発，一般相対性理論や凝縮系物理の研究のための発振器を提供する．

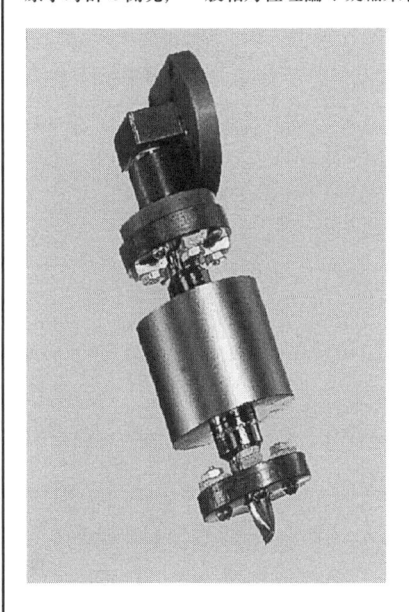

科学的目的
異なるタイプの時計のレートを位置と重力ポテンシャルの関数として比較すること，また原子時計に必要な低フェーズノイズのフライホイール発信器を提供する．
・位置と重力ポテンシャルの関数として、マイクロ波キャビティ周波数を原子時計のものと比較する．
・周波数の違いを$1/10^{17}$の正確度で測定する．
・原子時計にスレーブできる低フェーズノイズの信号を供給する．
・長期間の実験として，異なった宇宙機に搭載される二つのマイクロ波発信器を用いて，精密赤方偏移実験を行う．

ミッション内容
・国際宇宙ステーション／LTMPFのミッション候補．
・軌道上での長期のデータ収集：3～6か月．

技　術
・超高安定の超伝導マイクロ波発信器
・低ノイズのフェーズ・ロック・ループ．
・1.2 Kの低温での運用．

測定方法
・マイクロ波周波数を軌道位置の関数としてμHzのレベルで比較する．

図 4-7　超伝導マイクロ波発信器（SUMO）

題であるが、超高精度な原子時計を利用して、これらの問題に答えるための実験が可能になっている(「電子の永久電気双極子モーメント(EDM)を計測する試み」などで、Jet Propulsion Laboratory (1999)を参照)。

(2) ボース-アインシュタイン凝縮と量子気体

レーザー冷却された希薄な中性原子気体のボース-アインシュタイン凝縮を実現することは、過去20年にわたって原子物理学が追求してきた大きな課題であった。1995年にルビジウムとナトリウム原子が、次いでリチウムが、そして1999年には水素のボース-アインシュタイン凝縮が実現され、最近では原子物理学を中心としたきわめて広範な研究領域が形成されつつあることはすでに述べた通りである。レーザー冷却によるボース-アインシュタイン凝縮を利用して、これまで純粋に理論的な興味の対象にしかすぎなかったさまざまな興味ある思考実験(量子核形成、中性原子のジョセフソン効果、非平衡ダイナミックスなど)が実現可能と考えられている。

しかし、**蒸発冷却法**[*2-19]の利用で温度の冷却レベルを高めるに従い、地上の重力環境における冷却能力の限界が見えてきた。たとえば、重力の存在は、ボース凝縮相に入るための最終の冷却段階である蒸発冷却法の効率を極端に下げることになるからである。自由膨張するnK以下の温度での凝縮体研究では、重力の影響のために、地上で実験を行うのは難しく、時には不可能にすらなる。微小重力利用のアイディアの開拓が求められている。

4-3 日本における検討の状況

これまで日本では、微小重力利用に関する基礎物理学分野の専門家の関心はきわめて限られたものであり、微小重力を基礎物理学研究の実験環境として利用する体系的な検討はなされてこなかった。このような状況を踏まえ、1998年から宇宙開発事業団(NASDA)の宇宙環境利用研究システムが推進母体となり、基礎物理学研究と微小重力利用との関わり合いに関する調査検討[*3-1]が進められている。検討の目的は、微小重力の利用が効果的な基礎

4-3 日本における検討の状況

物理学や物理化学の研究領域を識別すること、そして、これらの研究分野に対する日本の研究基盤や研究領域の発展性と独自性を考慮の上、研究領域や課題を抽出し、関連の情報を広く研究者に提供することである。

　非平衡現象は、臨界現象、相転移、核形成、散逸構造、自己組織化、パターン形成、粘性流体のダイナミックスなどを対象にした統計物理学および非線形数理科学の研究領域である。この領域に共通して関わる基本的な課題は、「自然現象を記述する方法としてのくりこみ群やその普遍性」、「対称性を破る分岐構造と系の非線形性」、「分岐と形態形成との相関」、「確率過程としてモデル化される系の様相やその発展方程式」、「散逸系の動力学」などである。

A. 非平衡現象と重力相関に関する原理的考察

ミクロゆらぎの発生と時間発展
↓
密度・温度ゆらぎが系全体に拡がる ／ 緩和時間が極端に長くなる
↓
強い重力効果

B. 非平衡系の重力応答に関する理論的考察

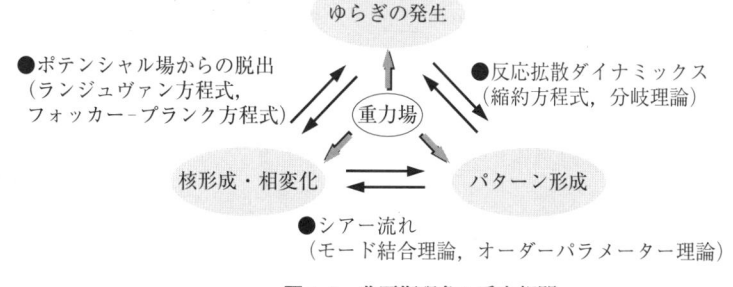

ゆらぎの発生
● ポテンシャル場からの脱出
　（ランジュヴァン方程式，フォッカー-プランク方程式）
● 反応拡散ダイナミックス
　（縮約方程式，分岐理論）
重力場
核形成・相変化　　パターン形成
● シアー流れ
　（モード結合理論，オーダーパラメーター理論）

図 4-8　非平衡現象と重力相関

4章　微小重力と基礎物理学

```
                    ┌─────────────────┐
                    │   量子低温液体    │
                    └─────────────────┘
                     ・量子核形成
                     ・ボース-アインシュタイン凝縮
                     ・低次元超流動

┌─────────────┐                          ┌─────────────┐
│  臨界点物理  │                          │  非平衡物理  │
└─────────────┘                          └─────────────┘
 ・臨界点ダイナミックス      ╭──────╮      ・散逸構造形成
 ・沸騰現象                 │微小重力│      ・複雑液体
 ・界面ダイナミックス        │の利用 │      ・確率論的状態遷移
                           ╰──────╯

┌─────────────┐                          ┌─────────────┐
│  準安定物質  │                          │   重力理論   │
└─────────────┘                          └─────────────┘
 ・核形成                                ・等価原理(一般相対性理論)
 ・異常光散乱                              の検証
                                        ・重力波の観察
```

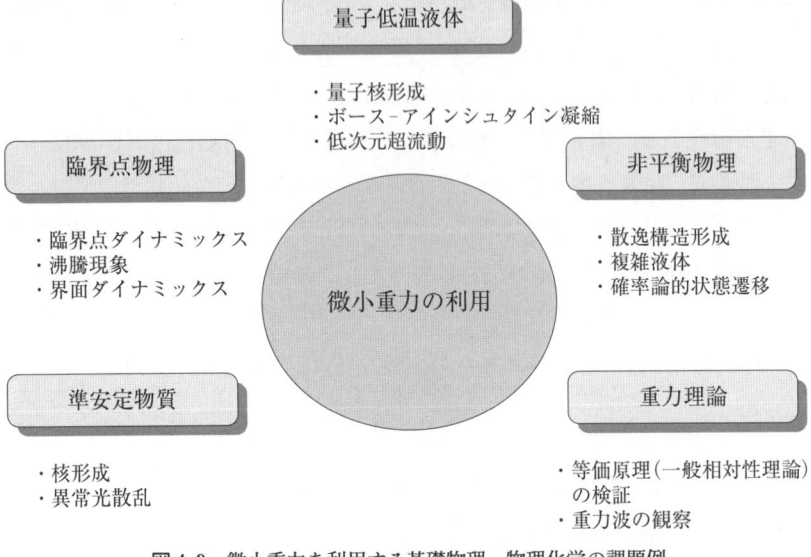

図 4-9　微小重力を利用する基礎物理・物理化学の課題例

　これらの課題には、**流体現象と輸送現象**[*3-2]、**反応拡散現象**[*3-3] などが基本過程として関わっており、運動量やエネルギーの輸送過程、粘性流体としての物質輸送とエネルギー散逸の過程、拡散の過程などの理解が重要な鍵になる。また、これらの現象の本質は、系の不安定性と非線形性であると考えられている（図 4-8）。

　系に加えられた微小なゆらぎが、系の非線形性によって選択的に成長し、巨視的なスケールの時間的・空間的な構造が形成される場合がある。この構造は**散逸構造**[*3-4] と呼ばれ、密度差や温度差で定まる系の化学ポテンシャルの勾配によって維持される。重力場では浮力に起因する擾乱、場合によっては流れが誘起されることから、散逸構造の生成と重力とは本質的な相関をもつものと理解される。散逸構造の生成に対して、「微小重力は非平衡系の現象にどのような影響を及ぼすのか」、「パターン形成に関して新たな現象が生起するのか」、また「重力項を含む非線形発展方程式を用いてどのような自然現象の記述が可能なのか」などの課題が想定される。

4-3 日本における検討の状況

このような非平衡系の物理現象に関する理論やモデルの構築を試みるに当たって、外場効果の取り込みとその妥当性は微小重力実験を通して検証されるべきものであり、地上実験と微小重力実験との対比によって、新たな認識や理論展開に道を開くことが期待される。

このような検討の進展に伴って、微小重力の利用が有効と考えられる基礎物理学と物理化学の研究領域についての調査がなされており、以下に述べる研究領域と課題例が検討されて現在に至っている。今後、日本独自の研究の方向性を織り込んで、研究課題を具体化していくことが望まれる（図4-9）。

4-3-1 量子低温液体の研究領域

ヘリウムの温度を極低温にまで下げると、奇妙な液体状態が実現する。これは、純粋に量子力学的な効果によるもので、粒子の統計的な性質[*3-5]に応じて**ボース液体**または**フェルミ液体**と呼ばれる。たとえば、ボース液体である ^{4}He を 2.172 K にまで冷却すると、**ボース-アインシュタイン凝縮**を起こし、巨視的な数の粒子がひとつの量子状態を占有するようになる。これによって巨視的な量子現象である**超流動現象**[*3-6]が実現される。

量子低温液体の研究の重要性は、純粋な量子多体系の実現によって、相互作用の効果や巨視的量子現象に関する理解を深めることが可能になると考えられる点にある。量子低温液体の領域では、**量子核形成、低次元の量子液体、ボース-アインシュタイン凝縮**が主要な研究領域にあげられている。

(1) 量子核形成

量子核形成については、低温物理学をはじめとして、宇宙物理学、素粒子物理学などさまざまな分野で研究が行われている。液体ヘリウムの核形成や中性子星の崩壊などが代表的な事例である。

通常の核形成が密度ゆらぎによって起こるのに対して、**量子核形成**[*3-7]は量子トンネル効果によって引き起こされる。巨視的量子現象と密接に関係した現象で、理論的にも大変興味深い現象である。この概念は、Lifshitz と Kagan によって導入されたものであるが、実験的な確証は得られていな

かった（Lifshitz & Kagan, 1972）。最近、³He-⁴He 混合系で量子核形成を観測したと考えられる実験報告がなされるなど、低温液体の分野で活発な実験的研究が進められている（佐藤・高木, 1995；Satoh *et al.*, 1994）。³He-⁴He 混合系に対するこれまでの研究では、低温領域で温度に依存しない核形成領域が見いだされている。

核形成は、密度ゆらぎと量子ゆらぎのいずれによっても起こるので、純粋な量子ゆらぎによる核形成の確認を厳密に行うには、微小重力の利用が理想的と考えられている。

(2) **低次元の量子液体**

系を低次元の空間に閉じ込めると、3 次元のバルクな性質とはまったく異なる性質が発現することがある。高温超伝導、量子ホール効果、朝永-ラッティンジャー流体、量子ドットなどは低次元であることが本質的である。これに関連する日本の最近の研究例としては、ヘリウム液面上での 2 次元電子系（河野, 1998）や多孔質中の 1 次元ヘリウム（和田, 1998）がある。前者では、リプロン（ヘリウム表面の量子化された表面張力波）と電子のプラズモン（プラズマ振動の量子）の結合によるウィグナー電子結晶（電子がつくる結晶状態）の**スライディング現象**[*3-8]が注目されており、後者では、ヘリウムを多孔質中に閉じ込めることによって起こる**次元クロスオーバー現象**[*3-9]と、それに伴う超流動転移温度が 10 倍以上も上昇する現象などに関心がもたれている。

微小重力では、表面張力による濡れ現象が卓越するために、微視的に均一な液膜の形成が容易になるので、大幅な実験精度の向上が期待できる。

(3) **ボース-アインシュタイン凝縮**

ボース-アインシュタイン凝縮（BEC；Bose-Einstein condensation）を起こす物質系として、希薄な中性アルカリ原子気体が注目されている（上田, 1998, 1999）。この系は、粒子間相互作用が非常に弱いために理想ボース気体に近く、ヘリウムや超伝導体とは異なる性質が現れる。現在、ボース凝縮体については、それが超流動体であるか否か、渦糸ができるのか否かの

議論がなされており、これに関連して、量子渦糸の存在も議論の対象になっている。

また、ジョセフソン電流が流れる原因として、**ゲージ対称性の破れ**、または**観測による波束の収縮**が想定されているが、中性アルカリ原子気体の系を用いて両者の識別ができるのではないかと期待されている。BECの安定性の探求についても関心が持たれている。たとえば、多自由度BEC（角運動量、スピン自由度、2成分系）の安定性、準安定なBECとその崩壊メカニズムなどである。技術面では、原子波レーザーの技術確立などが対象になるであろう（上妻，1999）。BEC実験に対する微小重力利用の有効性は、重力による原子の自然落下を抑え、その観測時間をきわめて長く確保できることにある。

4-3-2 臨界現象の研究領域

物質は与えられた温度、圧力、組成などの環境のもとで、さまざまな平衡状態を取っている。たとえば、水の気相、液相、固相の3相は日常的に見られるものである。このような物質間の相の移り変わりは**相転移**と呼ばれている。相転移は、**核形成**と**スピノーダル分解**[*3-10]と呼ばれる不可逆過程によって進行し、しばしば多様な空間パターンが形成される。特別な条件のもとでは、2相の間の違いが無限小になる臨界状態が実現される。このための条件を**臨界点**と呼ぶ。

臨界点では、圧縮率、比熱、体膨張率が発散するなど、物性値に異常が現れる。地上では、臨界点に近づくに従って圧縮率が発散するために、静水圧によって大きな密度差が生じてしまい、臨界点は系全体に拡がらずに部分的にしか成立しない。したがって、臨界点近傍における物性の実験研究では、微小重力の利用が本質的に重要な役割を果たす。臨界現象の領域においては、**臨界ダイナミックス**、**沸騰現象**、**界面ダイナミックス**が主要な研究領域にあげられている。

(1) 臨界ダイナミックス

　初期の研究では、熱物性値の異常が研究対象とされ、くりこみ群の概念を用いた相転移理論の定式化が行われてきた。微小重力の利用によって重力に起因する静水圧の影響が排除できることから、ヘリウムの比熱の精密測定がスペースシャトル利用の実験として行われ、臨界指数の普遍性が検証されるとともに、臨界点における比熱の発散の様相も確認されている（図4-1、表4-1参照）。また、臨界ダイナミックスの典型的な現象として、臨界点で熱が音速で伝播する**ピストン効果**[*3-11]が発見され、微小重力の利用における特筆すべき成果が得られている（Straub et al., 1995；Straub & Nitsche, 1993；Guenoun et al., 1993；Onuki et al., 1990；Onuki & Ferrell, 1990；Nitsche & Straub, 1986）。

　臨界現象は、日本の研究者の貢献[*3-12]がきわめて大きい研究領域でもあり、とくに気液相転移における臨界点近傍の動的な非平衡現象を微小重力利用の研究対象とすることの意義は大きい（Wilkinson et al., 1998；Garrabos et al., 1998）。この領域は、日本独自の理論研究の実験的検証など、今後、多くの先駆的な宇宙実験の実施が期待できる分野である（Ishii et al., 1998；Onuki, 1997 a, 1998 b）。

(2) 沸騰現象

　気液臨界点における流体の動的な振る舞いは、「圧力が一定」か「容積が一定」かによって大きく異なったものになる。とくに、容積一定の条件では、臨界点に近づくと、境界の温度変化がピストン効果によって音速で伝播する。また、境界近傍には大きな密度差ができており、容易に境界層が不安定化してしまう。すなわち、液体をごくわずかに熱することで、境界層内が沸騰状態になる（Onuki, 1998 a）。臨界点近傍のこのような現象は、特徴的な長さが非常に大きく、壁面の微視的な状態には依存しない。また、固体界面近くでは、液相が気相の間に濡れ層として存在する。このような非平衡現象を微小重力環境のもとで実現し、そのダイナミックスを検証評価する意義はきわめて大きい。

このほか、沸騰のように気泡生成を伴う二相共存系ではさらに興味深い現象を引き起こす。気泡核形成における気液界面では輸送現象がきわめて遅いために、断熱的なピストン効果と連成した強い圧力変化を伴う複雑なダイナミックスが生起すると予想される。このような研究は、いまだ十分に注目されているとは言い難く、微小重力環境でのみ実施できる実験と考えられるものである (Onuki, 1997 b)。

(3) 界面ダイナミックス

水や液体窒素などにおいて、蒸発する液滴が自励的に界面を振動させて対称性の高い形状を形づくることが知られている。これは、蒸発に伴う局所的な蒸気圧の変化が界面張力のゆらぎを引き起こし、液滴全体に規則的な振動モードを形成するメカニズムによって説明されている (Tokugawa & Takagi, 1994)。

地上実験では、液滴は平面上に保持されて、高温面に接触して相変化を起こすとともに、重力の作用で変形する。この際の相変化のゆらぎと流体運動とが連成したメカニズムについては、十分には明らかにされていない。また、液滴の振動モードについても線形理論による説明であり、非線形性が強く現れる振動特性についてはモデル化が進んでいない。

微小重力環境では、液滴は浮遊した状態で保持できるために、3次元的に対称性の高い実験が可能になるなど、実験データの取得および理論の検証に有効な条件が提供される。

4-3-3 非平衡物理の研究領域

非平衡系における**対流パターンや化学反応パターン**は、微小なゆらぎが不安定化して巨視的なスケールのゆらぎが形成されたものである。このゆらぎの時間的・空間的な分布が散逸構造である。散逸構造は、系の状態を記述するパラメーターの変化に伴って、熱平衡状態に対応する分岐が不安定化し、新たな分岐解に対応して現れる構造と定義される。散逸構造の典型例であるレイリー–ベナール対流の場合には、系の状態を支配するパラメーターはレ

イリー数である。系の制御パラメーターを連続的に変化させることによって、散逸構造自体も変化する。

分岐点の近傍では、不安定化しつつあるごく一部の（有限個数の）自由度のみが本質的であり、大多数の安定な自由度は分岐には寄与しない。このような自由度の縮約メカニズムは**隷属原理**[*3-13]とも呼ばれている。自由度を有限次元の系に縮約した方程式（縮約方程式）による近似は分岐点の近傍でしか成立しないが、分岐点近傍で系の挙動を支配する縮約方程式の形式は、系が異なっても普遍性を有することが知られている（Kuznetsov, 1998）。

現象を記述する偏微分方程式の無限自由度が、隷属原理によって有限自由度に低減できることは、方程式の近似としての有限次元化や単純化だけに留まるものではない。縮約された方程式が普遍的であるとは、その解析によって異なった系の挙動に関する情報が同時に得られることを意味している。非線形ダイナミックスを研究することの意義は、特定の非線形ダイナミックスにおける縮約方程式の理解が、普遍性の高い法則性を導く可能性があることにある（Godrèche & Manneville, 1998）。

非平衡物理の領域では、対流現象（ベナール-マランゴニ対流におけるパターン形成）、反応拡散パターン形成（自然対流およびマランゴニ対流の寄与、電場効果）、自由境界問題[*3-14]としての界面パターン形成（デンドライト結晶成長）（西浦, 1999）などの研究領域があげられているが、ここではとくに、**散逸構造形成**、**自己集積**、**確率的状態遷移**について、研究領域としての概要を述べる。

(1) 散逸構造形成

a. ベナール-マランゴニ対流

平衡系では、系に作用した擾乱は、その安定性のために短い緩和時間で消散してしまい、痕跡を残すことはない。一方、非平衡系では、温度差や密度差などの微小なゆらぎが不安定化して巨大なスケールのゆらぎに成長する。非平衡系では、系内で熱力学的ポテンシャルの勾配が生じており、その勾配が維持される限り散逸構造は安定になる。ポテンシャルの勾配は、温度差や

濃度差を伴うことから、重力場では流れが誘起される。散逸構造そのものが、**レイリー-ベナール対流**（森・蔵本，1994）のように、重力の作用によって生ずるという場合もある。

近年、重力対流と**マランゴニ対流**[*3-15]（3章3-2-3(2)項も参照）とが共存する系における対流現象（**ベナール-マランゴニ対流**という）のパターン形成に関する研究が見受けられるようになってきた。マランゴニ対流に関する微小重力実験が数多く行われ、そのダイナミックスが明らかにされてきたために、非平衡物理の視点から、レイリー-ベナール対流が見直されてきたことによると考えられる。

b. 反応拡散過程

ベロウソフ-ジャボチンスキー（Belousov-Zhabotinskii）反応（BZ反応）[*3-16]に代表される反応拡散系においても、平衡状態から遠く離れた条件のもとでさまざまなパターンの形成されることが知られている（Müller & Bewersdorff, 1992）。反応拡散パターンは、生物の形態形成のモデル系とも考えられており、Prigogine、Nicolisらの理論的研究を牽引力にして発展してきたものである（Nicolis & Prigogine, 1980；Kondepudi & Prigogine, 1981）。近年では、**チューリングパターン**[*3-17]や**自己複製パターン**を実験的に実現するための実験手法（ゲルを用いた方法など）も開発されたことによって、実験研究も多様化している。Prigogineらは、反応拡散系が重力や電場などの外場にきわめて敏感であることを理論的に予測したが（Kondepudi & Prigogine, 1981）、日本の研究者によってその実験的検証が試みられている（三池ら，1997；Fujieda et al., 1997）。

(2) 自己集積

a. 複雑液体系

近年、高分子物質（タンパク質などの生体高分子を含む）、分散系、液晶などの複雑液体の物理に関心が寄せられている。複雑液体では、分子間相互作用に基づく特異な空間構造が形成され、現象の緩和時間も比較的長いことから、非線形性や非平衡性が顕著に現れる。このため複雑液体に関する研究

は、分子の立体形状、異方性の大きい分子間ポテンシャル、分子間の**協同現象**[*3-18]など、さまざまな相互作用のもとで生じる相転移や**フラクタル成長**[*3-19]など、非線形性の強いダイナミックスの解明に重要な寄与をなすことが期待されている。

複雑液体は、溶媒との比重差が大きく相関距離も長くなることから、密度ゆらぎを長時間にわたって維持できる微小重力の実験環境の利用によって、この領域の研究が飛躍的に進展すると期待されている。

b. コロイド分散系

コロイド粒子（粒径が10 nm〜10 μmの粒子）が液体中に分散した状態を**コロイド分散系**と呼ぶ。このような系が、原子や分子の集団ときわめて類似したダイナミックスを呈することが明らかになってきた（3-5節参照）。コロイド分散系において、固体・液体・ガラス状態などの相分離現象が観察され、相分離のモデル系として注目されている。地上におけるコロイド相分離実験では、過渡的にコロイド粒子間にネットワーク構造が形成されるが、相互作用が重力に対して弱いために重力崩壊を起こしてしまう。このため、微小重力を利用する"その場観察"は、相分離現象のモデル化研究にとってきわめて有効な手段と考えられている。

コロイド分散系では、構成粒子が原子や分子に比べてはるかに大きいことから、観察が容易な空間的スケール（mm〜cm）の秩序構造が実現し、維持される時間もきわめて長い（数ミリ秒〜数時間）。粒子間に作用する協調的ダイナミックス、クラスター形成、成長キネティックス、あるいは相分離現象などについて、物質科学における最新理論（Tanaka, 1999）を検証する手段が提供されると期待されている。

(3) 確率論的状態遷移

ランジュヴァン方程式は、巨視的な発展方程式における"ゆらぎの成長"を、微視的な運動論から説明するモデルとして知られている（Gardiner, 1989）。ランジュヴァン方程式が適用できる現象は、**ブラウン粒子の運動**以外にも、散逸構造形成における状態遷移、状態間のノイズ誘起遷移、揺動ポ

テンシャル場からの脱出問題など、非平衡現象の全般に適用範囲のあることが知られている。確率論的状態遷移に対する理論を検証する場として、擾乱の少ない微小重力環境を利用する精密な実験検証が期待される。

a. ノイズ誘起転移

ランジュヴァン方程式でノイズ項が乗法的に作用する場合、決定論的な方程式では現れないノイズの強度に強く依存する非平衡相転移（**ノイズ誘起転移**と呼ばれる）が現れる。反応拡散方程式などパターン形成をモデル化した非線形方程式にノイズ項を付加することによって、さまざまなノイズ誘起転移の理論的研究が行われている（García-Ojalvo & Sancho, 1999）。確率論的な分岐現象（Crauel et al., 1999）を含む実験的検証は、今後の検討課題である。

b. 揺動ポテンシャル場からの脱出問題

非平衡系にあるブラウン粒子は、それらが配置されているポテンシャル場をある確率で脱出することができる。平衡状態ではこのようなゆらぎは成長せず消滅するが、非平衡状態では環境場の協同的な運動によって"ゆらぎの成長"が起こる。このような問題は脱出問題として考察され（Grasman & van Herwaarden, 1999）、核形成理論、化学反応論、生体ダイナミックスへの応用が期待されている。

関連の研究事例には、「光解離後のミオグロビン"ポケット"からのO_2あるいはCO配位子の離散」、「脂質細胞膜中でのイオンチャネルの運動論」、「クラスター核形成」などがあるが、実験環境としての微小重力場の利用については、今後の検討課題である。

4-4 ま と め

重力の存在によって隠されてしまう物理学や物理化学の基礎的な現象を探索し、自然現象としての新たな認識や知見を生みだすとの視点から、**微小重力利用の意義**と**実験環境としての特徴的な利用の方向性**について、NASA

の宇宙環境利用活動と、これに対応する日本の現状を紹介した。とくに、**非平衡で非線形な現象**について、非線形数理科学としての基礎的な自然現象のモデル化と、モデル検証のための微小重力利用の視点に重点を置いた。

　微小重力利用の環境を実現する手段として、国際宇宙ステーション計画が国際協力によって進められている。国際宇宙ステーションの建設が完了すると、宇宙飛行士の居住モジュールとともに、六つの与圧実験モジュール（アメリカ実験棟、日本実験棟「きぼう」（図1-1参照）、欧州実験棟、二つのロシア研究棟、および生命科学実験施設）、宇宙環境に直接さらされる14か所の曝露ペイロードの搭載空間（トラス上4か所、「きぼう」曝露部上10か所）を備えた巨大な有人宇宙施設が地球の周回軌道上に出現する。その施設には、常時6〜7人の多国籍の宇宙飛行士が滞在し、その連携活動や支援活動のもとに宇宙環境を利用するさまざまな利用活動・利用研究・宇宙実験などが行われる。すでに1998年末から国際宇宙ステーションの組み立てが開始されており、2004年ころには軌道上組み立てが完了し、それ以後10〜15年に及ぶ定常的な利用運用が開始される予定である。

　日本では、①「人類の活動領域を宇宙に拡大することへの試み」、②「最先端の科学技術の実践と知見の拡大」、③「宇宙利用を進めるための新たな技術開発の実施」、さらには21世紀の国際協力の象徴として、④「多国籍の宇宙飛行士の搭乗により国際共同運用で進められる国際宇宙ステーションを国際協調の実践の場として活用する」ことなど、人類全体が運命共同体であるとの理念のもとに、ユニークな軌道上施設の利用の考え方や目標を設定し、利用のためのさまざまな準備活動を進めてきた。「新たな科学的知見の創造」を実現するひとつの対象として、微小重力利用の基礎物理学・物理化学の研究の価値が多くの研究者に認知され、具体的な研究活動が開始されることを期待する。

4章の注釈

4-1 はじめに

*1-1 4つの基本力（82頁）

自然界には、**強い力**、**弱い力**、**電磁気力**、および**重力**という四つの力（基本力）があり、物質をつくっている基本粒子（クォーク、レプトン）の間にこれらが作用して、すべての自然界の現象が起こると考えられている。それぞれの力の特徴は、安定な原子をつくる電磁気力、原子核をつくる強い力、粒子を崩壊させる弱い力、そして万物に作用する重力である。電磁気力と重力は粒子間の距離が有限である限り、いくら遠距離でもその力はゼロにはならない。重力はきわめて弱い力ではあるが、質量の集積に伴って大きな力になり、質量が天文学的な大きさになれば、あらゆる力に打ち勝つようになる。一方、強い力と弱い力はミクロの世界だけに現れる近距離力である。

力の種類	作用範囲 (cm)	相互作用の強さ※	実 例 (同種粒子間の力の方向)
強い力	10^{-13} まで	1	クォーク間の力（斥力）
弱い力	10^{-16} まで	$\sim 10^{-5}$	原子核の β 崩壊（斥力）
電磁気力	∞（遠距離力）	$\sim 10^{-2}$	原子間の力（斥力）
重 力	∞（遠距離力）	$\sim 10^{-39}$	天体間の力（引力）

※ 強い力を1と規格化

*1-2 微小重力（82頁）

地球の軌道を回る宇宙船では、地球と宇宙船との二体問題として考える限りは、地球の引力と軌道運動による遠心力とが釣り合った状態にあるために、宇宙船内部の物体には力は作用しない。この状態を無重力状態と呼ぶ。しかし実際には、地球を回る宇宙船には、さまざまな微小な力（わずかな大気の存在による空気抵抗力、宇宙船のアンバランスな質量分布に起因する重力傾度、宇宙船の外表面に作用する太陽輻射圧、多体問題としての地球以外の惑星からの引力など）が作用するために、純粋な無重力状態は実現されず、$10^{-6}g$（$1g ≒ 9.8\,\mathrm{m/s^2}$）程度の微小な加速度が準定常的に作用している。このような環境を**微小重力環境**（$10^{-6}g = \mu g$ 程度の加速度が存在する環境；microgravity）と呼んでいる。

微小重力環境では、対流、浮力、沈降、静水圧がほとんど抑制されるために、① 自重による変形・圧縮がない、② 熱対流・密度対流による物質輸送がない、③ 比重の差による相分離がない、④ 物質を自由浮遊させられるなど、地上では得がたい環境が実現される（1章参照）。

*1-3 臨界現象の理論検証実験（83頁）

地上における相転移の実験研究は、一般的に困難が伴う。たとえば気液相転移では、臨界点や共存領域で圧縮率、比熱、体積膨張率が発散することや、気相と液相との密度差がなくなるために、実験試料全体の熱的な平衡状態を実現することがほとんど不可能になる。このために、臨界点における物性値の確認や理論検証のための実験環境として、静水圧が排除できる微小重力環境はきわめて魅力的であり、ヘリウムの λ 点近傍における比熱の測定実験（対数発散の確認）など、これまでにアメリカや欧州の研究者によって、臨界現象に関するさまざまな宇宙実験が実施され、また将来的にも発展的な実験計画が検討されている（表4-1～表4-3参照）。

*1-4 人工重力発生装置（83頁）

国際宇宙ステーション計画では、回転半径 $1.25\,\mathrm{m}$、発生加速度 $0.01 \sim 2.00\,g$ の大型の人工重力発生装置（生命科学実験施設；Centrifuge Module）が搭載される予定であ

4章　微小重力と基礎物理学

る。この施設の利用目的は、生物科学研究における重力対照実験を軌道上で行うこととされている。

*1-5　**レーザー冷却技術とボース-アインシュタイン凝縮**（83頁）

　レーザー冷却技術を使って中性原子気体をボース-アインシュタイン凝縮させることに世界のグループが次々と成功している。レーザー冷却技術の開発の歴史については眞隅（1997）、最近の話題については上田（1998，1999）、上妻（1999）を参照。

*1-6　**統一原理**（84頁）

　NASA が目標にしている統一原理とは、微視的な時間空間スケール、巨視的な時間空間スケール、および宇宙規模の時間空間スケールで生起する自然現象に対して、スケールの相違を超越した統一的な視点で現象を支配する基本法則を記述するための原理を意味している（Jet Propulsion Laboratory, 1999 を参照）。

*1-7　**非平衡・非線形な現象**（84頁）

　物理学におけるナヴィエ-ストークス方程式、ギンツブルク-ランダウ方程式、ソリトンの理論、非線形シュレーディンガー方程式、天文学における重力波の問題、物理化学における反応拡散方程式とさまざまなパターン形成の問題、生物学における生体形成と多種共存の問題など、自然現象（非平衡現象）を記述するための普遍的なモデルとなる非線形偏微分方程式で記述される現象を指す。

*1-8　**日本の宇宙環境利用の研究活動**（84頁）

　地球近傍の宇宙環境（地球周回の低軌道高度）の特徴は、真空、プラズマ、宇宙放射線、電磁波、スペースデブリとメテオロイド、周期的に変動する軌道熱入力、微小重力、などである（1章参照）。このような特徴を利用する日本の研究活動の実績（1999年4月現在）は、物理学・化学・工学の分野（結晶成長、半導体、流体物理、拡散、宇宙環境計測が中心）で79件、生物・医学の分野（宇宙放射線生物影響、タンパク質結晶育成、生理・神経などが中心）で65件の合計144件であった。現在、①微小重力科学分野（基礎物理学・物理化学を含む）、②生物科学分野、③宇宙医学分野（バイオメディカルを含む）、④宇宙科学分野（天体観測）、⑤地球科学分野（地球観測）、⑥宇宙利用技術開発分野（理工学）の6分野について、宇宙環境利用に向けた研究活動および「宇宙環境利用に係る公募地上研究制度」による研究推進活動が宇宙開発事業団（NASDA）を中心にして進められている（清水，1998）。

4-2　NASA における微小重力利用の基礎物理学研究

*2-1　**NRA（NASA Research Announcement）**（85頁）

　宇宙利用や宇宙環境利用の科学技術研究全般に関するアメリカ国内の研究助成制度で、NASA が運営している。地上研究テーマとフライトテーマの二つの範疇の研究について、宇宙利用の科学研究、宇宙環境利用の科学研究、宇宙環境利用の工学研究や技術開発への研究助成が行われている。

*2-2　**くりこみ群の理論と普遍クラス**（88〜89頁）

　「くりこみ群（renormalization group）の理論」の初等的な参考文献として、大野ら（1997）、田崎（1996）を参照（専門的な文献はそれぞれの参考文献リストを参照）。非線形問題への数学的な適用例の参考文献としては西浦（1999）を、統計物理学の諸問題への適応については鈴木（1994）を参照。大野ら（1997）では、くりこみ群を物理現象に対する"ものの見方"として、次のように説明している。"くりこみ"とは、物事の詳細を変えても不変に留まる性質や関係を見抜くための方法であり、ある種の普遍的関係（現象論的関係）を取り出す方法である。これが可能な系をくりこみ可能な系という。現象論における具体的な解釈として、くりこみ可能とは次のような理解である。すなわち、対象とする系（物理量）があるパラメーター ξ の関数であり、$\xi \to \xi_0$ の極限

4章の注釈

では発散するものとする。このとき、その発散を"隔離"してパラメーターξ を ξ_0 近傍で動かしても対象とする系があまり変化しない関係や法則（普遍的な関係）を取り出せるとき、その系は**くりこみ可能**であるといい、そのための隔離操作を**くりこみ**という。また、ある系で得られたものと同じ普遍的な関係を満たす系はほかにも存在しうる。この場合、同じ普遍的関係を満たす系の集合を**普遍クラス**という。

*2-3 **秩序変数**（89頁）

1937年、Landauによる導入が最初である。気液相転移では密度差が、粒子数一定の場合には体積差やエントロピー差が、臨界点ではゼロになるという意味で、相転移における構造変化の質的な違いを特徴づける変数として、このような物理量の"差"で定義される量を利用できる。このような性質をもつパラメーターを**秩序変数**と呼ぶ。ある種の相転移では、適切な秩序変数を見つけることが困難な場合もある。秩序変数が存在するか否かを知るだけでも、相転移の定性的な理解を得られる場合が多い。臨界点の近傍では、その定義から秩序変数は微小な値になるために、臨界現象を記述する際の展開変数として利用することができる。現在ではこのような定義が一般化し、「対称性の低い相」と「対称性の高い相」との間の相転移に当たって、その構造的なズレをもっとも端的に表す量と定義される。

*2-4 **^{3}He と ^{4}He の混合系における三重臨界点**（89頁）

^{3}He と ^{4}He の混合系では、^{4}He の 常流相↔超流体の2次相転移温度（T）は、^{3}He の濃度（モル百分率 x）の増加とともに減少し、$T=0.872$ K（$x=0.67$）以下の温度では、^{4}He に富む超流動相と ^{3}He に富む常流動相の2相が混在する領域になる。この境界である $T=0.872$ K（$x=0.67$）がこの混合系の**三重臨界点**である。この現象はLandauが予言し、その後、くりこみ群の理論を用いた詳細な理論展開が行われてきた。しかし、地上環境では理論を実験的に検証することが不可能なために、図4-4の実験を、微小重力を利用するくりこみ群の理論の検証実験テーマのひとつと位置づけ、国際宇宙ステーションで宇宙実験を実施するための準備が進められている。

*2-5 **平均場近似**（89頁）

多体系の問題を解くためのもっとも簡単な近似法。系のなかの1粒子に着目し、それ以外の粒子との相互作用がある平均的な力の場における運動（平均的なポテンシャル中を運動する一体問題）で表せるとして、それがほかの粒子に及ぼす力の平均を求め、これが仮定された平均場に等しいという無矛盾条件から平均場を決定するもの。

*2-6 **乳光（タンパク光）**（89頁）

気液相転移では、臨界点や共存領域で、圧縮率、比熱、体積膨張率が発散することや、気相と液相との密度差がなくなることは、*1-3 でも述べた通りである。臨界点では体積膨張率が発散するために、温度のゆらぎは体積の大きな変化、すなわち大きな密度ゆらぎを生みだす。微視的に見ると、小さな液滴ができてはすぐに蒸発している状況である。これらの液滴は、可視光の波長程度の大きさにもなるために、臨界点では臨界散乱と呼ばれる光の強い回折が生ずる。これを**乳光**、または**（臨界）タンパク光**と呼ぶ。

*2-7 **濡れ（濡れ性）**（92頁）

二つの異種物質が接触した際に互いに引き合う現象を**付着**といい、液体と固体の場合にこれを**濡れ**という。濡れの起こり方には、① 液体が固体面を薄膜となって拡がる、② 多孔性物体の内部に液体が侵入する（毛管現象）、③ 液体が固体表面の有限領域に付着する、という三つの場合がある。いずれの場合でも、濡れの現象は**液体の表面張力**と**液体と固体との間の接触角**が関係している（Antar & Nuotio-Antar, 1993. 本書の3-2-3(2)項も参照のこと）

*2-8 **準安定状態**（94頁）

状態変数が変化して、本来ならば第二の相への1次相転移が起こるはずの閾値を越えても、なお最初の相に留まっている場合がある。このような状態を**準安定状態**といい、

117

4章　微小重力と基礎物理学

準安定状態にある相を**準安定相**という。一般には、非常に寿命の長い非平衡状態である。たとえば、温度を状態変数とする。この場合、高温側から低温側に転移点を通過するとき**過冷却状態**、低温側から高温側に通過するとき**加熱状態**と呼ぶ。初期温度や温度変化の速さによらずに定まる状態である。相転移が臨界点をもつ場合には、そこで準安定状態は消滅する。不純物、触媒、外界からの刺激などによって容易に準安定状態が崩れ、その温度に対応する平衡状態に移行する。

*2-9　線形応答（理論）（94頁）
　　平衡状態にある系に時間に依存する弱い刺激が作用するとき、この刺激について1次までの近似で系の応答を記述する理論体系。統計物理学の適用では、**遥動散逸定理**として知られている。

*2-10　超流体と常流体（94〜95頁）
　　超流体とは、粘性率がゼロでエントロピーを輸送しない流体であると定義され、超流動性を示すような流体成分を意味する。これに対比する用語として**常流体**がある。すなわち常流体とは、有限の粘性率をもち、その流れとともにある大きさのエントロピーを輸送する流体であると定義され、超流動性を示さない流体成分を意味する。**超流動性**とは、無限小の圧力差によって、エントロピーの輸送がない有限速度の流れを起こす性質として定義されている。

*2-11　液体ヘリウム（ヘリウムIとヘリウムII）（95頁）
　　ヘリウムIとヘリウムIIの名称は、液体ヘリウム（^{4}He）の超流動相が発見された際、超流動状態にない（したがって常流動状態の）液体ヘリウムをヘリウムI、超流動状態の液体ヘリウムをヘリウムIIとして区別したのが始まりである。

*2-12　量子渦糸（量子乱流）（95頁）
　　超流動性を示す液体ヘリウム（したがって超流体）のなかの乱流を意味する。超流体には、プランク定数をh、ヘリウム原子の質量をmとするとき、循環がh/mであるような渦糸の生起が可能である。これを**量子渦糸**と呼ぶ。多数の量子渦糸が空間的にランダムに分布して絡み合った状態が**量子乱流**の状態である。

*2-13　量子液体（量子固体）（95頁）
　　量子液体とは量子効果が著しく現れる液体を意味し、通常は液体ヘリウムを指す。液体の構成粒子が従う量子統計（ボース統計かフェルミ統計）によって性質が異なり、また、粒子密度が高いために粒子間相互作用の効果も重要になる。一方、**量子固体**とは量子効果の強い固体を意味し、固体ヘリウムや固体水素が代表例である。量子力学では、原子は絶対零度（0K）でも完全に静止せずに、零点振動を行っている。この振幅が、平均原子間距離の数十％に及ぶような固体を量子固体という。

*2-14　ラフニング転移（97頁）
　　ラフニング転移には、熱的ラフニング転移と動的ラフニング転移とがある。結晶の表面や界面は、低温では原子が規則正しく配列した平坦な構造（エネルギーの低い状態）をとるが、ある温度に達すると、結晶面はエントロピーの大きなランダムな配列の荒れた構造に変わることがある。この現象を**熱的ラフニング転移**と呼ぶ。一方、熱平衡状態では滑らかな面であっても、結晶が成長するに従い成長に付随した成長がつくられるので、界面は一般に荒れた状態になる。平衡状態においてもともと荒れた面ならば、成長により荒れた状態が定量的に増加する。このような動的要因によってもたらされる荒れのことを**動的（キネティック）ラフニング転移**と呼ぶ。

*2-15　レーザー冷却技術の確立（97頁）
　　1997年、「レーザーを用いて原子を極低温に冷却する技術の開発」として、中性原子の冷却と捕獲のメカニズムの理解と実験技術の開発に大きく貢献した3人の物理学者（S.Chu, C.Cohen-Tannoudji, W.D.Phillips）にノーベル物理学賞が授与されている。レーザー冷却技術については*1-5を参照。

4章の注釈

*2-16 　量子輸送現象（98頁）
　古典力学では説明できなような量子効果が本質的な役割を果たす輸送現象。とくに、電子の波長や不純物による平均自由行程より十分長い位相干渉距離にわたって、電子の波動性に起因する干渉効果が現れる現象を指していうことがある。量子輸送現象の例としては、2次元電子系に磁場をかけるときの量子ホール効果や量子細線のコンダクタンスの量子化などがある。

*2-17 　原子レーザー（原子波レーザー）（98頁）
　ボース凝縮が起これば多数の原子がひとつの波（単一の波動関数で代表される巨大原子）になる。これを原子の流れとして取り出すことができれば、波の位相が揃った（コヒーレントな）ビームである**原子波レーザー**が得られることになる。原子波レーザーの技術開発に関する現状については上妻（1999）を参照。

*2-18 　原子遷移のブロードニング（幅）（99頁）
　個々の原子について、それ自身または環境状態が一定でないことに起因する遷移エネルギーの統計的広がりをいう。このうち、ドップラー幅（Doppler broadening）とは、発光原子が気体中で運動しているとき、ドップラー効果によって速度分布に広がりが起こり、遷移エネルギーに幅の生ずる現象をいう。

*2-19 　蒸発冷却法（101頁）
　レーザー冷却された中性原子気体（0.1〜1 mK）をボース-アインシュタイン凝縮させるためには、さらに3〜4桁冷却する必要がある。このために用いられる方法が**蒸発冷却法**である。単純には、蓋を開けた魔法瓶の熱湯がさめるのと同じ原理である。魔法瓶からは、運動エネルギーの大きい分子ほど高い確率で蒸発し、残された分子は互いに弾性衝突を繰り返して、より温度の低い熱平衡状態に達する。上田（1999）、上妻（1999）を参照。

4-3 　日本における検討状況

*3-1 　宇宙開発事業団（**NASDA**）の調査検討（102頁）
　「非平衡系現象と重力相関に関する調査研究」と題して、基礎物理学および物理化学と微小重力利用との関わり合いの調査検討が進められている。調査の推進やステアリングのために、次のメンバーからなる研究委員会がNASDAに設置されて調査活動が進められている（2000年3月現在）。**取りまとめ**：井口洋夫（NASDA宇宙環境利用研究システム長）、**委員長**：鈴木増雄（東京理科大学教授）、**委員**：川崎恭治（中部大学教授）、高木隆司（東京農工大学教授）、北原和夫（国際基督教大学教授）、小貫　明（京都大学教授）

*3-2 　流体現象と輸送現象（103頁）
　流体物理の研究は、自然科学（気象学、海洋学、生物学など）や工学技術（流体や液体そのものを取り扱う技術、生物学的処理・化学処理・物質処理に内在する流体・液体系の取り扱い技術）に関する研究が体系化して発展してきたものであり、"nm"から"光年"の距離に及ぶさまざまなスケールの自然現象が研究対象とされてきた。微小重力を利用する流体物理の研究には、「熱輸送過程と物質輸送過程」や「流体力学」、また最近では「複雑流体の物理」などがあり、物理学や宇宙工学など広範な領域に研究の対象が拡がっている。
　微小重力利用という視点からは、現象論的に「重力が存在する場合には覆い隠されてしまう現象（力）」と「重力の存在によって駆動される現象（力）」とに分類して考えるのが効果的である。前者は「毛管力、熱毛管力」、「表面張力、界面張力、濡れ」、「ファン・デル・ワールス力」、「電気化学力と界面導電力」、「ソーレ（Soret）効果とデュフォー（Dufour）効果」などであり、後者は「運動量、熱、質量などの物質輸送」、

119

「熱輸送」、「エネルギー輸送」といった輸送現象が中心の課題になる。

＊3-3 反応拡散現象（反応拡散方程式）（103頁）

ここでは、反応拡散方程式

$$\frac{\partial u_i}{\partial t} = D_i \nabla^2 u_i + f_i(U), \quad i = 1, 2, \cdots\cdots, n, \quad U = (u_1, u_2, \cdots\cdots, u_n)$$

で記述される現象を想定している。f_i は $U = (u_1, u_2, \cdots\cdots, u_n)$ の非線形関数であり、D_i は拡散係数である。拡散とは、物質の濃度を空間的に均一化する作用である。非線形項が加法的に拡散項に付加された反応拡散方程式で記述される現象には、空間的なパターンを形成する現象や波動が減衰することなく伝播する現象などがあり、非線形現象の代表的な数理解析モデルのひとつとして、数学・物理学・化学・生物学の各分野で、四半世紀以上に渡って活発な研究が続けられている。このような反応拡散方程式をさらに一般化して、$U = (u_1, u_2, \cdots\cdots, u_n)$ の勾配を右辺に付加して考える場合もある。

＊3-4 散逸構造（103頁）

熱平衡状態にはなく、拡散過程が起こっている物質系に現れる巨視的な構造。Prigogine（非平衡系の熱力学、とくに散逸構造の研究で1977年にノーベル化学賞を受賞）が、熱平衡状態で現れる構造との対比でこの用語を初めて用いた。数学的には、系の状態を記述するパラメーターの変化に伴って、熱平衡状態に対応する分岐が不安定化し、新たな解への分岐に対応して現れる構造と定義される。散逸構造の典型例は、熱対流におけるレイリー–ベナール対流、化学反応系における濃度の振動パターンなどがあるが、このほか、自然界には多くの散逸構造が存在している。散逸構造に関する思想や議論は、森・蔵本（1994）、Nicolis & Prigogine（1980）、甲斐ら（1998）を参照。

＊3-5 粒子の統計的な性質（104頁）

スピンが整数の統計に従う素粒子やそれらの複合粒子を**ボース粒子**と呼ぶ。たとえば、π中間子、光子、質量数が偶数の原子核、二つの電子の拘束状態などである。ボース粒子の多粒子系の量子力学的な状態は、同種のボース粒子の交換に対して符号を変えない対称な波動関数で記述される。一方、電子、陽子、中性子など、奇数の 1/2 倍のスピンをもつフェルミ統計に従う粒子を**フェルミ粒子**と呼ぶ。フェルミ粒子の同種多粒子系の量子力学的状態は、粒子座標の置換に対して反対称で符号を変える波動関数で記述される。

＊3-6 超流動現象（104頁）

液体ヘリウムII（^{4}He）を毛細管に流すと、無限小の圧力差でエントロピーの輸送を伴わない有限速度の流れ（粘性がゼロであるような液体の流れ）が起こる現象。超流動体は、全体がひとつの量子状態（巨視的な量子状態）にあるので、さまざまな巨視的量子現象が可観測になる。1938年に ^{4}He（ボース粒子）の超流動性が発見されている。^{3}He（フェルミ粒子）については、1972年にその超流動転移が実験的に確認されている。＊2-10、＊2-11 も参照のこと。

＊3-7 量子核形成（104頁）

量子核形成とは、エネルギー障壁を量子トンネル効果によって透過することで実現する核形成である。通常の古典的な核形成は、熱的なゆらぎでエネルギー障壁を乗り越えることにより起こる。佐藤・高木（1995）、Satoh et al.（1994）を参照。

＊3-8 スライディング現象（105頁）

一般的には、周期構造をもった状態が並進運動する現象を意味する。ヘリウム上の電子の場合、液体ヘリウム表面に形成されるウィグナー電子結晶は、ヘリウム表面の周期的なへこみ（ディンプル）を伴っている。この結晶が強い電場によってへこみから飛び出して並進運動する現象をいう。そのほか、スピン密度波や電荷密度波のスライディング現象などが知られている。

＊3-9 次元クロスオーバー現象（105頁）

異方性の強い系に対して、何らかの方法で異方性を弱める操作をすると次元が高くなる現象。たとえば、鎖状の系に鎖間の相互作用が加わると2次元性が生じる。このような系では、低次元系から高次元系へと物性が徐々に移り変わっていく（クロスオーバーする）。臨界点近傍では次元数で決まる臨界指数をもつが、次元性を徐々に変化させたとき、系の普遍性がどのように変化するかなどが、**次元クロスオーバーの問題**として関心がもたれている。

*3-10 **スピノーダル分解**（106頁）
　2成分混合系を高温から急冷して不安定状態に置いた場合に起こる相分離の過程をいう。北原（1997）を参照。

*3-11 **ピストン効果**（107頁）
　通常の拡散や対流とは異なり、臨界点近傍では圧縮率の発散に伴って高速な輸送現象が起こる。とくに、臨界点に近い液体を二つの壁で挟んで片側に熱を加えると、一瞬のうちに密度波が他方の壁に伝わり、引き続いて二つの壁の間を密度波が音速で往復する現象が見られる。これがピストンの往復運動を連想させることから、**ピストン効果**と名付けられた。この現象の理論的な予測は、京都大学の小貫 明による（Onuki *et al.*, 1990；Onuki & Ferrell, 1990）。ピストン効果の実験的検証は、スペースシャトル利用のD2ミッション（1993年）の実験テーマとして、Straubらが実施（Straub *et al.*, 1995；Straub & Nitsche, 1993；Guenoun *et al.*, 1993）。

*3-12 **臨界現象に関する日本の研究者の主要な貢献**（107頁）
　著名な理論研究として、①臨界緩和現象の理論（鈴木・久保, 1968）、②臨界点の緩和現象に流体力学的変数が強く作用することに基づいたモード結合理論の展開（川崎, 1970）、③流れ場のある臨界流体の相転移を動的くりこみ群により説明（小貫・川崎, 1979）、④流れ場のある複雑液体の相転移理論を展開（小貫, 1997）、⑤NASAの超流動-常流動ヘリウムの共存系に関する低温流体実験の理論的基礎となった非線形効果理論（重力と熱流が競い合った結果生じる大量の渦発生予測：小貫, 1983）、⑥平均場理論をクラスター平均場近似へと拡張し、一般化平均場理論としてのコヒーレント異常法の確立（鈴木, 1986）、⑦臨界点近傍における電場のもとでの核形成（小貫, 1995）、などがある。

*3-13 **隷属原理**（109頁）
　数学の分岐理論（正確には局所分岐理論）によれば、発展方程式系（一般には力学系の発展を記述する無限次元の偏微分方程式系）の解の定性的な挙動の変化は特異点（＝分岐点）の近傍で生ずること、また特異点近傍の解の挙動は有限個の変数の力学系（有限次元の方程式系）によって決定できることが示されている。特異点の近傍で、無限次元の系から有限次元の系に縮約する方法として、"リャプノフ-シュミットの方法"や"中心多様体定理"が知られている。この有限次元の方程式系を**縮約方程式**という。物理現象としての散逸構造を考えると、その構造の発生点である分岐点の近傍では、系のダイナミックスは大幅に縮約され、もともとの発展方程式（反応拡散方程式やナヴィエ-ストークス方程式など）を直接扱っていては厳密解が得られない場合でも、近似解を得る方法が与えられることになる。このことに対する物理的な解釈としては、分岐点の近傍では大多数の安定なモードが断熱的に消去される（安定なモードが不安定なモードにくりこまれる）ために、不安定化しつつある少数（ごく一部）のモードに対して閉じた方程式を導くということに対応している。Hakenは、このようなモードの縮約機構を**隷属原理**（slaving principle）と名付けた。

*3-14 **自由境界問題**（109頁）
　自由境界問題とは、さまざまなタイプの偏微分方程式に対する未知の自由境界（固定境界に対比して）をもつ初期値問題・境界値問題を意味するが、具体的には、領域の境界形状が時間的に変化する現象を扱う**ステファン問題**であり、凝固、結晶成長、自由表

121

4章 微小重力と基礎物理学

面を有する流体挙動(マランゴニ対流を含む)など、自然現象の多くが本質的に自由境界問題である場合が多い。境界形状を"場の量"と同時に決定しなければならないために、典型的な非線形問題としての扱いが必要になる。

＊3-15 マランゴニ対流(110頁)

自由表面を有する液体は、**表面張力**(単位表面積当たりの表面自由エネルギー)によって表面積を最小化しようとする傾向をもっている。一般の液体では、表面張力は温度の上昇とともに減少する。したがって、液体の自由表面上に温度分布が存在すると、自由表面は、局所的に高温部から低温部に向う剪断力を受けることになり、これが表面に接する液体に運動量フラックスとして伝播し、液体の運動が誘起される。この効果を**マランゴニ効果**と呼ぶ。自由表面に温度勾配がある場合には、マランゴニ効果によって自由表面で流れが生じ、この流れに駆動されて液体領域に対流が発生する。この対流を**マランゴニ対流**という。本書の3-2-3(2)項、またAntar & Noution-Antar (1993)、Walter (1987) を参照。

＊3-16 ベロウソフ-ジャボチンスキー反応(BZ反応)(110頁)

セリウムイオンを触媒にして、希硫酸中のクエン酸に臭素酸カリウムを加えて酸化する過程で、セリウムイオンが4価と3価の間を約1分の周期で振動的に移り変わることをBelousovが発見した(1950年)。その後、1960年代の初頭に、Zhabotinskyはこの振動反応現象に着目して反応機構に関する詳細な研究を行った。以後、この反応はBZ反応と呼ばれ、レイリー-ベナール対流とともに、散逸機構の典型例として多くの研究がなされてきた。反応現象の時間的な振動に加えて、化学的に活性な領域がターゲットパターンやスパイラル波と呼ばれる化学波として反応液面を伝播する現象など、非平衡系に特有の現象が観測されている。1968年、Prigogineのグループは、反応拡散方程式系を用いてBZ反応系の数理解析モデルを構築、この数理モデルはBrusselatorと呼ばれている。Walter (1987)、三池ら (1997)、森・蔵本 (1994)、Nicolis & Prigogine (1980)、Fujieda et al. (1997) を参照。

＊3-17 チューリングパターン(110頁)

Turingは、一様な細胞集団からある部分が変化して、やがてほかの部分とは異なる形態をもつという形態形成の基本メカニズムを説明するために、「安定な定常解が拡散の効果で不安定化し得ることによって、空間的に非一様な定常解(パターン)が存在する」という考え方を提唱した (1952年)。すなわち、拡散がなければ安定であったものが、拡散効果の存在によって空間的に非一様な定常解が出現する場合があるとの哲学である。それ以後、このようなパターン(空間構造)はチューリングパターンと呼ばれるようになった。厳密には、空間的に一様な対称性のある状態から、対称性の破れた空間構造が生ずることを**チューリング不安定性**、その結果生ずる構造が**チューリングパターン**と定義される(増田ら, 1997)。

＊3-18 協同現象(111頁)

確率過程に基礎を置き、変数の断熱消去などの方法を使って、非平衡系の相転移や自律的な形態形成を論じようとするもので、Hakenによって提唱されたきわめて広義の**自己秩序化現象**を指す。

＊3-19 フラクタル成長(111頁)

フラクタル(ズ)とは、自己相似性をもつような複雑な構造や現象の総称として、Mandelbrotが導入(1975年)した概念で、現在では自然科学における基本概念のひとつと考えられている。自然界には多数のフラクタル構造が存在していることが知られており、そのような構造がつくられ成長するメカニズムとして、①不可逆でランダムな成長過程の結果として現れるもの(結晶成長など)、②非線形力学の効果に基づくもの(カオスなど)、③平衡系の相転移における臨界現象に基づくもの(パーコレーションなど)、などが知られている。

5. 重力と生物学

岡田益吉 (5-1), 若原正己 (5-2), 佐藤温重 (5-3),
岡田清孝 (5-4), 高橋秀幸 (5-5), 村上 彰 (5-6)

5-1 はじめに
5-2 両生類の発生と重力
5-3 細胞は重力を感じるか
5-4 植物の重力屈性のシステムを
　　　支える遺伝子
5-5 ウリ科植物の重力形態形成
5-6 単細胞生物の遊泳行動と重力

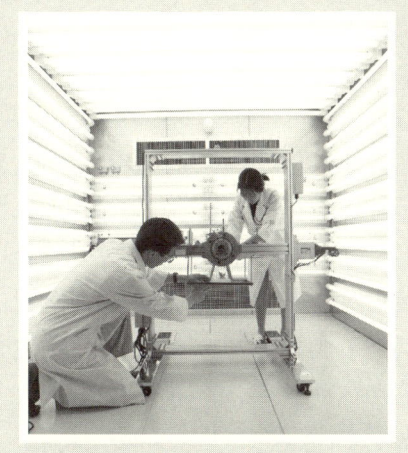

クリノスタット（NASDA 筑波宇宙センター）

5章　重力と生物学

5-1　はじめに

　生物学の研究では、宇宙環境をどのように利用することができるであろうか。

　宇宙環境の特徴（1章参照）のうち、真空は苛酷な環境下で生物がどのように生きのびるのか、その仕組みの研究に利用できるであろう。しかし、地上で同程度の真空を得ることもできることを考えれば、クマムシの真空下での生理学を、何も宇宙にでかけて研究することはない。放射線についても同様で、宇宙飛行士の健康に及ぼす宇宙放射線の影響を研究する場合、および微小重力との相乗作用の存在（7章参照）を検討する場合を除いては、放射線生物学を宇宙環境で行う意義はそれほど大きくない。生物学研究に利用できる唯一の宇宙環境は微小重力である、というのが筆者の考えである。地上でも微小重力環境を得ることはできるが、ごく短時間しか続かない（9章参照）。そこで、生物学研究における宇宙環境の利用を微小重力にしぼったら何ができるかを考えてみよう、というのが本章の目的である。

　地球という惑星に生命が誕生して以来30〜40億年、この間生命は常に地球の重力の影響下にあった。最初の生命である原始細胞から、ヒトという進化の頂点にある生物に至るまで、生物は重力のない世界を経験したことはないのである。この1gの世界のなかで、私たちは直立の姿勢を安定に保ち、植物は根を地中深く伸ばす。水中の魚やゾウリムシも重力を関知していると思われる行動をとる。脊椎動物のような高等動物には、重力を感知する器官があることが良くわかっている。それでは、もっと原始的な動物はどうか、植物はどうか、動物を細胞にまでばらばらにしても、やはり重力を感じることはできるのであろうか。これらの問いには答えるためには、重力の有無だけが異なり、そのほかの要素はすべて同じに設定した二つの実験系を用意して、両者の間で生物の振る舞いがどのように違うかを調べればよい。その解析は最終的には、分子の振る舞いにまで深めなければならない。

　このような実験は地上ではかなり難しい。宇宙ではどうか。現在建造が進

5-1 はじめに

んでいる国際宇宙ステーションでも、搭載性の制限があり、それに何よりも研究者が誰でも乗れるわけではなく、ほとんどの作業を宇宙飛行士に任せなければならない。したがって、宇宙環境を利用して論理学上無瑕(むきず)な科学実験を実行することは、現状では必ずしも容易でない。しかし、とにもかくにも私たち人類は、微小重力環境を利用できる技術を手に入れたのである。17世紀の顕微鏡学者にならって、これで生命の何がわかるか、考えてみる時期にきているのではないか。

　顕微鏡が手に入ってはじめて、生命の基本単位が細胞であるという新しい概念がつくられた。Robert Hooke がその著書 "Micrographia"（1665）のなかで述べているように、顕微鏡は自然のしくみについて思考する力を与える装置であった（『生物学の歴史』C. Singer 著、西村謙治訳、時空出版（1999）より）。それ以後も技術の進歩が新しい概念をつくってきた。たとえば、電子顕微鏡によって「形態は機能の存在様式である」という概念が生まれ、さらに「その形態（機能）は遺伝情報の発現様式である」ことがクローニング技術の発展により理解されてきた。つまり、新しい技術の導入ごとに、人類は生命についての理解を深め、新しい考えを創造してきた。それでは微小重力環境を利用できる技術を手に入れた人類は、どのような新しい概念を創造することができるであろうか。

　すでに微小重力環境をほんの少し垣間(かいま)見ている私たちにとって、これをどのように利用し、どのように解析していったらよいかを考え、作業仮説を立てることはできる。この章では、原生動物、植物、動物卵、動物細胞などについて、微小重力環境を利用して研究できる可能性のある生命現象を、それぞれの専門家に解説していただいた。すでに微小重力下での実験が行われているものも、未だのものもあるが、著者の方たちには微小重力環境を利用すれば答えが出る可能性のあるものを探ってくださるようにお願いした。

　本章の全体を読ませていただいて、数十億年の進化の過程で、はっきりした重力感知装置をもたない生物であっても、重力を利用する術(すべ)を身につけてきた様子が感じとれた。それは何かが重力に引かれて動くなどという単純な

ものではなく、細胞という生命の単位がひとつのまとまりとして機能することによって行える術であるらしい。そして、その術も遺伝子の情報として記録されているようである。一方、生物は大変用心深く、重力を利用しながら、それと平行して重力に依存しないバイパスをも用意している形跡がある。これは私たちの目にも、たとえば調節能力として見えているものであるかも知れない。しかし、全貌(ぼう)は微小重力下での実験が行えて初めて見ることのできるものであろう。微小重力環境を利用することにより、進化の過程で生命が隠れた能力をも培ってきた、というこれまでになかった概念が生み出されるかも知れない。

読者のなかから、宇宙環境利用に新しいアイディアを持ち込んで生命研究を志す方が輩出されることを願うものである。

5-2 両生類の発生と重力

5-2-1 重力と両生類

(1) 脊椎動物の進化

30〜40億年前にこの地球上で生命が発生し、現在までその生命の糸は延々と引き継がれている。生物の生活におよぼす重力の影響に関していえば、生物の陸地移行がひとつの大きな転換点になったものと考えられる。非常に小さい単細胞の生物では、重力の影響など無視できるだろう。また、体が大型化した多細胞生物でも、それが水中にとどまる限り、重力の影響はある程度浮力によって相殺されるだろう。しかし、陸上では重力がまともにかかることになる。生物の陸地移行以前にはそれほど重要でなかった重力に、生物が支配される生活が始まった。

光合成細菌や光合成植物の活躍により、地球が次第に酸化的な環境になり、最終的にオゾン層が完成することによって植物が陸上にあがるようになった。それを追いかけるような形で昆虫のような無脊椎動物が陸上に移行し、最終的に脊椎(せきつい)動物が陸地移行する。脊椎動物は魚の形でまず現れる。そ

5-2 両生類の発生と重力

のもっとも原始的な魚には顎(あご)がなかったので、無顎魚綱(むがくぎょこう)(現生種では、メクラウナギ、ヤツメウナギなど)と呼ばれる。そのなかに顎をつくった魚がでてきて、それらをまとめて板皮魚綱(ばんぴぎょこう)(すべて絶滅種)という。板皮魚綱のなかから軟骨魚綱(サメ・エイの仲間)と硬骨魚綱(フナ・ニシンなどの普通の魚)とが並行して出現する。そのなかで上陸して両生綱を生み出したのは、硬骨魚綱の仲間である。軟骨魚では、重力に抗して体重を支えるだけの骨格を形成することができない。両生綱は爬虫綱を生みだし、爬虫綱から鳥綱と哺乳綱が独立に生じた、というのが一般的な脊椎動物の進化の道すじである。要するに、両生類は重力に抗して陸地移行に挑戦した勇気ある脊椎動物の先がけである。

(2) 重力依存の生活様式

　魚綱から両生綱への進化のポイントは、四つ足の形成による陸上への進出である。一般に魚類は水中を遊泳するので、重力の影響をあまり受けないと考えられる。しかし、両生類以上の陸生動物は、重力に抗して体を移動させなければならない。そこで、胸鰭(むなびれ)・腹鰭を前肢・後肢(しこう)につくり替えた。化石の記録によれば、"もっとも両生類に近づいた魚類"であるデボン紀のエウステノプテロンと呼ばれる魚の肉鰭(にくびれ)を支える骨は、"もっとも魚に近い両生類"であるイクチオステガという名の両生類の足を支える骨と、基本的には同じ構成をとっていることがわかっている。

　私たちヒトを含む陸生の脊椎動物は、重力に抗して生きなければならない運命をこのときから歩むことになる。体高25m、体重50トンもの恐竜がいかに重力に抗して生きていたかは想像を絶するものがある。さらにヒトは、直立二足歩行によって、腰痛と流産というやっかいな宿命を背負うことになった。そして、20世紀の終わりに本格的な宇宙時代を迎え、初めて重力のない生活をも手に入れようとしている。

5-2-2　両生類の初期発生

(1) アフリカツメガエル

私たちは、実験動物として**アフリカツメガエル**（*Xenopus laevis*）というかなり大型のカエルを使用している。このカエルは、適当なホルモンを注射することによって1年中いつでも産卵を誘導できること、さらに飼育・管理のしやすさから、世界的な実験動物として発生学の研究に使用されている。1992年にNASA（アメリカ航空宇宙局）が行った最初の宇宙空間での人工受精に使われたカエルもこのアフリカツメガエルである。

図5-1にアフリカツメガエルの受精直後の卵を示す。直径は1.2mm程度である。黒い色素で覆われた側を**動物半球**、白い側を**植物半球**と呼ぶが、この卵内には、卵黄顆粒が詰まっている。なかでも重い卵黄顆粒は植物半球側に多く詰まっており、そのため端黄卵と呼ばれている。両生類の卵は1個の細胞でありながら、巨大で（通常の細胞の約30万倍）、しかも卵黄が偏って存在するわけだから、発生におよぼす重力の影響は無視できないものと思われる。

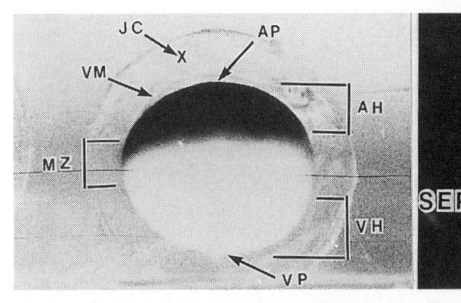

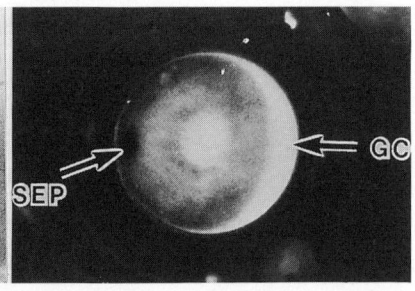

図5-1　アフリカツメガエルの受精卵の様子
(左) 受精直後の卵を側方から観察．AH：動物半球，AP：動物極，JC：ジェリー層，MZ：帯域，VH：植物半球，VM：受精膜，VP：植物極．この段階では、卵は動物極-植物極軸に沿って放射相称である．
(右) 受精後卵割前の卵を動物極側から観察．GC：灰色新月環，SEP：精子侵入点．放射相称が破れ、将来の背腹軸、左右相称性が出現する

(2) 放射相称から左右相称へ

未受精卵は、動植物極軸に対して放射相称で、どちらが将来の背中に、どちらが腹側になるかは決まってはいない。つまり、体の前後左右も決まってはいない。

しかし、いったん受精すると、精子侵入によってそれまでの放射相称性が破られる（図5-1右）。精子侵入点に向かって卵の表層が回転・移動し、その結果、精子侵入点の反対側に**灰色新月環**という色素の薄い部域が出現するようになる。最終的には、この灰色新月環ができた部位から原口の陥入が起こり、中軸中胚葉（脊索や体節）が形成されて、将来の背中側が確定する。いわゆる**背腹軸**の形成である。

(3) 背腹軸形成

その背腹軸形成について、現在ではある有力なモデルが提出されている。

卵の構造は、表層と内部細胞質に分けられる。表層とコアの二重構造からなっている。精子が入ったらそれが引き金となって、卵の表層が全体として30°ほど回転する。その結果、表層と内部細胞質の間でずれが生じる。それを**表層の回転**と呼ぶが、その表層の回転によって内部細胞質の背側決定因子が活性化して、将来の**背側構造**が誘導される、というモデルである。表層と内部細胞質とのずれを引き起こす力は、**微小管**による。実際の表層の厚さは数μmという非常に薄いもので、その薄い表層と内部の細胞質がずれることによって背側が決まるわけだ。背腹軸形成後のような形態形成を支配する遺伝子の分子生物学的な研究は爆発的に進んでいるが、この背側決定の分子機構については充分にはわかってはいない。

この背腹軸の形成過程に重力依存のプロセスがあるのではないか、というのが筆者らの研究の出発点であった。この後、アメリカ・インディアナ大学のMalacinski教授との協同研究で行った実験を中心に、両生類の卵の発生に及ぼす重力の影響について考えてみたい。

5-2-3 地上実験と宇宙実験

(1) 考えられる実験

地上実験では、まず $1g$ の下で卵を傾けたり、逆立ちにしたりする実験が最初になされた。次に、卵を遠心して過重力を与えて、発生への影響を調べるという実験、第三に、模擬微小重力実験、いわゆるクリノスタットにのせて重力の影響を相殺する、という実験がなされた。

一方、宇宙実験では、宇宙空間つまり無重力空間でアフリカツメガエルを使って人工受精を行い、無重力状態で発生させる実験が、1992年にNASAより報告されている。また、宇宙空間に雄・雌の実験動物を打ち上げ、交尾・交接をさせて卵を産ませる、という実験も行われている。たとえば1994年に東京大学の井尻らは、**メダカ**を使った実験を行い、大きな成果を上げた。

これらの実験のうち、ここでは地上実験についてまとめておく。最初に $1g$ の下で、傾けたり、逆立ちにしたりする実験の様子から話を進めよう。

(2) 定位回転と逆立ち胚

アフリカツメガエルの生み出されたままの未受精卵は、その表面に非常に粘着性の高いジェリー層がついており、卵どうしがベタベタとくっつきあっているので、卵の向きは動物極を上にしたり下にしたり、まちまちな方向を向いている。ところが、いったん卵が受精すると、受精膜があがり、囲卵腔という隙間ができるので、卵はその隙間のなかで自由に回転するようになる。その結果、すべての卵が重い卵黄を含む植物極が下になるように回転し、動物極を上に向けるようになる。**定位回転**と呼んでいるもので、これは完全に重力に依存している。黒い色素をもった動物半球が上、もたない植物半球が下を向くのは、水中で発生する動物にとっては大切なことであり、進化的に見ても適応的な現象である。この定位回転を実験的に阻害して発生させるとどうなるか、が最初の問題意識だった。

まず、生み出された未受精卵をさまざまな方向になるようにセットする。少量の精子液をかけて受精させ、直後に20％フィコール液を加えることにより囲卵腔を脱水して卵を縛り付け、定位回転を抑える。その結果、卵は傾

いたまま、逆立ちのまま発生する。

　最初に、**精子侵入点**と将来の背側との関係から見てみよう。正常発生では、精子が侵入すると表層の回転が起こり、精子侵入点の反対側に灰色新月環が生じ、そこが将来の背側になることは前に述べた。ところが傾け胚・逆立ち胚では、原口ができる部域は、精子侵入点に関係なく卵が傾いた方に100％の確率で生じる。つまり精子侵入による背腹軸の指定がすべてキャンセルされてしまい、精子侵入点がどこにあっても、卵を傾けた方向に**原口背唇部**が形成されるということが明らかになった。この発見は、カエルの背腹形成過程に重力依存があること、または重力によって動かすことのできる内部細胞質が軸形成に重要な役割を果たすこと、を示唆する最初のものであった。

　逆立ち胚実験からわかった第2点目は、逆立ち胚の初期胚では、卵割の様子とか、割球の大きさなどが正常な胚とはまったく異なっている（図5-2）が、逆立ち胚でもきちんとした形の胚になることができることである（図

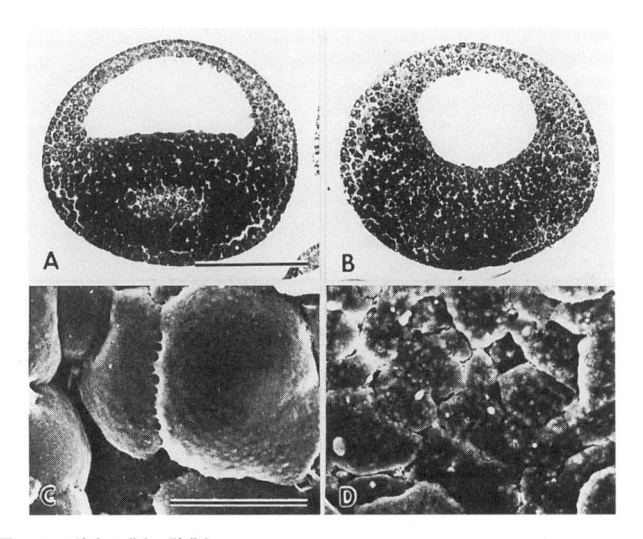

図5-2　逆立ち胚の胞胚
　　胞胚の様子を切片とSEMで観察．A，C：正常胚，B，D：逆立ち胚．
　　バーは500μm（A，C）と100μm（B，D）

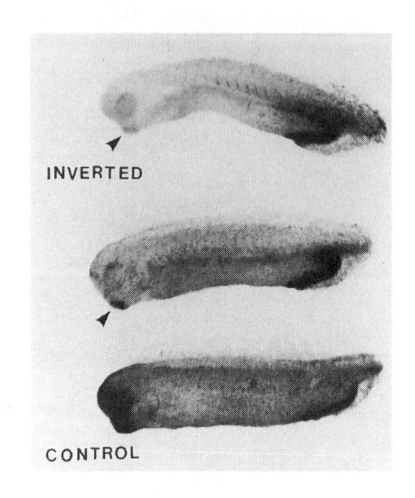

図5-3 逆立ち胚の形態
逆立ち胚（inverted）の頭部は，正常胚（control）に比べて白い．中段の胚（90°傾け胚）は両者の中間のパターンを示す

5-3)。当然、**動物極・植物極**が逆転しているので、体表の色素の分布が異なり、逆立ち胚では図5-3のように頭の白い胚になるが、形はほぼ正常である。発生初期の卵割パターンの違いは、発生の進行とともに次第に調節・修正されてしまう、と考えられる。どうやらアフリカツメガエルの胚は、結構、融通性・可塑性をもっているらしい。

(3) **遠心実験（加重実験）と双軸胚**

卵に遠心力を加えて、**過重力**が胚発生に影響を与えるかを調べる方法としては、2通りの方法が考えられる（図5-4）。ひとつは、卵軸つまり動物極・植物極を通る軸に対して直角に遠心力を与えるもの。通常、30gくらいの強い遠心力を短時間与え、その後1gの下で発生させる。それに対して、図5-4Bで示したように、卵軸（動植物極軸）方向に、比較的に弱い遠心力（3〜5g）を長時間与える、という実験も可能である。

とりあえず、卵軸に直角に遠心力を与える実験の結果から述べよう。詳しい実験条件は省くが、図5-4Aのような方向で卵を遠心し、その後1gの下で発生させるわけだから、重たい内部細胞質は、いったん遠心端に動き、その後ふたたび重力で戻ってくると考えられる。この遠心の条件をうまく設定すると、これらの遠心卵から**双軸胚**、つまり、1個体のなかに2本の神経

5-2 両生類の発生と重力

管・二つの頭をもった個体が出現する（図5-5）。ただし、双軸胚の形成率は遠心の方向や遠心の時期に依存しており、むやみやたらと遠心しても双軸胚はできない。卵の内部細胞質に流動性があり、細胞周期に依存して変化することが知られているが、遠心力の効果もある特定の時期に限られ、細胞質が"柔らかい"ときにのみ、双軸胚が得られる。

この実験からも、背腹軸の形成に重力によって動くことのできる**細胞質因子**が関与していることがわかる。

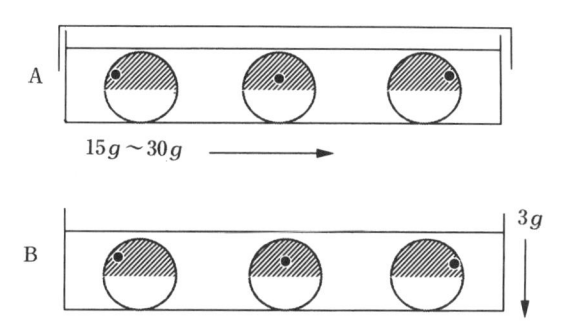

図5-4 遠心実験の方法
(A) 卵軸（動物極-植物極軸）に直角になるように遠心力を与える方法。比較的強い遠心力を短時間与え、その後1gのもとで飼育する。精子侵入点（図中の黒い点）を、遠心端におくか、求心端におくか、その中間におくか、で結果が異なる。
(B) 卵軸に沿って比較的弱い遠心力を、長時間にわたって与える方法

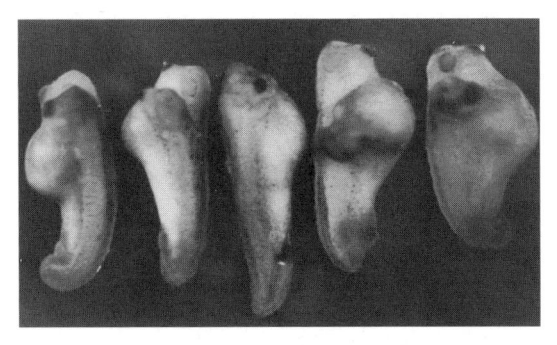

図5-5 遠心実験によって生じた双軸胚の様子
すべての個体に頭部が2個形成されている

(4) 模擬微小重力実験

水平クリノスタット（5章扉参照）は、1gの地球上で卵をゆっくりと回転させることにより、刻々と重力方向を変化させて、重力効果を相殺させるという技術である。回転数は、毎分6〜8回程度のゆっくりしたものである。実験方法は、図5-6を参照していただくことにし、その実験結果について少し詳しく述べてみよう。とりあえず、デスクトップのコントロールを1g、水平クリノスタット実験群をマイクロg、遠心による過重力実験群を3gと呼ぶことにする。

a. 卵割パターン

1g、マイクロg、3gの下でアフリカツメガエルの卵を受精させ発生させると、重力の効果はまず第一に卵割パターンに影響を与えることがわかった。

発生は第1卵割、第2、第3……と進む。カエル卵の第1卵割、第2卵割は互いに直交するが、ふつう卵軸に沿って、つまり重力方向に沿って起こり、第3卵割で初めて、卵が上下（動物半球側と植物半球側）に分かれる。両生類の卵は植物半球により多くの卵黄をもつ端黄卵だから、第3卵割面はその卵黄を避けて少し動物極側によった位置に生じる。つまり1g胚（コン

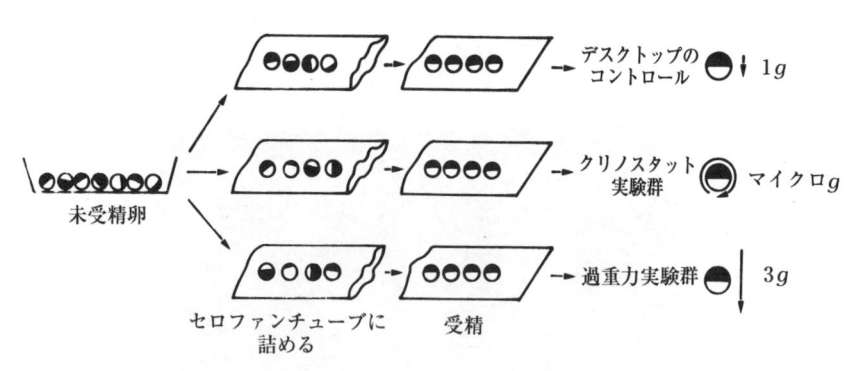

図5-6 水平クリノスタット実験の方法
アフリカツメガエルの未受精卵をセロファンチューブに詰めて、少量の精子を加えて受精させる。それを3セットつくり、デスクトップのコントロール（1g）、水平クリノスタット（1gの重力場で、卵をゆっくり回転させて重力効果を相殺させる、マイクロg）、および遠心による加重（3g、図5-4B参照）実験の様子

5-2 両生類の発生と重力

| 1g   マイクロg   3g |
8細胞期

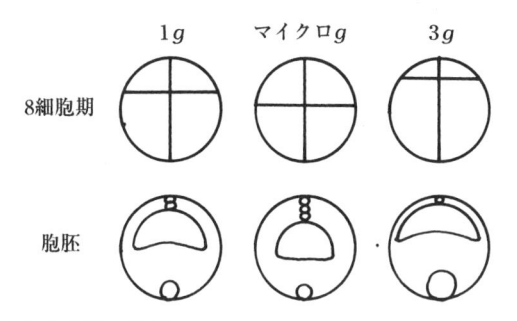

胞胚

図 5-7 第3卵割面と胞胚腔の位置
　マイクロg（クリノスタット実験群）では，1g（コントロール）よりも低い位置（より植物極側）で，3g（遠心実験群）では高い位置（より動物極側）に第3卵割面が生じる．その結果，その後の形態形成にも影響し，胞胚では，胞胚腔の位置，動物半球の細胞層の数，植物半球の割球の大きさに差が生じる

トロール胚）では、第3卵割面は少し動物極側に偏って生じる。ところが、クリノスタット上で発生させると、第3卵割面がほぼ赤道面あたりに生じ、逆に3gの過重力を加え続けると、第3卵割面が上（動物極側）に移動することが確かめられた。つまり、マイクロgではほとんど同じ大きさの割球になり、3gでは極端な不等割になる（図5-7）。

　さらに発生が進行して胞胚期になると、1gでは正常に（動物半球側に）胞胚腔ができるのに対して、マイクロgでは胚のほぼ中央に胞胚腔ができてしまい、3gでは極端に動物半球に偏ってしまう。その結果、胞胚腔を取り囲む動物半球の細胞層の数や、植物半球の割球の大きさに違いが生じ、さらには原口のできる場所も変わってしまう。マイクロgではより植物極側から陥入が起こり、逆に3gでは赤道に近いところから陥入が起こる。マイクロgの場合は、中軸構造つまり脊索とか神経をつくるべき材料がコントロールに比べて多くなるので、頭が大きな胚になるのではないかと予想される。それに対して、3gでは第3卵割面が極端に上にでき、原口陥入が非常に赤道部に近いところから生じるわけだから、神経・脊索をつくる素材が少ないことになる。そのため、頭部の発達の抑制された個体が生じるのではないか、と予想された。

b. その後の形態形成

　実際に1g、マイクロg、3g下で胞胚まで飼育された個体を、尾芽胚期まで育てて調べてみると、一見するとすべて正常に発生しているように見える（図5-8）。しかし、詳細に調べてみると多少の違いを発見できる。たとえば、それぞれの個体の目の大きさを測ってみると、1gを正常とすると、マイクロgではかなり大きな目が分化してくるのに対し、3gでは少し小さな目が分化してくる。目の大きさは、原理的にいって神経管の太さを反映しているので、神経管の太さがそれぞれ違っていると考えられる。つまり、重力が第3卵割面に影響を及ぼし、その結果、神経・脊索の発生に異常が生じるという予想が裏づけられた。

　しかし、もっとも強調すべき点は、3gとマイクロgで処理しても、約半数が正常に発生するという点だろう（図5-8）。つまり、マイクロgでは、ほとんど等割に近い卵割パターンになるが、そのあと胚発生が進行するにしたがって、その異常は調節されて、次第に正常な形に近くなっていく。この点でも、胚の調整能力・修復能力というものがいかに強いものであるか、ということが示唆される。

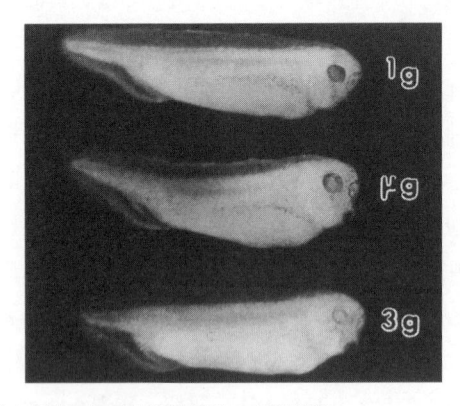

図5-8　模擬微小重力実験，加重力実験個体の外部形態
卵割パタン・原口陥入部位が大きく変更されたにもかかわらず，いずれの実験区からも，外見的にほぼ正常な幼生が発生する．しかし詳細に調べてみると，マイクロgでは頭でっかちで眼の大きい個体が見られ，逆に3gでは眼の小さい個体が見られた

c. 生殖細胞

　始原生殖細胞は、将来の卵子・精子をつくる能力をもった特殊な細胞である。カエルの場合、**生殖細胞質**という特殊な細胞質を含む割球のみから発生し、発生初期にほかの体細胞と区別される。生殖細胞質は受精卵の植物極付近に存在するので、動物半球の細胞が始原生殖細胞になることはありえない。

　図 5-9 は、クリノスタット実験および過重力実験胚での始原生殖細胞形成の予測図である。$1g$ の場合、胞胚期で生殖細胞質を保有する細胞は、原則として 4 個、それらが発生中に 3 回分裂して、孵化期の幼生では平均 32 個の始原生殖細胞をもつようになると一般には考えられる。それに対してマイクロ g では、図 5-7 でも示したように植物半球の割球がより小さく分裂するので、生殖細胞質をもつ細胞の数が多くなり、その結果始原生殖細胞の数が多くなると予想される。逆に $3g$ では、その数が減少するのではないかと期待される。

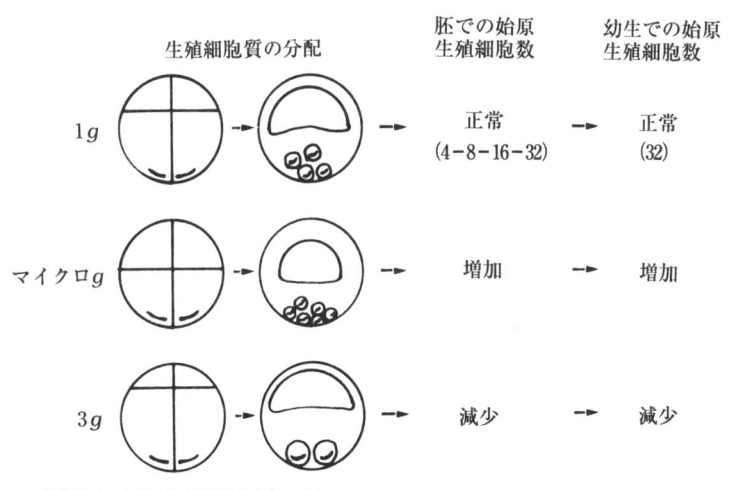

図 5-9　始原生殖細胞形成モデル
　コントロール（$1g$）では、生殖細胞質が 4 個の割球に受け継がれ、それが 3 回分裂することによって、32 個の始原生殖細胞が生じる。しかし、マイクロ g、$3g$ では、生殖細胞質を受け継ぐ割球の数に差が生じ、その結果、生じる始原生殖細胞の数にも差が生じると予想される

実際に多数の幼生を調べてみると、$1g$ では33個体の平均で35個の始原生殖細胞で、ほぼ理論通りの数値が得られた。マイクロ g でもほぼ同じ数の始原生殖細胞が生じたが、$3g$ では始原生殖細胞の数は予測通り半減（約17個）していた。

つまり、過重力によって乱された始原生殖細胞の数は、その後の発生によっても調節されないということになる。逆立ち胚の始原生殖細胞の発生を調べた実験でも始原生殖細胞が大幅に減少したが、何らかの手段で始原生殖細胞の発生が乱されたときには、その細胞を回復させる**調節能力**は働かないのではないか、と考えられる。外部形態はだんだんと正常に近づくけれども、モザイク的に決まる始原生殖細胞のような構造は調節されない。

5-2-4 胚の調節能力と情報の冗長性
(1) 調節卵とモザイク卵
一般に動物卵は、調節卵とモザイク卵に分けられる。

ウニ卵は、2細胞期に2個の割球に分離してもそれぞれから正常な幼生が発生するし、さらに4細胞期に4個の割球に分離しても、小さいながら正常な形の胚になる。非常に調節能力が高く、調節卵と呼ばれる。一方、クシクラゲなどの卵は、2細胞期に割球を分離すると不完全な胚（くし板の数が半分になる）になる。クシクラゲ受精卵の動物極付近の細胞質を手術によって除去すると、くし板をもたない胚になるので、くし板をつくる細胞質因子が卵内に局在していると証明される。発生を支配する細胞質因子が未受精卵中に局在している例はホヤなどでも知られ、そのような性質をもつ卵はモザイク卵と呼ばれる。モザイク卵では発生を支配する細胞質因子が未受精卵のときから卵に固定されている。

一般にカエルの卵は、2細胞期に左右の割球に分離してもそれぞれ正常な胚に発生するので調節卵といわれているが、生殖細胞質や背側決定因子の存在はモザイク的である。そのような意味でカエル卵は、調節卵としての性質とモザイク卵の性質を兼ね備えていることになる。このように考えると、カ

エル卵は重力の影響を受けても、それを調節し乗り越えて正常に発生する能力をもつが、始原生殖細胞のようなモザイク的に決まる発生能力に関しては、調節力が働かず、重力の影響が後まで残るのではないかと推測される。しかし同じ両生類でも、イモリやサンショウウオなどの有尾類では、生殖細胞質（生殖細胞決定因子）は存在せず、始原生殖細胞は誘導により形成される。今後、イモリとカエルの発生におよぼす重力の影響を比較検討する課題が残されている。

(2) 情報の冗長性・発生カスケードの重複性

発生というきわめて重要な生物現象は絶対に失敗を許されないので、いろいろな局面に対してそれをくぐり抜けるようなような保険がかけられていると考えられる。言い換えれば、発生を支配している情報に冗長性がある、発生カスケードに重複性があるともいえよう。たとえば、正常な筋道（A→B→C→D）で発生する現象があるとする。もしCの道筋に何らかの障害が加えられると、普通は使わない**予備の筋道**（A→B→C′→D）や、場合によっては**別の筋道**（A→B→X→Y→D）を利用して正常に発生するというような現象である。生物は長い進化の過程で、そのような性質を獲得してきた。

動物体を構成している個々の細胞が直接重力に反応するかどうかについて確定的なことは言えないが、巨大細胞である両生類卵の初期発生に重力が影響を及ぼすことは間違いない。重力を操作することで、正常発生ではなかなか表面的には現れない発生カスケードの重複性などの分析が可能になる。重力操作は発生生物学・細胞生物学の新しいの道具立てのひとつとして、さまざまな生命現象の本質にせまる有力な武器になることができるのではないかと期待される。

5-2-5 本格的な宇宙実験に向けて

(1) 地上実験の限界

地上実験、とくにクリノスタット実験結果の評価は慎重にしなければなら

ない。確かに、アフリカツメガエルを使用した模擬微小重力実験では、**第3卵割面**が大幅にずれ卵割パターンが変化することをはじめとして、いくつかの新しい知見が得られた。しかしそうした現象は、$1g$の下で刻々と重力方向を変えることによって模擬微小重力を得るという非常に特殊な実験系で得られた非常に特異な現象であることを念頭に置かなければならない。

真の無重力空間では、重い軽いがない（weightlessness）わけだから、卵は生み出されたままの向きで、地上では必然的に起こる定位回転をすることもなく、そのまま発生すると予想される。無重力空間では、精子侵入に伴う**表層の回転**（微小管を原動力とする卵表層と内部細胞質とのずれ）だけで背腹軸が決まり、卵黄の分布そのものが卵割パターンを決めると思われる。だから、無重力空間での卵割パターンは模擬微小重力実験のものと違ってくるものと理解しなければならない。

つまり、模擬微小重力実験と真の無重力実験とは厳密に分けて評価する必要がある。その意味では、本格的な宇宙実験の積み重ねが期待される。

(2) **無重力空間での発生**

今後本格的な宇宙時代を迎えて、宇宙空間で動物の世代を繰り返す実験がさまざまな動物を使って行われるだろう。そのためには、世代時間の短い動物が有利で、高等動物ではマウスをはじめとする小型哺乳類が有力だ。

しかし、マウスはヒトと同じ体内受精であり、卵自体も$100\mu m$程度ときわめて小さく、さらに受精卵は輸卵管内を転がりながら卵割を繰り返して発生するので、発生そのものに及す重力の影響は無視できるだろう。さらに哺乳類の卵は、たとえばウシの胚（割球）分割によるクローンウシの作出、ゼブラマウスの作成などから予想されるように、極端な調節能力をもつので、初期発生そのものに対する重力の影響を調べる動物としてはふさわしくない。後期発生、骨形成、生殖細胞の成熟、生殖行動、老化などの研究に主力がおかれるだろう。

無重力空間での発生を調べるには、やはり卵が極端に大きく、しかも全割をする両生類卵がもっともふさわしい。とりわけ、生殖細胞の決定のしくみ

が根本的に異なる無尾類（カエル）と有尾類（イモリ）を使用した宇宙実験は、地上では知ることのできない新しい情報をもたらす可能性がある。さらに両生類は、長期間の卵形成の過程を経て卵黄を蓄積し、さまざまな情報分子を局在化させて卵を完成させるが、無重力空間で体細胞の30万倍もの大きさの卵をつくる卵形成がどのように進行するか、無重力空間で成熟した卵がどのように発生するかなど、興味はつきない。

5-3 細胞は重力を感じるか

　地球上の生物は、30～40億年間にわたり重力環境に適応しながら進化してきた。そのため現存の生物は重力に対応したしくみを有している。動物には重力刺激を感覚する器官として**平衡器**があり、重力の方向を感知し姿勢を制御している。高等植物では根に**平衡細胞**があり、重力を感受し、根の成長方向を制御している。生体における重力の役割を明らかにする上で、重力のない環境すなわち無重力環境（実用的には微小重力環境）における生物の動態を知ることは有用であり、無重力環境における生体の変化から重力の役割が推定されている。

　宇宙船内の与圧環境で生活した宇宙飛行士は、微小重力曝露（ばくろ）の影響によってさまざまな生理的変化を起こすことが報告されている（御手洗・森, 1996 ; Lujian & White, 1994）。このことは、人体を構成する細胞が重力刺激を直接的あるいは間接的に感受することを示唆している。平衡器や平衡細胞における重力感受のしくみは、前者では平衡石の、後者では細胞小器官アミロプラストの重力方向への沈降が基本となっている。しかし、多細胞生物の体を構成する個々の細胞には重力方向に沈降する構造体の存在が知られておらず、重力を直接感受し、反応する能力があるかについては十分には明らかにされていない。

　ここでは、動物細胞を中心に、細胞の重力応答について述べる。

5章 重力と生物学

5-3-1 個体レベルにおける重力の影響

細胞レベルにおける重力感受について記述するに先立って、その基本となる人体の個体レベルにおける重力の影響の概要について記述しておこう。

人体における重力の関与が、宇宙環境に曝露された宇宙飛行士の生理機能と地上における生理機能との比較から明らかにされている。微小重力下では**静水圧勾配**がなくなる。そのため体液の体内分布が地上とは異なり、体の上方に移動する。宇宙飛行中の宇宙飛行士の顔貌が特有なのはこのためである。この状態は脳によって体液が増加したと認識され、それを補償するように各器官が働くことになり、尿量が増加する。そして結果的に循環血液量が減少する。

また微小重力は荷重組織に対して荷重の減少をもたらす。そのため**骨**における骨塩の減少、**筋**の萎縮などが起こる。微小重力環境は**前庭器官**の機能を変化させ、いわゆる**宇宙酔い**を生ずる（Lujian & White, 1994；図5-10）。

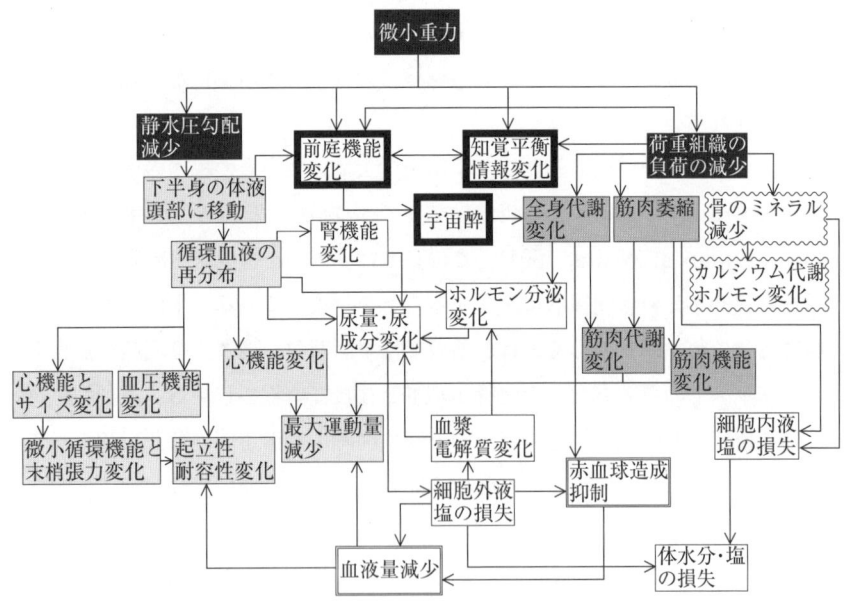

図5-10 宇宙飛行で生ずる人体における生理変化

骨における変化は、骨組織の主要な構成細胞である**骨芽細胞**と**破骨細胞**とが影響を受けるためである。微小重力のもとでは骨芽細胞の機能が抑制され、骨形成が低下する。一方、骨芽細胞から放出される破骨細胞増殖活性を有する因子の作用で、破骨細胞の分化が亢進し、骨吸収が促進される。その結果、骨組織から骨ミネラルが溶解し、骨粗鬆症様となると考えられている。

このように人体の諸機能は、重力感受器官の平衡器を介するほか、重力による静水圧の変化、荷重変化などの作用を介し、重力の影響を受けることがわかる。

5-3-2 微小重力下における細胞の動態

前述したように、多細胞動物を構成する体細胞の重力感受の機構を研究する上で、地上における$1g$環境の下での研究には限界がある。宇宙環境、航空機の放物線飛行、自由落下で得られる無重力、あるいは微小重力環境を利用することによって、重力の関与が決定的に解明されるはずである。これまで、主としてスペースシャトルやミールの宇宙船内の実験室、あるいはロケット内の微小重力環境で細胞を培養することによって、細胞に対する微小重力の影響が調べられ、細胞の重力感受のしくみが明らかになりつつある。

研究の全貌についていくつかの総説がある（Moore & Cogoli, 1996；佐藤，1994, 1996）。*in vitro* における動物細胞には、遊泳細胞、浮遊細胞、基材付着細胞の3様式があるが、それらの微小重力下における動態について以下に述べる。

(1) 遊泳細胞（単細胞生物）と微小重力

遊泳細胞である原生動物の**繊毛虫**では、**重力走性**（gravitaxix）、**重力無定位運動性**（gravikinesis）を有するため、微小重力下での遊泳行動が$1g$下と異なる。この詳細については本書の**5-6節**や最上（1996）の総説を参照されたい。

Loxodes striatus には、硫酸バリウムからなる平衡胞様構造（Müller vesicles。図5-24参照）が存在する。ゾウリムシ（*Paramecium*）には平

衡胞様構造はない (Hemmersbach & Häder, 1999)。

　原生動物の *Paramecium* における重力無定位運動にみられる遊泳方向は、細胞質と培養液との間の静水圧の差が細胞膜上のイオンチャネル後部に存在する mechanosensitive（機械刺激感受性）K^+ チャネルおよび前部に存在する mechanosensitive Ca^{2+} チャネルに影響することによって決定する。*Paramecium* の増殖は、スペースシャトル飛行群で地上対照群に比較して促進されている。微小重力下では体重がゼロとなり、エネルギーの消費が節約できるため、分裂頻度が上昇すると考えられている。

(2) 浮遊細胞（リンパ球）と微小重力

　宇宙滞在した宇宙飛行士で**免疫性**が低下することが知られている。Cogoli (1997) は、免疫性低下のしくみを調べる目的で、免疫機能を司るリンパ球に対する微小重力の影響について研究した。宇宙飛行士からリンパ球を採取し、生体外で浮遊培養し、スペースシャトル、サウンディングロケットによる搭載実験を繰り返し行い、微小重力のリンパ球に対する直接作用を解明している。ヒト **T リンパ球**は細胞周期上の分裂休止期 G_0 期にあるが、分裂促進剤の**コンカナバリン A（ConA）**を投与すると分裂周期に移行し、活性化して 48 時間後に分裂を開始する。宇宙で浮遊培養した T リンパ球に ConA を投与し、活性化を ^3H チミジンの DNA への取り込みによって調べると、活性化は微小重力によって抑制されることが明らかにされている。

　T リンパ球の活性化には 3 つのフェーズがある（図 5-11）。フェーズ A では、ConA が T リンパ球細胞膜の糖タンパク質と結合し、リンパ球のパッチ形成（patching）とキャップ形成（capping）を起こし、続いて G タンパク質（G）の誘導によりホスホリパーゼ C（PLC）が活性化する。PLC の作用によってホスホイノシトール二リン酸（PIP_2）はジアシルグリセロール（DG）とイノシトール三リン酸（IP_3）とに分割される。IP_3 の作用により小胞体からカルシウムイオンが放出され、キナーゼが活性化する。がん遺伝子の *c-fos*、*c-myc* の発現の後、インターロイキシン 2（IL-2）合成が開始される。フェーズ B では IL-2 分泌、T リンパ球と単球との相互作

5-3 細胞は重力を感じるか

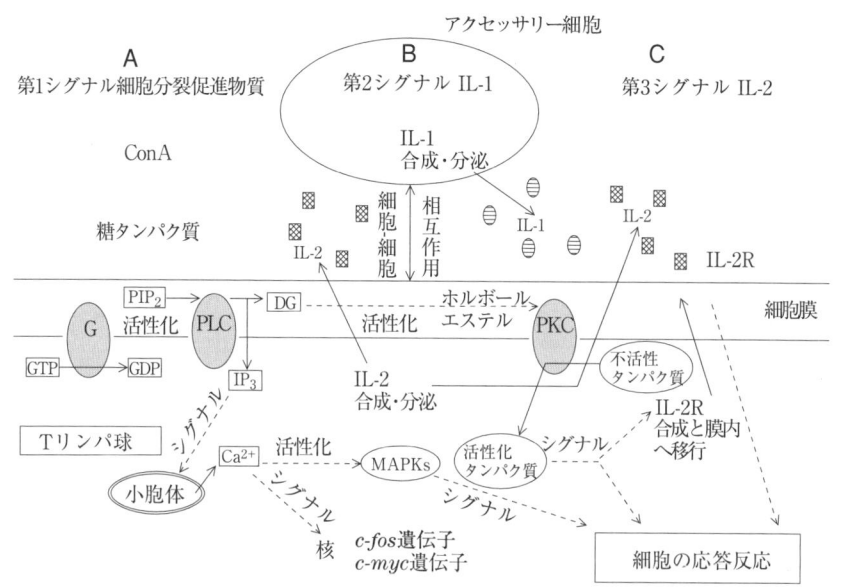

図5-11 Tリンパ球におけるシグナル伝達と微小重力 (Cogoli, 1997 より改変)
G：Gタンパク質，PLC：ホスホリパーゼC，PIP_2：ホスホイノシトール二リン酸，DG：ジアシルグリセロール，IP_3：イノシトール三リン酸，PKC：プロテインキナーゼC，IL-2R：インターロイキン2受容体

用があり、Tリンパ球においてはプロテインキナーゼC（PKC）が活性化する。フェーズCでは、分泌されたIL-2とその受容体との結合によってTリンパ球の活性化が引き起こされ、細胞は分裂を開始する（図5-11）。

このようなTリンパ球活性化のシグナル伝達のいずれの段階が微小重力で影響を受けるかについて、Cogoli一派が調べた研究によると、フェーズAにおいて第1シグナルである分裂促進物質ConAの膜糖タンパク質との結合、それに続くパッチ形成とキャップ形成は微小重力下でも正常であり、Gタンパク質を誘導し、PLCを活性化する。またフェーズBにおける細胞と細胞の接触は、微小重力においても起こっている。第2シグナルのIL-1のマクロファージからの分泌は、微小重力下で変化していない。第3シグナルのIL-2の分泌も正常である。しかし、フェーズCにおけるIL-2受容体

(IL-2Rα, CD25)の発現が微小重力において著しく減少している。このことから、第3シグナルの伝達の欠如が微小重力におけるTリンパ球活性化の抑制の主因と考えられる（Cogoli et al., 1993）。

(3) 基材付着細胞と微小重力

基材に付着して増殖する培養細胞の微小重力に対する応答について、遺伝子レベルの研究が最近注目されている。

de Grootらは、ヒトA431上皮がん由来培養細胞を**サウンディングロケット**に搭載し、**上皮成長因子**（EGF：epidermal growth factor）投与により誘起される c-fos、c-jun 遺伝子の発現に及ぼす微小重力の影響を調べた（de Groot et al., 1991；Boonstra, 1999）。これら二つの遺伝子は、EGF投与によって誘起される細胞の増殖と分化に関与するものであるが、これら二つの遺伝子の発現が微小重力下で抑制されることを示した。しかし、細胞膜のカルシウムイオン透過性を高めるカルシウムイオノフォアA23187やプロテインキナーゼAを活性化するホルスコリン投与で誘起される c-fos 遺伝子の発現には、微小重力の影響は認められなかった。de Grootらは、c-fos 発現に関与する細胞内経路のうち、c-fos のプロモーターエンハンサー域に存在するSRE（血清反応因子；serum response element）を微小重力が特異的に抑制することを示唆している。

佐藤ら（1998, 1999）は、微小重力の標的器官である骨における微小重力の作用を調べる目的で、骨芽細胞のモデルであるマウス頭頂骨に由来するMC3T3-E1細胞を用いてサウンディングロケット搭載実験を行い、細胞内シグナル伝達、増殖関連遺伝子発現に及ぼす微小重力の影響を解析した。このロケットによって6分間の微小重力が得られるので、短時間の微小重力の影響を調べることができる。

地上対照（$1g$）群の細胞を$100\mu g/ml$のEGFで刺激したとき、EGF投与6分後には c-fos 遺伝子発現量が約3倍まで上昇する。これに対し、飛行実験（微小重力）群では、EGF刺激で誘起される c-fos 遺伝子発現量は、地上群の約60%であり、EGF誘起 c-fos 発現が微小重力により抑制される

5-3 細胞は重力を感じるか

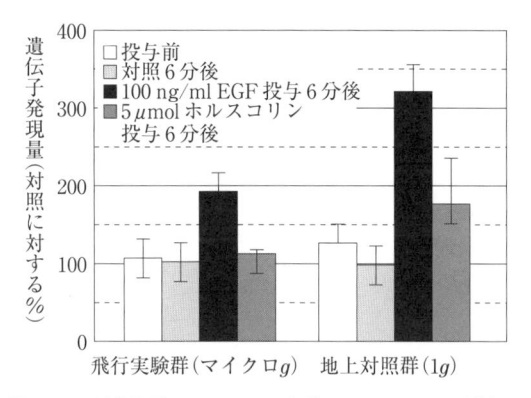

図5-12 骨芽細胞 MC3T3-E1 細胞における *c-fos* 遺伝子
発現に及ぼす6分間微小重力の影響

ことがわかった。ホルスコリンで刺激した場合は、*c-fos* 遺伝子の発現が地上対照群より、飛行実験群において若干減少する傾向を示したが、有意な差は認められなかった。*c-myc*、*c-jun* 両遺伝子の発現には微小重力は影響しなかった（図5-12）。

EGF で細胞を刺激すると EGF は EGF 受容体と結合し、図5-13に示すように **MAP キナーゼ**（mitogen-activated protein kinase）**カスケード**を経て遺伝子にシグナルを伝える。EGF 刺激により誘起される細胞内シグナル伝達経路上のどの部分に微小重力が作用するかを明らかにすることは重要である。ロケット搭載した MC3T3-E1 細胞の MAP キナーゼカスケード上の MAP キナーゼのリン酸化を調べたところ、飛行実験群と地上対照群との間に有意な差が認められなかった。EGF で活性化するシグナル伝達経路の MAP キナーゼのリン酸化までの段階には微小重力の影響がないことが明らかにされ、微小重力の作用部位が MAP キナーゼリン酸化以降 *c-fos* 遺伝子発現に至る部位に限定された。

de Groot ら（1991）は、A431 細胞において EGF で誘起される *c-fos* の発現が地上対照群に比較して低下することを報告しているが、骨芽細胞においても同様であることは興味深いことである。

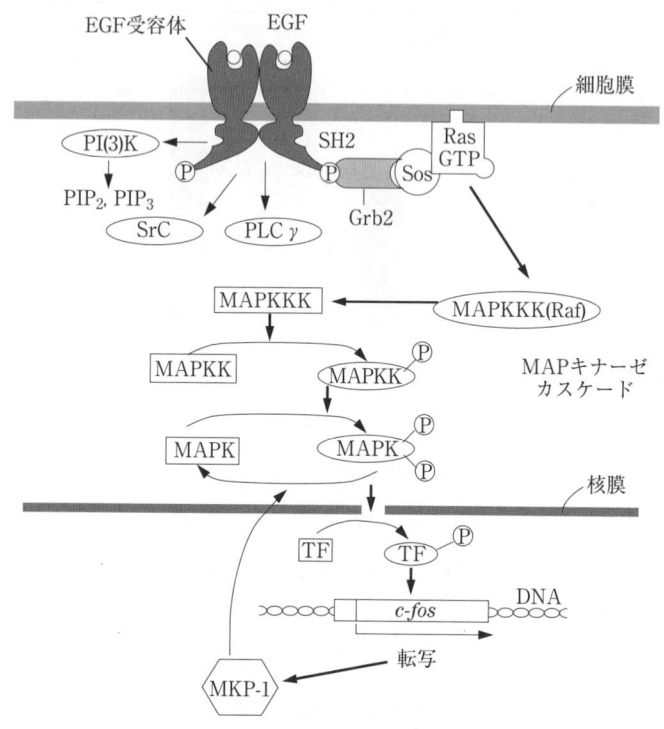

図5-13 EGF受容体から *c-fos* 遺伝子発現までの細胞内シグナル伝達経路
EGF：上皮成長因子，MAPK：MAPキナーゼ，MAPKK：MAPキナーゼキナーゼ（MEK），TF：転写因子，MKP-1：MAPKホスファターゼ（Sun and Tonks, 1994より改変）

5-3-3 模擬微小重力・過重力と細胞

宇宙環境を利用した微小重力実験は、膨大な予算を必要とする上、計画から実験実施まで一般に2～3年かかるほか、実験の機会もきわめて少ない。実験の機会は、2004年以降、**国際宇宙ステーション**が使用できるようになると増加するはずであるが、地上での実験とは異なる。そこで地上で簡単に実施できる模擬微小重力装置を利用した研究が行われている。

(1) クリノスタットを用いた模擬微小重力実験

クリノスタット（**5**章扉参照）は培養細胞を水平軸を中心に回転し、重力ベクトルを打ち消すことにより細胞に無重力に類似した反応を誘起する装置

5-3 細胞は重力を感じるか

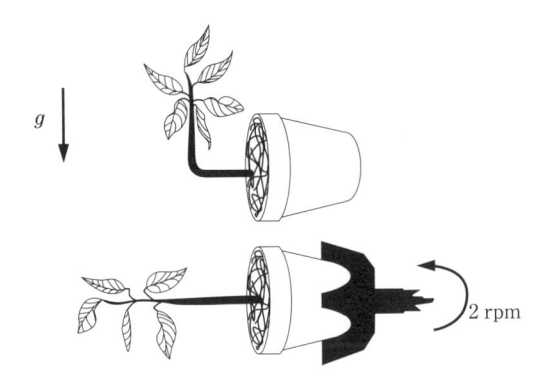

図 5-14 クリノスタットの原理（Duke *et al*., 1995 より）
水平軸を中心に回転（クリノスタット回転）すると植物の茎は
屈曲することなく水平に成長し，重力屈性を示さない

（図 5-14）であり、微小重力を発生するものではない。クリノスタット実験の結果と真の無重力実験のそれとの差について、植物を用いた対比実験で両者は完全には一致しないことが示されているが、クリノスタット上で栽培した植物の平衡細胞中のアミロプラストは、微小重力下と類似した細胞内分布を示すなど、クリノスタットにより細胞は無重力に対する場合と類似した反応を示す。重力生物学研究におけるクリノスタット実験の意義は認められている。

浜崎ら（1995）は、マウス頭頂骨由来 MC3T3-E1 細胞をクリノスタットに搭載し、同細胞の増殖、遺伝子発現を調べた。クリノスタットの回転に伴う培地の揺れなどを排除するために、MC3T3-E1 細胞はコラーゲンゲル内で培養し、また回転自体の影響を除くため垂直軸のまわりに回転する回転対照をおくという厳密な実験から、クリノスタット 30 rpm、60 rpm により、それぞれ 15%、24% と回転数に依存した増殖の抑制が認められた。増殖抑制のしくみを明らかにするため増殖関連遺伝子 *c-fos* の発現を調べたところ、EGF 投与後の *c-fos* mRNA の発現はクリノスタット回転と回転対照群および静置対照群との間に明確な差があり、クリノスタット回転では静置対照群の約 67%、回転対照群の約 70% に抑制されていた。

この結果は、真の微小重力の影響と類似している。細胞はG_1期、S期、G_2期、M期と細胞周期を回転することにより増殖している。クリノスタット回転は細胞周期回転にどのように影響するかが検討されている。クリノスタット回転後の細胞のDNAヒストグラムをもとに細胞周期を解析すると、細胞周期各相の頻度は静置、回転両対照群との間に差がなく、模擬微小重力は特定の細胞周期相を抑制するのではなく、細胞周期全体を遅延させるものと考えられた。

(2) 遠心器による加重力実験

細胞の重力感受について、過重力に曝露したときの細胞の反応を調べた研究がある。NoseとShibanuma (1994) は、骨芽細胞MC3T3-E1細胞を遠心器上で培養し、50〜100g過重力の作用について調べている。過重力によって c-fos、c-jun、erg-1 などの遺伝子発現が上昇することを明らかにした。erg-1遺伝子は50g以下で誘導されたが、c-fos遺伝子の発現には100g以上の過重が必要であった。過重力により誘導されるc-fos遺伝子の発現は、プロテインキナーゼC阻害剤スタウロスポリンで完全に抑制された。過重力（100g以上）は細胞のプロテインキナーゼCを活性化する。

5-3-4 細胞の重力応答のしくみ

動物細胞の重力感受のしくみを統一的に説明する学説はないのが現状であるが、重力感受のしくみを物理現象から解析を試みた研究がある。

重力に関係する物理現象として、沈降、浮力、対流、粒子流れ、表面張力、静水圧などがある（3-2-3項参照）。Todd (1991) は、ストークスの式によって容積、細胞溶液の密度、沈降距離、時間から細胞小器官の沈降速度を計算した（表5-1）。その結果、**アミロプラスト**（5-4-2項参照）は理論的に沈降する細胞小器官であり、実際に**植物平衡組織**の細胞内で沈降し、重力センサーとして機能しているが、そのほかの細胞小器官は沈降することはない。それは細胞内骨格、細胞内膜系によって保持されているためである。たとえば染色体は微細管により、またミトコンドリアは膜系に取り囲まれてい

表5-1 細胞小器官の沈降速度 (Todd, 1991 より改変)

細胞内小器官	体積 (μm^3)	密度差 (g/cm^3)	沈降速度 ($\mu m/s$)
ミトコンドリア	2〜100	0.01〜0.02	$0.1〜4\times10^{-2}$
核小体	10〜20	0.3	2×10^{-1}
染色体	5〜50	0.3	2×10^{-1}
アミロプラスト	100	0.4	1
平衡石	1000	0.8	$>1\times10$
ゴルジ体	100	0.15	$>3\times10^{-1}$

る。すなわち、一般の細胞では沈降を機序とする直接的な重力感受のしくみについては不明であり、むしろ間接的な機序で重力を感受している可能性が大きい。培養液中に浮遊している動物細胞は $1g$ のもとでは沈降し、培養容器の基材に接触する。接触には培養液の対流も影響する。接触に引き続き、膜電位変化→膜変化→細胞質統合システム変化→細胞内骨格変化→細胞機能変化→細胞集団の性状変化、の経過で重力の間接作用が発現していると考えることができる。

基材に付着している動物細胞では、PKC 介在シグナル伝達系が微小重力の分子レベルでの標的である。また浮遊しているリンパ球では、IL-2 受容体が微小重力の分子レベルの標的であると考えられている。これら標的分子に対する重力の作用の機序は未だに明らかではない。

サウンディングロケットの飛行中に細胞を固定し、帰還させた細胞のアクチンフィラメントを調べた実験で、F アクチンの含量が微小重力条件で増加していた。マイクロフィラメントが重力感受性構造のひとつである可能性を示している。微小重力に感受性のある PKC の細胞膜への転換にはアクチンフィラメント系が必要である。

重力を**機械刺激**とみなして、それらと類似のしくみによって重力が感受されるという考え方がある。機械刺激は、細胞内骨格と細胞外マトリックスに結合している膜貫通接着受容体を介して伝達される。重力感受と細胞内骨格は密接に関係している。重力は遠隔作用する物理因子であり、いわゆる機械刺激とは異なる性質があるが、重力は荷重、静水圧などを介して細胞に影響する。

5章　重力と生物学

　培養細胞など in vitro の細胞を用いた重力生物学研究においては、細胞の周囲の**液体環境**を無視してはならない。重力下では微小対流があり、熱移動、細胞への栄養分の供給、また細胞からの代謝産物、老廃物の除去が行われている。微小重力下ではこれらの液体環境が変化し、無対流・無沈降となり、物質や熱の移動が単純な拡散依存となる。このような液体環境が変化することによる間接的な影響を直接的な影響から区別することが重要である。*Paramecium* の遊泳行動は細胞質と培養液との間の静水圧の差が細胞膜上のイオンチャネルに影響している。

　細胞はおそらく重力を感受していると考えられている。宇宙環境を利用した最近の研究により、微小重力の標的分子や標的細胞内構造が明らかになりつつあるが、重力とそれらの関連の詳細は不明である。

5-4　植物の重力屈性のシステムを支える遺伝子

5-4-1　重力屈性とシロイヌナズナ

　植物の種子が発芽すると、茎を上に根を下に伸ばす。倒れた植物の茎は屈曲して起き上がる。このように植物体が重力の方向を感知し、その方向に沿って伸びる性質を**重力屈性**（または**屈地性**）と呼ぶ。重力屈性は光屈性（植物の茎が光の照射する方向に、根が逆の方向に伸びる性質）とともに植物に普遍的にみられる性質である。植物は重力屈性や光屈性を獲得したことによって、体の成長パターンを調節し、光合成の効率を上げ、種子や胞子の散布を容易にするとともに、根を地中深く伸ばして植物体をしっかり支え、効率よく水や養分を吸収することが可能になったといえる。

　トウモロコシや**シロイヌナズナ**の芽ばえを用いた実験から、横倒しにした胚軸では上部の細胞に比べて下部の細胞が大きく伸長し、そのために胚軸が上向きに曲がることがわかっている。根では、先端の伸長領域の上部の細胞が下部の細胞よりも大きく伸長するために下向きに曲がる（図5-15）。この

5-4 植物の重力屈性のシステムを支える遺伝子

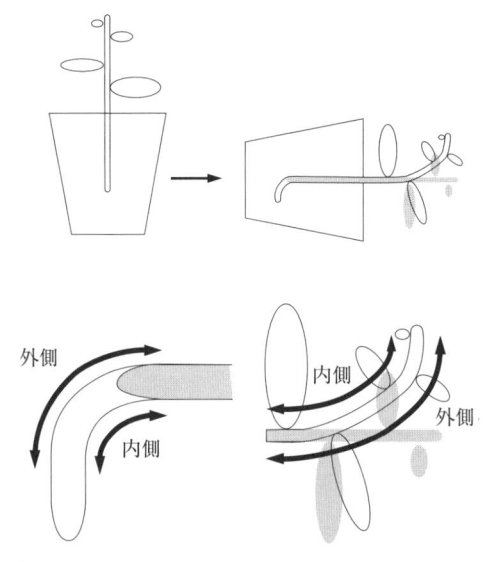

図5-15 茎と根の重力屈性反応
植物体が傾いたときに、茎は上向きに根は下向きに屈曲する反応を重力屈性と呼ぶ。内側の細胞と外側の細胞の伸長の程度が異なるために屈曲することになる。このような程度の異なった成長を偏差成長と呼ぶ

結果から、植物が自分の体の向きと重力の方向のずれを感知すると、根や茎の上部の細胞と下部の細胞に異なったシグナルを伝達し、細胞はそのシグナルに応答して細胞伸長の程度を調節すると考えられる。このような細胞伸長の片寄りを偏差成長と呼ぶ。したがって、植物には**重力方向を感知する**システム、シグナル伝達のシステム、および細胞伸長を調節するシステムが備わっていることになる。

これらのシステムはどのようなものか、どのような遺伝子によってシステムがつくられているのか。重力屈性が異常になった突然変異体を調べることによって、これらの疑問に対する解答が次第に明らかにされてきた。これまでにシロイヌナズナ（Arabidopsis thaliana）から多くの**重力屈性異常突然変異体**が分離され、解析が進んでいる。シロイヌナズナは、① 世代時間が

短い（約1.5か月）、②植物体が小さく（約30 cm）、狭い場所でも栽培できる、③栽培が容易で室内でも育てることができる、④染色体の数（5対）が少ないので、染色体上の遺伝子の位置が調べやすい、⑤ほかの植物に比べてゲノムサイズがきわめて小さい（$1.3×10^8$ 塩基対）ので、遺伝子を容易に単離することができる、などの性質を兼ね備えており、モデル実験植物として広く用いられている（島本・岡田，1996）。

野性型シロイヌナズナの種子を滅菌して寒天培地の上に置き、培地を垂直に立てて発芽させると、胚軸は上向きに、根はまっすぐ下方に伸びる（図5-16 A）。途中で寒天培地を横に傾けると、数時間後に胚軸は屈曲して上向きとなり、根は下方に伸びていく。しかし、重力屈性が異常になった突然変異体の胚軸や根は、まっすぐ上または下向きに伸長することができない（図

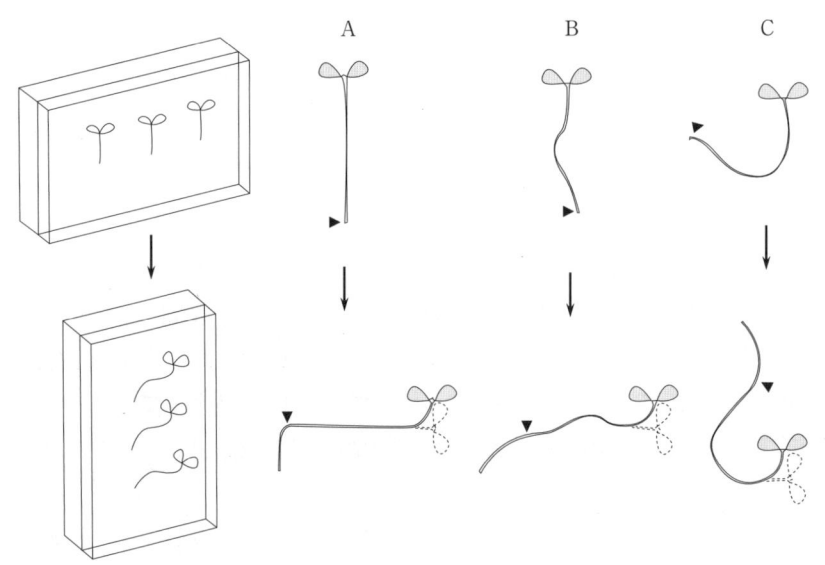

図5-16　シロイヌナズナの芽生えの重力屈性反応
　寒天培地の上にシロイヌナズナの種子を蒔き，培地を垂直に立てて発芽させる．数日後に培地を横向きに置くと，重力屈性が正常な野生型は，茎が上向きに起き上がり，根は下向きに伸びる（A）．この方法を用いることによって，芽生えの茎や根の重力屈性が異常になった突然変異体を分離することができる．(B) は重力屈性能が低下した突然変異体，(C) は重力屈性がなくなった突然変異体

5-16 B と C)。また、シロイヌナズナを小型のポットに植え、花茎が伸びてきたところでポットごと植物を横向きにすると、1〜2時間後に花茎は上向きに屈曲する。突然変異誘発処理[*1]を行った種子を多数寒天培地またはポットにまき、重力屈性を調べることによって突然変異体を選択することができる（深城・田坂，1999）。

5-4-2 コルメラ細胞とアミロプラストによる重力方向の感知

根の先端には分裂組織を保護する根冠組織があり、そのなかの**コルメラ細胞**と呼ばれる一群の細胞は数個の**アミロプラスト**[*2]をもっている（図5-17）。アミロプラストは比重が大きいので細胞質の下部に沈んでいるが、根の向きが変わると重力の方向に従ってその位置を変えることがわかっている。トウモロコシの根冠を切除すると根の重力屈性が消失するが、やがて根冠が再生すると重力屈性が回復する。これらの観察から、コルメラ細胞のアミロプラストが**平衡石**[*3]として働くことが予想された。

シロイヌナズナのデンプン合成不能突然変異体 *pgm*（*phosphoglucomutase*）では、コルメラ細胞中のアミロプラストはデンプンを含んでおらず、根の重力屈性が非常に弱くなる。これは、アミロプラストが重力刺激を受容するために必要であることを示している。しかし、この突然変異体では重力屈性が完全に消失しないので、アミロプラスト以外の細胞小器官も平衡石として働いている可能性がある。一方、コルメラ細胞に強いレーザー光を照射して殺すと、根の重力屈性がほぼ完全に失われたことから、コルメラ細胞が重力の感知部位であることが確認された（Blancaflor *et al*., 1998）。

アミロプラストは胚軸や花茎の内皮細胞にも存在する（図5-18）。シロイ

[*1] シロイヌナズナの種子を、突然変異体誘発剤（エチルスルフォン酸メチルなど）で処理したり、速中性子線やγ線で照射する。転移因子（トランスポゾン）やT-DNAを挿入するなどの生物学的な突然変異誘発法を用いることも多い。
[*2] 細胞内にあって脂質膜に包まれた構造体を細胞小器官（オルガネラ）と呼ぶ。デンプンを含む細胞小器官はアミロプラストと呼ばれる。
[*3] 平衡石は動物の平衡感覚器官のなかにある固形物で、体の向きに応じて移動し、感覚毛を刺激して平衡覚を生じさせる。

5章 重力と生物学

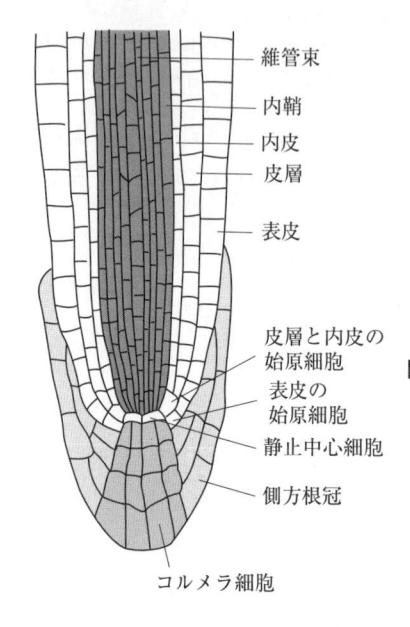

図5-17 シロイヌナズナの根端の構造．各組織の母細胞である始原細胞が静止中心細胞を取り巻いている．最先端にはコルメラ細胞と側方根冠細胞からなる根冠があって，根端分裂組織を覆っている．コルメラ細胞はアミロプラストをもっており，重力を感知する

図5-18 シロイヌナズナの花茎の構造
花茎には外側から順に1層の表皮組織，3層の皮層組織，1層の内皮組織があり，内側に維管束細胞を含む中心柱組織がある．胚軸の皮層組織は2層である．花茎と胚軸の内皮細胞はアミロプラストを含んでおり，重力を感知する

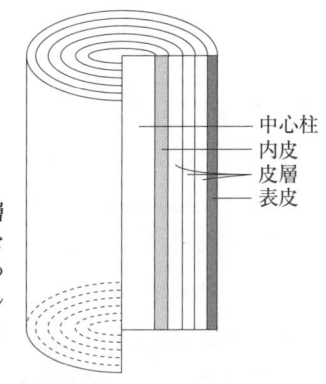

ヌナズナの pgm 突然変異体では、これらの内皮細胞中のアミロプラストもデンプンを含まない。pgm 突然変異体は、胚軸や花茎の重力屈性も弱くなっているので、植物の地上部分においても、茎の内皮細胞中のアミロプラストが重力刺激を感知していると考えられる。深城・田坂らは、花茎の重力屈性がなくなった sgr（$shoot\ gravitropism$）突然変異体を分離したが、そ

のなかの sgr1 突然変異体と sgr7 突然変異体はいずれも茎の内皮細胞層を欠いており、アミロプラストも認められなかった (Fukaki et al., 1998)。この結果は、上記の仮定を支持するものである。

また、根の内皮細胞と皮層細胞の形成には SCR (SCARECROW) 遺伝子と SHR (SHORT ROOT) 遺伝子が必要であることが知られているが、SGR1 遺伝子は SCR 遺伝子と、SGR7 遺伝子は SHR 遺伝子と同一であった。この結果は、根と胚軸にみられる同心円状の組織が同じ遺伝子の働きによって分化することを示している。

5-4-3 オーキシン極性輸送システムの乱れ

主要な植物ホルモンである**オーキシン**は、茎の先端の分裂組織や葉の先端などで合成され、根に向かって植物体内を輸送されることが知られている。根の中心部の維管束柔細胞を通って根の先端に向かって輸送されてきたオーキシンは、根端で方向を変えて根の表面に向かい、さらに皮層細胞や表皮細胞を通って逆方向（基部方向）に輸送される（図5-19 A）。このような極性をもった輸送システムの分子機構は長く解明されなかった。

しかし、根の**重力屈性**がみられないシロイヌナズナの突然変異体として、1980年代のはじめに得られた aux1 (auxin resistant1) 突然変異体と agr1 (agravitropic1) 突然変異体から遺伝子がクローニングされ、これらの遺伝子産物が根におけるオーキシン極性輸送に関わっていることがわかった。AUX1 遺伝子は12個の膜貫通領域をもつトランスポータータンパク質をコードしており、オーキシンの細胞内への取り込みキャリアの機能をもつと考えられている (Bennett et al., 1996)。一方、AGR1 遺伝子産物は N 末端と C 末端にそれぞれ5個の膜貫通領域をもち、オーキシンを細胞外へ送り出すキャリアの機能をもつと考えられている[*4] (Müller et al., 1998;

[*4] AUX1 タンパク質や AGR1 タンパク質は、キャリア（輸送を仲介するタンパク質）と考えられている。これらのタンパク質自身がオーキシン分子と結合して細胞膜を通過させるポンプの機能をもっているのか、ポンプ機能をもつ別のタンパク質と結合して複合体をつくっているのかは、わかっていない。

5章 重力と生物学

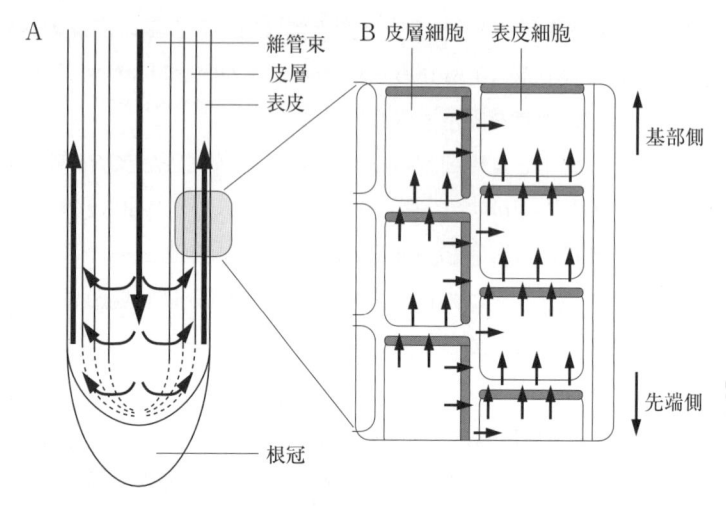

図5-19 根におけるオーキシンの極性輸送の方向
A：オーキシンは，根の中心にある維管束の柔細胞を通って，植物体の地上部から根端に向かって輸送される．根端では，輸送方向が逆転して表皮細胞および皮層細胞を通って基部側（地上部の方向）に送られる．
B：オーキシンの細胞内取り込みキャリアである AUX1 タンパク質は，すべての方向の細胞膜に埋め込まれており，細胞の周囲から細胞内にオーキシンを取り込む．オーキシンを細胞外へ送り出すキャリアである AGR1 タンパク質は，表皮細胞の基部側の細胞膜，および皮層細胞の基部側と表皮細胞側の細胞膜にのみ存在する（斜線部）．そのために，細胞内に取り込まれたオーキシンは基部側の細胞間隙（細胞壁）に排出されることになる．このようにしてオーキシンは次々に基部側の細胞に受け渡され，一定方向に輸送される

Utsuno *et al*., 1998)。AUX1 タンパク質が根の表皮細胞や皮層細胞の細胞膜の全域に分布しているのに対し，AGR1 タンパク質は表皮細胞の上側（基部側）の細胞膜および皮層細胞の基部側と表皮側の細胞膜に見いだされる。AGR1 タンパク質の存在する場所が決っているために、細胞内に取り込まれたオーキシンは基部方向に送り出され、オーキシンが次々と基部側に輸送されることになる（図 5-19 B）。

aux1 突然変異体や *agr1* 突然変異体では、根の重力屈性が低下または欠損すること、オーキシン極性輸送の阻害剤を与えると重力屈性がなくなることから、根が正常な重力屈性を示すためには、このような整然としたオーキ

5-4 植物の重力屈性のシステムを支える遺伝子

シンの流れが重要であると考えられている。根の方向が変化するとオーキシンの分布が不均等になり、細胞の伸長に影響を与えて偏差成長が起こると考えられる。植物体内で合成されるオーキシンは**インドール酢酸**（IAA）であるが、**ナフタレン酢酸**（NAA）もオーキシンとしての機能をもつことが知られている。

aux1 突然変異体にインドール酢酸を与えても重力屈性を回復することができないが、ナフタレン酢酸を与えると回復する（Yamamoto & Yamamoto, 1998；Marchant *et al.*, 1999）。この結果は、インドール酢酸は水溶性で脂質に溶けにくいので *aux1* 突然変異体に与えても細胞内にオーキシンを取り込むことができないが、ナフタレン酢酸は脂溶性であるためにAUX1 タンパク質が欠損していても細胞内に取り込むことができるためと解釈されている。これらの研究結果は、オーキシンが細胞間のシグナル伝達に関わっていることを支持している。オーキシン極性輸送の阻害剤によって、胚軸や花茎の重力屈性も低下することから、茎の重力屈性にもオーキシン極性輸送が重要であると考えられている。

5-4-4 オーキシン耐性突然変異体

植物に過剰量のオーキシンを与えると、植物の成長が阻害される。しかし、大量のオーキシン存在下でも成長を続ける**オーキシン耐性突然変異体**が得られており、これらの突然変異体は重力屈性が異常になっている[*5]。

これまでに、*axr1*、*axr2*、*axr3*、*axr4*、*dwf*（*dwarf*）、*shy2*（*suppressor of hy 2*）、*slr*（*solitary-root*）などの突然変異体がオーキシン耐性突然変異体として得られた（表5-2）。このうち、*axr3* 突然変異体、*shy2* 突然変異体、および *slr* 突然変異体は、オーキシンによって誘導される *AUX/IAA* 遺伝子群[*6]に属する遺伝子の変異である。

また、綿引と山本によって分離された胚軸の**屈性欠損突然変異体** *msg1*

[*5] *aux1* 突然変異体はオーキシン耐性を示すが、*agr1* 突然変異体は耐性を示さない。
[*6] （161頁の脚注参照）

表5-2 重力屈性に関するおもな突然変異体と変異遺伝子

遺伝子	突然変異体にみられる異常	遺伝子がコードするタンパク質
シロイヌナズナ		
AGR1（=EIR1, PIN2, WAV6）	根の重力屈性低下	膜タンパク質，オーキシンを細胞外に送り出すキャリア
ARG1（=RHG）	胚軸と根の重力屈性低下	DanJ様タンパク質
AXR1	根の重力屈性低下，オーキシン耐性	ユビキチン活性化酵素に類似
AXR2	花茎，胚軸，根の重力屈性低下，オーキシン耐性	不明
AXR3	胚軸と根の重力屈性低下，オーキシン耐性	AUX/IAA 17
AXR4（=RGR1）	根の重力屈性低下，オーキシン耐性	不明
AUX1（=WAV5）	根の重力屈性低下，オーキシン耐性	膜タンパク質，オーキシンを細胞内に取り込むキャリア
DWF	胚軸と根の重力屈性低下，オーキシン耐性	不明
HY5	側根が水平方向に伸長	bZIPモティーフをもつ転写因子
MSG1（=NPH4）	胚軸の重力屈性と光屈性低下，オーキシンに対する感受性欠損	ARF 7
PGM	花茎，胚軸，根の重力屈性低下，デンプン合成能の欠失	ホスホグルコムターゼ
PIS1	根の重力屈性が野生型よりも低濃度のオーキシン輸送阻害剤（NPA）で阻害される	不明
RCN1	オーキシン輸送阻害剤（NPA）の存在下でも根が屈曲する	プロテインホスファターゼ2Aの調節サブユニットA
SGR1（=SCR）	花茎と胚軸の重力屈性消失，内皮細胞層の欠失	GRASファミリーの転写因子
SGR2	花茎と胚軸の重力屈性異常	不明
SGR3	花茎の重力屈性異常	不明
SGR4（=ZIG）	花茎と胚軸の重力屈性異常	不明
SGR5	花茎の重力屈性異常	不明
SGR6	花茎の重力屈性異常	不明
SGR7（=SHR）	花茎と胚軸の重力屈性消失，内皮細胞層の欠失	転写因子
SHY2	胚軸と根の重力屈性異常	AUX/IAA 3
SLR	胚軸と根の重力屈性異常	AUX/IAA 14

5-4 植物の重力屈性のシステムを支える遺伝子

表5-2 (続き)

遺伝子	突然変異体にみられる異常	遺伝子がコードするタンパク質
トマト *DGT* (*DIAGEOTROPICA*)	茎が水平方向に伸長	不明
ヒメツリガネゴケ *GTR*	配偶体が下向きに伸長（野生 型の配偶体は上向きに伸長）	不明

(*massugu1*) は、胚軸の片側にオーキシンを与えても屈曲しない突然変異体として得られたもので、根や花茎における重力屈性は正常である（Watahiki & Yamamoto, 1997）。*msg1* 突然変異体は、胚軸の光屈性が欠失した *nph4*（*non phototropic4*）突然変異体と同じ遺伝子の変異であることから、*MSG1/NPH4* 遺伝子は胚軸細胞の偏差成長を支配すると考えられる。*MSG1/NPH4* 遺伝子はオーキシンによる遺伝子発現の誘導に関わるタンパク質（ARF7=Auxin response element 7）をコードしている。

屈曲を引き起こす細胞の偏差成長には、オーキシンを介したシグナル伝達システムが主要な役割を担っていると思われる。

5-4-5 重力屈性の分子機構は？

以上述べてきたように、シロイヌナズナからさまざまな重力屈性異常突然変異体が分離され、突然変異を生じた遺伝子が調べられているが、重力屈性のメカニズムについてはまだ解明されていない点が多い。

これまでの知見から、オーキシンの輸送システムと細胞のオーキシン感受

[*6] *AUX/IAA* 遺伝子群は、オーキシンによって発現が誘導される遺伝子として単離された。AUX/IAA タンパク質は二量体を形成して、転写因子として働くと考えられている。シロイヌナズナのゲノム上には約30個の *AUX/IAA* 遺伝子がある。胚のパターン形成に重要な *MONOPTEROS*（*MP*）遺伝子も *AUX/IAA* 遺伝子の一つである。ARF タンパク質は、オーキシン誘導遺伝子の調節領域 ARE（auxin response element）に結合する転写因子である。ARF タンパク質にも AUX/IAA タンパク質と相同性のある二量体形成領域があり、ARF タンパク質どうし、または AUX/IAA タンパク質と結合すると考えられている。*ARF* 遺伝子や *AUX/IAA* 遺伝子はシロイヌナズナ以外の多くの植物種にも見いだされており、オーキシンを介したシグナル伝達システムに関わっていると思われる。

性が関与していることがわかった。しかし、根のコルメラ細胞や茎の内皮細胞のアミロプラストの動きがどのようなシグナルを生じるのか、そのシグナルがオーキシンの輸送システムにどのような影響を与えるのか、オーキシン以外のシグナルは関与しているのか、局部的なオーキシンの濃度変化が細胞伸長の程度を制御する機構は何か、屈曲方向の厳密さはどのように保証されているのか、など多くの疑問が残っている。

シロイヌナズナの主根はまっすぐ下に伸びるが、側根は重力方向と一定の角度を保っている。同様に、側枝はまっすぐ上に伸びるのではなく、斜め上方に伸長するものが多い。このように重力方向と一定の角度を保ちながら伸長する機構も興味のある問題である。

植物種によっては枝や根が水平方向に伸びるものが知られている。シロイヌナズナの HY5（LONG HYPOCOTYL5）遺伝子は bZIP[*7] モティーフをもつ転写因子をコードしているが、HY5 遺伝子が欠損した突然変異体では側根が水平に伸長する（Oyama et al., 1997）。しかし、hy5 突然変異体の主根の先端を切除すると、新たに形成される側根のひとつが主根のように下方に伸び始めることがわかった。この結果は、側根の挙動は主根によって規定されていることを示している。側枝の成長が主枝によって抑制される現象（頂芽優性）はオーキシンの作用のひとつであると考えられているので、主根と側根の挙動の変化もオーキシンの輸送を介した植物体の統合機能のひとつだと考えられる。

重力屈性は光屈性とともに、植物が生存環境に対応して体のパターンを変化させる重要な機能である。重力屈性の分子機構を解析することによって、植物がもつ環境に対する生育調整能力を理解することができると期待される。食糧問題および環境問題を解決する手がかりを見いだすことも可能であろう。

[*7] 塩基性アミノ酸残基が並んだ領域に続いて、ロイシン残基が7残基おきに数回繰り返す領域をもつタンパク質モティーフ。一群の転写因子に共通した配列である。

そのためには、これまでに見いだされている重力屈性に関する遺伝子の機能を解析するとともに、新たなアイディアに基づいた突然変異体を分離するなどの努力が必要である。

5-5 ウリ科植物の重力形態形成
―キュウリ芽ばえのペグ形成機構と重力感受―

5-5-1 ウリ科植物の芽ばえが形成するペグ組織

ウリ科植物の種子は硬実種子といわれ、吸水させても子葉が種皮を破るほどには膨らまないし、種皮もそれによって破れるほどには柔らかくならない。したがって、芽ばえの子葉と幼芽の部分が種皮から抜け出して地表面に出現することが重要である。それができないと、地上に出現する子葉と幼芽が種皮に覆われたままで、子葉の展開が妨げられ、芽ばえの生育が遅延する。

そこでウリ科植物の芽ばえでは、突起状組織が発達し、それで種皮の一部分を押さえておいて子葉と幼芽を持ち上げる**下胚軸**が伸長することによって、芽ばえが**種皮から脱皮**できる仕組みになっている（図 5-20）。つまり、平べったい形状をした種子は、通常は土壌中で横になって発芽する。そのとき幼根が発芽と同時に正の重力屈性によって下に屈曲成長し、根と茎（下胚軸）の境界部が湾曲する。やがて、その湾曲した境界部の内側に1個の突起状組織が発達してくる。突起状組織は**ペグ**と呼ばれ、皮層細胞が成長極性を変化させて生じる突出成長の結果として発達するが、大きく発達するのに伴って横になった種子の下側の種皮を押さえ、子葉の下にある下胚軸が伸長を開始する。この下胚軸が負の重力屈性によって上に伸長するとき、ペグは梃子のような働きをして、土壌中で芽ばえが種皮から脱皮するのを助ける。その結果、種皮はペグに押さえられて土壌中に残り、幼芽と子葉が下胚軸に持ち上げられるように地表に出現する。

5章　重力と生物学

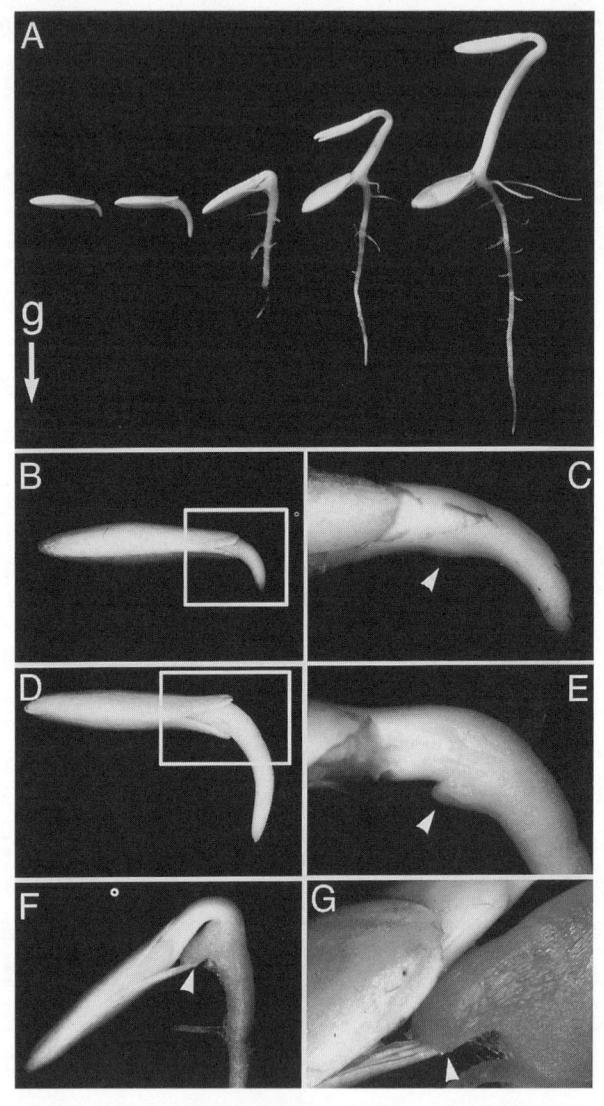

図 5-20　キュウリ種子の発芽過程におけるペグの発達とその役割（Takahashi *et al.*, 1999）
A：土壌中でペグが種皮を押さえながら，下胚軸が伸長して幼芽を持ち上げる．B～F：発芽とペグ発達過程．C～E：種皮を剝いだ状態．G：ペグが下側の種皮を押さえる．矢印（*g*）：重力ベクター．矢じり（C, E～G）：ペグ

5-5-2　ペグ形成の重力支配

　キュウリの種子が横になって発芽してくるとき、まず根が伸長して重力屈性によって下に屈曲するが、その根と茎の境界部も一時的には横になる。このとき、横になった境界部の下側にペグ形成を開始するが、そのペグは下胚軸がやがて立ち上がることによって、芽ばえの伸長方向に対して水平方向に位置して種皮を押さえるようになる。このように横になって発芽した芽ばえの根と茎の境界部の下側に1個のペグ形成が生じるが、種子を裏返して発芽させても、やはり1個のペグが下側に発達する。

　したがって、ペグ形成あるいはペグ形成の位置決定に重力が関与するものと考えられるが、それは次のような結果からも支持される。すなわち、キュウリの種子を湿った濾紙の入ったシャーレのなかで吸水させて20〜22時間目に種子を裏返すと、吸水直後に下側であった部位と種子を裏返した後に下側になった部位に1個ずつのペグを形成するようになる。

　微小重力下における植物の成長を模擬するために**クリノスタット**といわれる回転装置が利用されている（**5章扉参照**）。このクリノスタット上でキュウリの芽ばえを発芽・成長させると、ペグは根と茎の境界部の両側（子葉と同じ面）に1個ずつ発達するか、1個のペグを片側だけに発達させるか、ペグをまったく形成しないかのどちらかである。植物の種類によっては、クリノスタット上では境界部を取り巻くようにカラー状の突起が形成されることも報告されている。また、発芽孔が下になるように種子を垂直に固定して発芽させても、キュウリの芽ばえはクリノスタットで回転させた場合と同様の結果になることが知られている。

　これらのことからも、重力はキュウリのペグ形成に不可欠であるか、ペグ形成位置の制御に関与することを強く示している。

5-5-3　重力によるネガティブコントロール

　キュウリのペグ形成に対する重力の作用を明らかにするための宇宙実験がスペースシャトルで行われた。宇宙の微小重力下で吸水させたキュウリの種

子は発芽し、芽ばえは目的の生育段階までに成長した。

その宇宙実験の結果、**微小重力下**のキュウリ芽ばえは、下胚軸と根の境界部の両側に対称的なペグを1個ずつ発達させることがわかった（図5-21）。2種類の容器で育成した芽ばえのうち、ロックウール中に埋め込んだ種子の場合は、発育が遅れた2個体を除く22個体のすべての芽ばえが2個のペグを発達させた。また、吸水性のプラスチック材に取り付けられて気中で生育した芽ばえも、36個体の80％の芽ばえが2個のペグを対称的に発達させ、残り20％の個体にはペグ形成がみられないか、1個のペグが確認された。このペグを形成しなかった個体と1個のペグを形成した個体がわずかながら出現した原因はわからない。しかし、微小重力下でキュウリの芽ばえに2個のペグが対称的に形成されたことは、① 重力がペグ形成に絶対不可欠な要因ではない、② キュウリの芽ばえは下胚軸と根の境界部に2個のペグを発

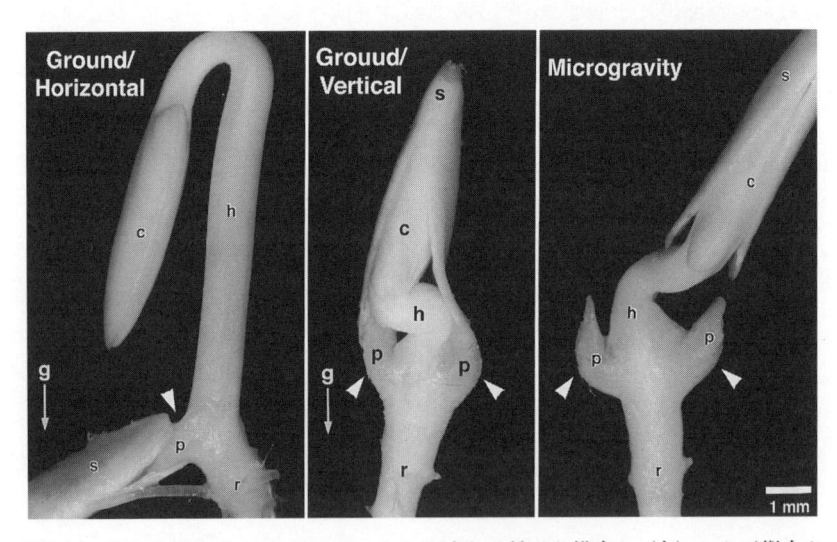

図5-21 宇宙の微小重力下（右）で、または地上で種子を横向き（左）および縦向き（中央）にして発芽させたキュウリの芽ばえ（Takahashi *et al.*, 2000）
地上で種子が横向きで発芽した場合は1個のペグが発達し、それが種皮を押さえて幼芽が抜け出している。宇宙の微小重力下あるいは地上で種子を縦にして発芽させた場合は、2個のペグが発達するが、下胚軸の湾曲が小さく種皮を押さえるように機能しない。s：種皮、p：ペグ、c：子葉、h：下胚軸、r：根

達させるポテンシャルをもっている、③地上では、横になって発芽した芽ばえが重力を感受して上側に形成されるはずの1個の**ペグ形成を抑制**することを強く示唆する結果となった。

このように宇宙実験によって、植物がもっている形態形成が重力反応によって抑制されるという概念が初めて見いだされ、重力によるネガティブコントロールとして提唱されている。

このペグ形成のための**重力感受細胞**は、沈降性アミロプラストをもったペグ形成部位の**維管束鞘細胞**であると考えられている。重力感受細胞で沈降性のアミロプラストがどのように重力刺激を生体情報に変換し、どのようなシグナル伝達機構が機能するのかは明らかにされていないが、ペグ形成のために維管束鞘細胞が重力を感受し、そのシグナルがペグとして発達する皮層細胞に伝達されるものと考えられる。

5-5-4　もうひとつの宇宙実験

さて、筆者らの宇宙実験と同時に、アメリカ・ペンシルヴァニア州立大学のCosgrove教授らも、キュウリの芽ばえの成長とペグの発達に対する微小重力の影響を調べる実験を行った。

その結果は、意外にも筆者らのものと異なるものであった。すなわち、宇宙の微小重力下で育成したキュウリの芽ばえの大多数は1個のペグを形成し、根と茎の境界部の両側に1個ずつのペグを形成した芽ばえの数は少なかったという。筆者らとCosgrove教授らの実験では、用いたキュウリの品種が違う。

そこで、筆者らはCosgrove教授らが用いたキュウリ品種でひとつの実験を試みた。地上でも幼根が真下になるように種子をロックウール中に垂直に埋め込むと、筆者らのキュウリ品種を用いた場合、多くの芽ばえが微小重力下におけるのと同じく根・茎の境界部の両側に1個ずつのペグを発達させる。ところが、Cosgrove教授らのキュウリ品種の種子を同じように発芽させると、2個のペグを発達させる芽ばえは現れるものの、その発現割合が筆者ら

のキュウリ品種に比較して明らかに少ない。それは何に起因するのであろうか。

　この問いに対する正確な答えは宇宙実験で比較して得られるものであろうが、筆者は、Cosgrove教授らの宇宙実験の結果を次のように理解している。すなわち、Cosgrove教授らの用いたキュウリ品種は重力に対する感受性が大きく、地上では芽ばえのわずかな傾きにも反応してペグの発達する部位を決定する可能性がある。これが事実なら、Cosgrove教授らの実験では、地上で種子を吸水させて冷蔵状態（4℃）で軌道上に打ち上げたことに問題があった可能性が大きい。ペグ形成は種子の発芽直後の短時間のうちに起こるが、発芽のための生理的変化は4℃の条件下でも誘導される。さらに、植物は低温下でも重力刺激を感受し、それを長時間記憶することもできる。Cosgrove教授らの実験では、地上で種子を吸水させてからスペースシャトルの打ち上げまで約2日間を要している。したがって、地上で吸水された種子が**重力感受過程**（少なくとも重力感受の物理的過程）を進行させたまま軌道上に運搬された可能性は否定できない。

　もうひとつは、種子形成期における重力感受とそれに基づく非対称な内的要因の分布が関係している可能性もある。親植物体上での種子形成期の環境条件が、その後の発芽や芽ばえの成長に影響することはよく知られていることである。さらに、二つのキュウリ品種における遺伝的・生理的背景の違いによることも考えられる。後述するように、植物ホルモンのオーキシンがペグ形成に必要であると考えられている。キュウリ種子を横向きにして発芽させても、オーキシンを投与すると下胚軸と根の境界部に2個のペグを形成するようになるが、そのために必要とされるオーキシン濃度が、筆者らの品種では低く、Cosgrove教授らの品種で高いことがわかった。したがって、両品種では、植物のもっているオーキシン量かオーキシンに対する組織感受性が異なる可能性もある。筆者らとCosgrove教授らの実験結果の違いは、2個のペグを発達させた個体の割合であり、その原因を解明することは、ペグ形成のしくみを理解するためにも重要であろう。

5-5-5 重力によるネガティブコントロールとオーキシン

植物ホルモンであるオーキシンの輸送阻害剤として知られる 2,3,5-トリヨード安息香酸（TIBA）の存在下でキュウリの種子を発芽させると、種子を横にして発芽させた芽ばえでも、重力屈性による屈曲が阻害されて、ペグは下胚軸と根の境界部の両側に1個ずつ形成されるようになる。つまり、微小重力下で育成された芽ばえに類似した成長を示す。一方、オーキシンのインドール酢酸（IAA）の投与はペグ形成を促進する。

また、キュウリの芽ばえではオーキシンが**子葉**に存在し、そのオーキシンが向基的に根に輸送されるが、そのとき下胚軸と根の境界部にオーキシンに対するある種の生理的バリアーが存在し、その部位にオーキシンが集積し、それが横たえられた芽ばえではペグ形成部位の下側により多く分布することが、^{14}C でラベルされたオーキシンのトレーサー実験で示されている。

このように、ペグ形成にオーキシンが関与している可能性はきわめて大きい。

宇宙実験によって、キュウリ芽ばえにおけるオーキシンの局在性に対する微小重力の影響を明らかにするために、オーキシン濃度依存的に発現する**オーキシン制御遺伝子（CS-IAA1）**をキュウリから単離し、その発現を in situ ハイブリダイゼーション法によって解析した。その結果、ペグ形成部位である根と茎の境界部における CS-IAA1 遺伝子の発現量が多く、そこにオーキシンが蓄積しやすいことが明らかになった。また、1個のペグを形成する地上対照区の横置きにされた芽ばえでは、根と茎の境界部の下側で CS-IAA1 遺伝子の発現量が多く、上側で少なかった。下胚軸と根の両側にペグを形成するように地上で種子を縦置きにして発芽させた場合は、根と茎の境界部における CS-IAA1 遺伝子の偏差的な発現はみられなかった。一方、微小重力区の芽ばえにおける CS-IAA1 遺伝子の発現は、地上で幼根が下になるように縦置きにしたときと同様なパターンを示した。

このように、重力感受によって誘導される**オーキシンの濃度勾配**がペグ形成に重要な役割を果たしていると考えられるが、重力がオーキシンの局在性

を制御するしくみは明らかでない。オーキシン輸送・局在性に対する重力の作用機構を分子レベルで明らかにすることが、重力感受機構の解明とともに、植物の重力反応機構を究明するための今後の大きな課題である。

5-5-6 ペグ形成機構のモデル

宇宙実験および地上実験の結果から、ウリ科植物のペグ形成機構に関するモデルを構築すると図5-22のとおりである。

地上で種子を横にして発芽させた場合、①下胚軸と根の境界部の維管束鞘細胞でアミロプラストが沈降することによって重力感受機構が働き、②その結果オーキシンの局在性が変化して、オーキシンが下胚軸と根の境界部の下側に集積し、上側で減少する。③それによって、下胚軸と根の境界部下側のペグ形成は進行するが、上側では**オーキシン濃度**が閾値以下となり、細胞は成長極性を変えることなく伸長して、ペグ形成は抑制され、下側だけに1個のペグが形成される。この場合のペグ形成には、皮層細胞の表層微小管の配向変化が不可欠と考えられているが、その制御機構は明らかにされて

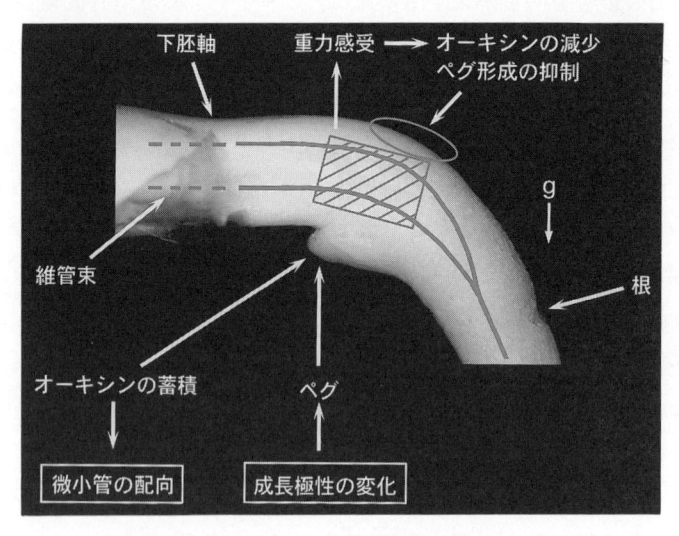

図5-22 キュウリのペグ形成機構に関するモデル

いない。オーキシンと表層微小管の配向の関係も含めた今後の研究が必要である。

このように、重力は地上におけるペグ形成を通常はネガティブに制御しているものと考えられる。ウリ科植物の芽ばえにおけるペグ形成のための重力によるネガティブコントロールは、植物の重力反応を説明する新たな概念として注目される。また、ペグ形成はウリ科植物に種特異的にみられる現象であるが、重力感受、オーキシン輸送、細胞の成長極性、微小管の再構築などの一般的な諸生物反応の仕組みを究明するためのモデル実験系のひとつとして優れている。

5-6 単細胞生物の遊泳行動と重力

5-6-1 パラメシウムと重力走性

微小重力環境下ではパラメシウムの1種ヒメゾウリムシ（*Paramecium tetraurelia*）の細胞増殖率が増加する（図5-23）。普通、培養細胞などでは、細胞増殖はむしろ過重力下でさかんになり、微小重力下での細胞増殖の活性化は遊泳性細胞の特徴的な現象である可能性がある。実際、パラメシウムの細胞増殖が微小重力下で活性化する機構は、**重力走性**の消失によるエネルギー消費の低下であるという仮説が提唱されている（Planel *et al*., 1990）。

パラメシウムには顕著な重力走性があることは、古くから知られていた。その機構としては、単に細胞の重心が浮力の中心より後ろにあるため、前部が浮き上がるという細胞内の比重の不等分布による物理的現象であるとする**比重仮説**（Verworn, 1889）が、ほとんど定説のように考えられてきた。その一因は、小さな細胞体内に重力の受容機構を想定することが困難であったからである。

単細胞生物のなかには、例外的に多細胞動物の平衡器と似た特殊な細胞小器官（オルガネラ）をもっている *Loxodes* のような繊毛虫もいる（図5-

5章　重力と生物学

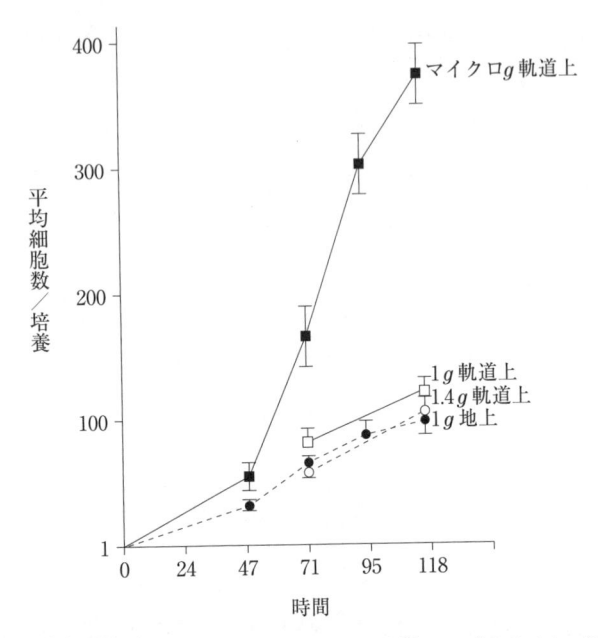

図5-23 微小重力環境下におけるパラメシウムの1種ヒメゾウリムシ（*Paramecium tetraurelia*）の細胞数の増加
軌道上の遠心機で得た $1g$ 環境の対照実験の結果は，地上対照実験 $1g$ と遠心機を使用した地上対照実験 $1.4g$ と差がなく，軌道上マイクロ g での細胞増殖率の増加が宇宙線によるものではないことを示す（D1計画；after Planel *et al*., 1990）

24）。しかし、パラメシウムに限らず、多くの遊泳性の単細胞生物は、重力を受容するような特別の構造をもたないにもかかわらず、重力による沈下に逆らって、水面に向かって泳ぎ続ける。負の重力走性が、生物学的な活性を仲立ちとしない単なる物理現象ならば、その影響がどのような形で蓄積され、**細胞増殖率**を増加させるような長期の活性に反映されるのであろうか。その経過に順応現象はないのであろうか。それとも、細胞にはかなり普遍的に重力を受容する機構があり、それが重力走性と細胞増殖のような比較的時間経過の異なる現象の両方に関係しているのであろうか。それは順応の早い相動性（phasic）の影響なのか、それとも順応の遅い緊張性（tonic）の影響なのであろうか。

5-6 単細胞生物の遊泳行動と重力

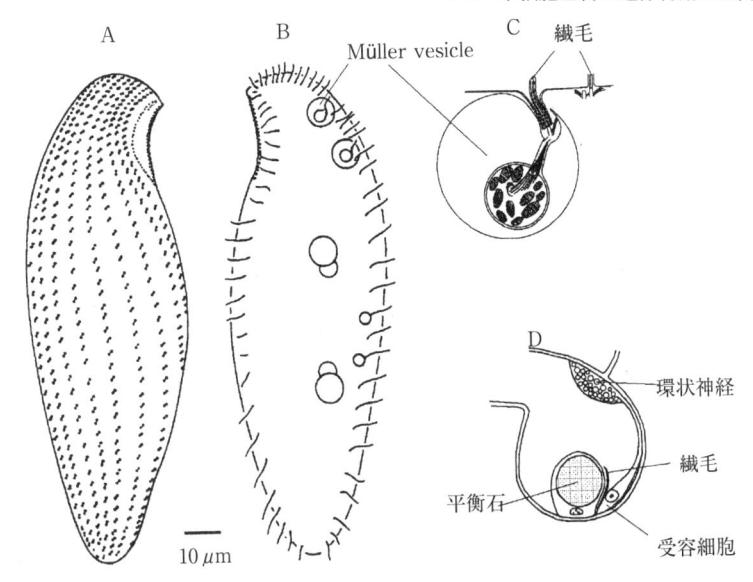

図 5-24 鞭毛虫 *Loxodes* (A, B) の Müller vesicle (B, C) (Fenchel & Finley, 1986 ほか). 重力受容に関係すると考えられる細胞内小器官で，その構造は刺胞動物（クラゲの 1 種）の平衡器（D）に似ている

これが、筆者たちが、改めて細胞レベルでの重力受容機構を研究対象とした理由のひとつである。

5-6-2 重力走性に関する仮説

パラメシウム属のゾウリムシ（*Paramecium caudatum*、比重 1.04）は、通常の実験液（比重 1.00）を満たした容器に入れてから数分のうちに多くの個体が水面近くに集まる（図 5-25 A）。この負の重力走性（negative gravitaxis）は、パーコール（Percoll）を加えて比重を 1.04 にした液中ではほとんど消失し（図 5-25 B）、比重 1.08 の液中では逆に容器の底に集まり（図 5-25 C）、正の重力走性を示す（村上ら，1993．*Euglena* を用いた実験は Lebert & Häder, 1996）。

外液の比重増加は細胞内の比重の分布には関係しない。したがって、外液の比重によって重力走性の方向が逆転する現象は、比重仮説では説明できな

5章 重力と生物学

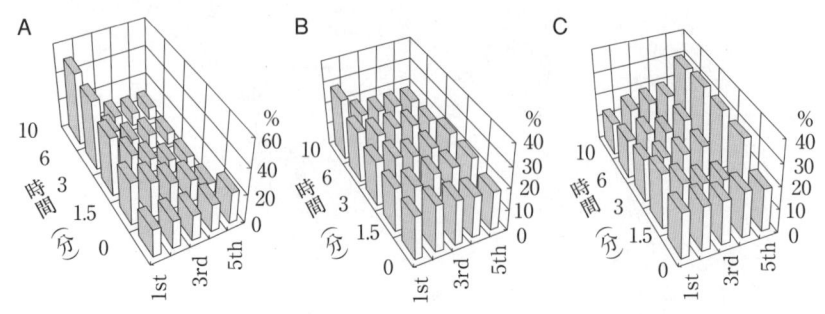

図 5-25 パラメシウム（*Paramecium caudatum*）の垂直分布に及ぼす外液の比重の影響（Murakami, 1998）
外液の比重が 1.00（A）で上に移動し，比重 1.04（B）の液中ではほぼ拡散したままに保たれ，1.08（C）で下に集まる時間経過（10 分間）を示す．容器の深さ（28 mm）を 5 等分し，その範囲にいる細胞数の割合を全細胞の%で示す（容器の幅×厚さ：22×3 mm）．水面から底に向かって 1st〜5th と分割した．B のなかで，10 分後に水面近くの細胞数の割合が増加しているのは，細胞自身の比重が増加したことによる

い．しかし，重力走性が単なる物理現象であっても，**抵抗仮説**（Roberts, 1970）ならば説明できる．すなわち，パラメシウムのように前部が小さく後部が大きい細胞が水平に泳ぐ場合，前後で沈下する抵抗に差があり，細胞が外液より重い場合には後部は速く沈んで細胞は上を向き，軽い場合は速く浮上して細胞は下を向く．その結果，細胞が沈むか浮くかによって，重力走性が逆転することが予測される．この抵抗仮説が適用可能な状況は，重力走性が重力の絶対的な方向に直接反応しているものではなく，細胞と外液との相対的な動き，つまり細胞表面の水流の方向に依存するものであることを暗示する．しかし，上記の結果は，細胞内外の比重差が細胞膜に働き，膜の変形を介して力学的受容チャネルを刺激し，膜電位を変化させるという，水流よりはむしろ水圧を原因とする生理仮説でも説明は可能である．

生理仮説は，よく知られたゾウリムシの力学的刺激受容の機構が基礎になっている（Naitoh & Eckert, 1969；Eckert, 1972；Ogura & Machemer, 1980）．ゾウリムシの繊毛打方向は，細胞の前後軸より後方に向かってやや左に偏向し，その偏角と運動頻度は膜電位により制御されている．ゾウリムシの前端をガラス棒で叩けば，細胞の前半に多く局在する膜の Ca チャネル

5-6 単細胞生物の遊泳行動と重力

が開くことにより膜は脱分極する。脱分極によって、繊毛打の偏角は増加し、頻度は減少する。さらに、それが一定限度を超えれば、繊毛打方向は逆転して細胞は後退する。一方、後端を叩けば、細胞後半に局在するKチャネルが開いて膜は過分極し、細胞の運動は前向きに加速される（図5-26）。生理仮説では、上を向いた細胞は重力による圧差によって後部の膜が刺激されて過分極し、下を向いた細胞は前部の膜が刺激されて脱分極すると想定する。

この生理仮説の問題点のひとつは、重力が直接、細胞の膜に働いて膜電位を変化させることができるかということである。パラメシウムは、細胞の長さ約 $200\,\mu\text{m} \times$ 幅 $40\,\mu\text{m}$、細胞の比重は1.04、体積は $2.5 \times 10^{-7}\,\text{cm}^3$ で、そ

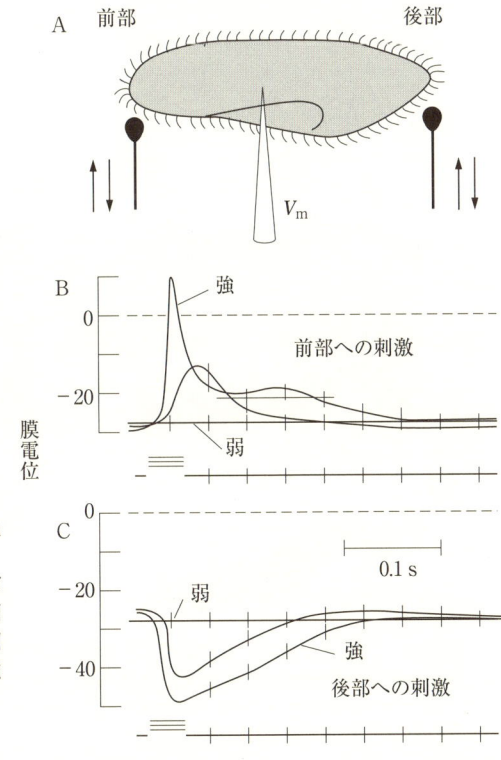

図5-26 パラメシウムの力学的刺激受容の機構（after Naitoh & Eckert, 1969）
前部をガラス棒で刺激すれば（B）膜は脱分極し，後部を刺激すれば過分極する（C）．図Bと図Cの強，弱は刺激の強度を示す

5章 重力と生物学

の重量差 10^{-8} g 重が底面積 1.2×10^{-11} cm^2 にかかることになる。その圧力差はほぼ 0.1 Pa である。Gebauer ら (1999) は、上を向いたパラメシウムを下向きに 180°回転したとき、膜電位が平均 1.5 mV 脱分極し、下を向いたものを上に回転させれば平均 1.5 mV 過分極することを観察した（図 5-27）。この電位変化は比較的遅く、毎秒 0.3 mV の変化を越えることはなく、約 1 分で飽和した（最大振幅 5 mV）。実験液には、10 mM TEA を入れて、K チャネルを抑制してあるので、この変化は、もっぱら膜の Ca 依存性の力学的刺激受容チャネルによるものと推測されている。Gebauer らは、これが膜にかかる 1.3×10^{-10} N の力で生じ、有毛細胞の受容変位の閾値 (3.5 nm) と同じ変位で生じるとすれば、受容器変換のエネルギーの閾値は 4.6×10^{-19} Nm で、熱雑音のレベルの 200 倍に相当すると報じている (Gebauer *et al.*, 1999)。

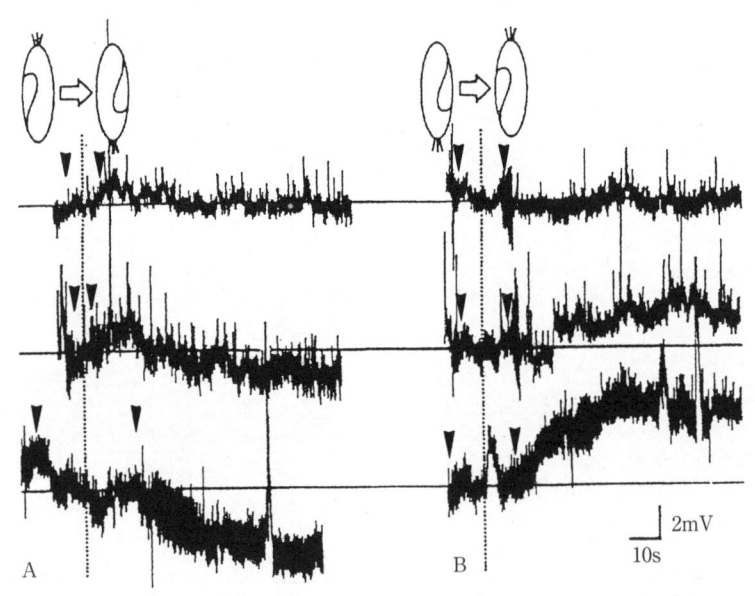

図 5-27 パラメシウムの重力依存性膜電位変化の記録 (Gebauer *et al.*, 1999)
下を向いた細胞を上向きにすると膜は過分極し (A)、上を向いた細胞を下向きにすれば脱分極する (B)。上：電位変化が認められなかった例、中：中程度の例、下：大きく変化した例

5-6 単細胞生物の遊泳行動と重力

　Machemer らは、膜電位の速度調節機構を重視し、重力がこの力学的刺激受容チャネルによる膜電位変化を介して、上向きの細胞は加速され、下向きの細胞は減速され、その結果、重力による沈降速度が一部補償されるという**遊泳速度調節機構**（gravikinesis）を提唱している（Machemer *et al.*, 1991；Machemer, 1998）。

　多くの個体が局所的に集まるという意味での広義の走性（taxis）には、泳ぐ方向には関係なく、その場所で泳ぐ速度が遅くなる結果、いかにもその場所を目指して多くの個体が集まったように見える**キネシス**（無定位運動性；kinesis）と、刺激の方向に合わせて積極的に方向転換をして集まる**指向走性**（topotaxis）が含まれる。Machemer らの説明する沈降速度を補償する意味のキネシスは、本来の意味からはややずれており、それだけでは細胞の密度が水面近くで高く保たれる重力走性の説明としては不十分である。

　一方、最上らは、この膜電位が繊毛打の頻度だけでなく、繊毛打の角度も調節していることに注目した仮説（super-helix model）を提唱している。パラメシウムの遊泳軌跡はらせんを描いているが、細胞の遊泳方向とらせん軸の方向は一定の角度（ピッチ角）だけずれている。細胞軸の重力に対する方向がらせん軸より上を向く位相では、最大でピッチ角分だけらせん軸よりは上向きとなり、下降する位相では下向きとなる。最上らは、この細胞の重力に対する軸角度の周期的変化から、膜電位は上向きでより過分極し、繊毛打の方向と速度をピッチ角を減らす方に働き、下向きでより脱分極して、軌跡のピッチ角を増加させるため、らせん軸はさらに大きならせん（スーパーヘリックス）を描きながら上方に向かって曲がると説明した。最上らは、いくつかの仮定を入れてシミュレートした軌跡を実際の遊泳軌跡と比較し、約 1/4 がこのようなスーパーヘリックスを描いていると報じている（最上ら，1995）。

　以上、簡単にふれた重力走性に関する種々の仮説については、詳しい総説があり、それらを参照されたい（Machemer & Bräucker, 1992；最上ら，1995；Machemer, 1998）。これらの各仮説は、それぞれの機構の可能性を

指摘したもので、独立に働くことができるものである。実際の重力走性がどのような機構（またはその組合わせ）で実現しているかは、それぞれの場合に応じた各機構の貢献度を定量的に評価して決めるべきであろう。走性の機構をさらに詳しく調べるためには、個々の細胞が各条件下でどのように行動し、それを重力がどのように変化させているかを解析する必要がある。

5-6-3 重力が遊泳軌跡に与える影響

パラメシウムの遊泳軌跡には個体差が大きい。そこで筆者らは落下実験施設（9-2節参照）を利用して、自由落下の開始直前と直後の遊泳軌跡を同じ個体で比較することによって、重力が遊泳軌跡に与える過渡的な変化を解析した。

遊泳軌跡のらせん軸は、**外液の比重**が細胞の比重より小さければ上に、大きければ下に緩く曲線を描いて湾曲する（図5-28左）。これは、重力の影響下では細胞が重力に対する方向を変えている指向走性の直接的な記録と考えている。自由落下によって、重力加速度をステップ状に減少させると、この湾曲は直ちに消失し、らせん軸は直線状となる（図5-28左。Murakami *et al.*, 1998）。比重1.00の液中ではマイクロg下に移行した瞬間、らせん軸は上方に折れ曲がる。これは、1g下での遊泳中の沈降速度がマイクロg下で消失することを示すものと考えられる。比重1.08の液中では、軌跡のらせん軸は下方に弧を描いて湾曲し、その軸は、自由落下開始の瞬間に下方に折れ曲がり、直線状に変化する。図は、このような自由落下開始前後の遊泳軌跡の変化を繊毛逆転をしないパラメシウムの突然変異体（*Paramecium caudatum*, CNR mutant；Takahashi & Naitoh, 1978）を用いて記録した例である。

筆者らは、これらの実験結果と、重力走性は外液の比重だけでなくその**イオン組成**にも影響されること（Yoshimura *et al.*, 1992）、その反応時間が短いこと、膜に掛かる圧変化よりは沈降による繊毛打の変位の方が、刺激としては大きな変位が期待できることなどを考慮し、細胞体の沈下による細胞

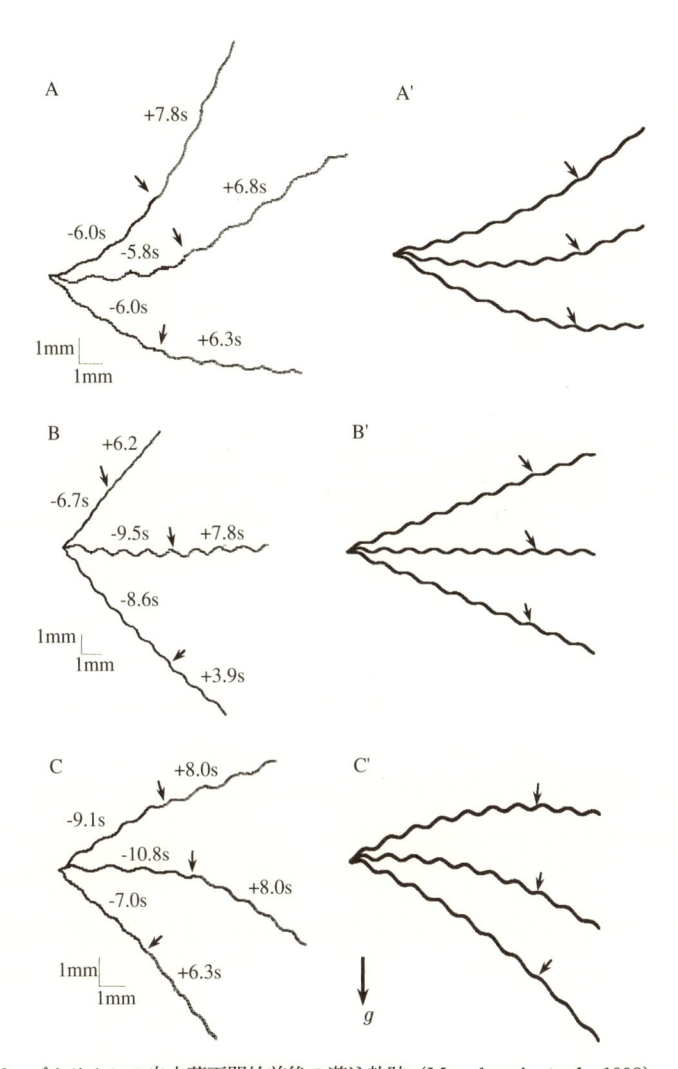

5-6 単細胞生物の遊泳行動と重力

図 5-28 ゾウリムシの自由落下開始前後の遊泳軌跡（Murakami *et al.*, 1998）
A〜Cは落下実験の記録，A'〜C'は，マイクロg下の軌跡を基に，1g下では重力による沈降によって繊毛打方向が偏向すると予測してシミュレートした軌跡を示す．比重 1.00（A，A'），1.04（B，B'），1.08（C，C'）の液中で，3つの細胞が左端の一点より右上，右水平，右下に向けて泳ぎ出した軌跡を示す．矢印で示した自由落下の瞬間より左が1g下，右がマイクロg下の遊泳軌跡

表面の水流が繊毛運動による推進力を偏向させ遊泳軌跡を上方へ曲げるという作業仮説を検討している。

図5-28の左は実測の軌跡、右は細胞の沈下または浮上による水流によって、繊毛の打つ方向が変化し、細胞体の回転速度が変わったとしてシミュレートした軌跡である (Murakami *et al.*, 1998)。

ゾウリムシのCa依存性脱分極反応をしない突然変異体 (CNR) や、ほとんど過分極性の反応を示さないディディニウム (Pernberg & Machemer, 1995) でも、ゾウリムシの野生株と同様またはより顕著な走性を示す。もしそれらの重力走性が、共通の機構によって生じているとすれば、脱分極性、過分極性のどちらかが欠けた細胞でも顕著な重力走性を示すことができることになる。それならば、脱分極または過分極のいずれかが重力走性に不可欠の要因であるとはいえず、膜電位変化を前提とする生理仮説では、説明が困難となる。また、実測された重力に対する細胞軸の傾きの変化から生じる膜電位の変化は、少なくとも数秒の反応時間を必要とし (Gebauer *et al.*, 1999)、1秒程度の周期で細胞軸方向が変動するらせん遊泳を前提とするスーパーヘリックスモデルの根拠としてそのまま採用するには困難がある。スーパーヘリックスモデルは魅力ある仮説ではあるが、ほとんどピッチ角をもたず直線状に運動する細胞でも顕著な重力走性が認められるなど、さらに検討を続ける必要があると思われる。

筆者らは、パラメシウムの重力走性は、細胞体の沈降による**繊毛打方向の受動的な歪みによるもの**であり、その歪みが結果として膜電位変化を生じさせている可能性があると考えている。それは、有毛細胞の受容器電位発生の機構と共通したものであり、地球型生物の行動制御機構の進化に関わる現象であると考える。

機械刺激受容器には、脊椎動物や節足動物の張力受容器に代表されるような、細胞膜の変形に依存するタイプのものと、脊椎動物の平衡器や聴覚器の有毛細胞等に代表される繊毛型受容器の2種が知られている。繊毛細胞が変形して受容器細胞となっている例は多く、側線器官、聴覚器、脊椎動物の視

細胞、嗅覚(きゅうかく)受容器、電気受容器などがあるが、その特徴のひとつは、きわめて敏感な受容機能をもつものがあることである。受容細胞である有毛細胞の力学-電気変換機構には多くの研究があるが、運動性繊毛の機械刺激に対する電気的反応の報告は少ない（二枚貝の鰓、Murakami & Machemer, 1980；*Chlamydomonas* の鞭毛、Yoshimura, 1996）。

5-6-4 重力走性の機構とその起源

生物進化の初期段階では、生物は小さな単細胞生物であり、ある限度までは、より大きな体積をもつことで、より安定なシステムを構築できたと考えられる。浮遊性細胞は、一定の大きさを越えると、重力による沈下速度が細胞体の拡散速度を超えて増加する（Machemer, 1998）。その限界は、重力走性の獲得によって克服される。細胞の大きさには、おのずから限界があり、多細胞生物の出現は、個体の巨大化にとって必須の条件であった。骨格の出現と陸地への進出は、重力に対する適応進化の大きな契機となったと思われる。

重力を、シグナルとして利用するという観点からは、オゾン層の出現は、生物の生存戦略に画期的影響を与えたと考えられる。水面または地表に達する紫外線が致死量を上回る時代には、水面近くにいる生物は死滅し、水面から一定以上の距離を維持できた生物のみが生き残れる正の重力走性が有効に働く時期を経過したであろう。それが、オゾン層の形成により紫外線量が低下し、光合成の効率が良い水面に近い場所が生存に、より有利な場所に変化し、負の重力走性が有利に働く時代となったのであろう。

重力走性の機構とその起源の考察は、進化の面からも興味ある課題である（村上ら，1997）。

6. 高層大気の科学

朽津耕三 (6-1), 鷲田伸明 (6-2), 越 光男・三好 明 (6-3)
今川吉郎 (6-4), 田川雅人・鈴木峰男 (6-5)

6-1　はじめに
6-2　真空紫外線による酸素分子の
　　　光分解と酸素原子の反応性
6-3　酸素原子の気相素反応
6-4　宇宙環境における原子状酸素
6-5　宇宙における潤滑への原子状
　　　酸素の影響

南極光とシャトルグロー（STS-39）
（写真提供：NASA）

6章　高層大気の科学

6-1　はじめに

　地上から200〜600kmあたりの高度で、大気の主成分は酸素原子である（しばしば**原子状酸素**と呼ばれている）。酸素分子O_2は、この高度領域で太陽の短波長の紫外線によりほとんど酸素原子（O）に分解されるからである。その濃度は太陽の活動状況により大きく変動している。

　国際宇宙ステーションは、この領域をおよそ8km/sの速さで飛行するので、宇宙空間に曝露(ばくろ)されたすべての物体は、およそ5eVの運動エネルギーをもつ酸素原子の衝撃を受けることになる。したがって、酸素原子の衝突によって起こる化学反応が物体に与える影響は、宇宙環境利用に関係する多くの研究者にとって重要な関心事とされてきた。とくに材料の劣化（腐食・変色など）を防止する技術の開発に向けて、不断の努力が続けられてきた。

　1980年代の初期に、スペースシャトルの表面付近で**シャトルグロー**と呼ばれる可視の発光が観測された。宇宙と地上の両方で研究が続けられた結果、この現象は、シャトルから放出された物質により生成するNO分子が固体表面で酸素原子との触媒反応によって電子励起状態のNO_2分子を生成し、その化学種からの発光によるものと考えられている。この発光は、化学反応論の立場で興味深いだけでなく、宇宙環境で行われる光学的測定の妨害となりうるので、実用的見地からも関心を持たれている。

　この章では、「酸素原子の化学反応」に関する話題に焦点を当てて、基礎科学（とくに物理化学）と工学の両面から相補的な情報を提示しようと試みている。最初の2節では、「上層大気環境での酸素原子の生成機構」と「おもに気相での反応性」を基本テーマとして、物理化学の立場から概説している。それに続く2節では、宇宙環境で使用される主要な物質を取り上げて、その表面が酸素原子により劣化を受ける現象を材料工学の立場から概説している。

　まず6-2節では、高層大気中に存在する酸素分子が太陽からくる短波長の紫外線を吸収して解離し、酸素原子（電子基底状態あるいは電子励起状態）

6-1 はじめに

を生成する機構につき説明し、続いて二、三の簡単な分子との典型的な反応について紹介する。「地球大気環境に関連する化学反応（とくに成層圏での光化学反応と大気環境への影響）」の立場で、膨大な実験事実の集積のなかから酸素原子の反応に関連するいくつかの現象を選んで説明している。たとえば、上層大気中の化学反応により酸素 18 同位体種が濃縮される現象は、今後の課題のひとつとして注目に値する。

続く 6-3 節では、化学反応素過程論の立場で、飽和または不飽和炭化水素分子と酸素原子の反応機構に関する研究の現状を紹介する。これらの反応素過程は、基礎的にも応用的にも広い学際領域にわたってきわめて重要な意義をもつ内容を含んでいるので、詳細な研究が長年にわたって続けられてきたが、最近、たとえばレーザー光化学の実験的方法論あるいは量子化学計算などの急速な発展に支えられて、信頼性の高いデータが次々と蓄積されつつある。その一端が本節にも紹介されている。

6-4 節では、まずシャトルグローが発生する機構の要点を説明し、次に酸素原子など高層大気成分の分布密度と太陽活動による酸素原子密度の変動についてデータを提示し、さらに酸素原子の衝撃による種々の宇宙材料（とくに有機高分子材料）の劣化について、宇宙開発事業団で行われてきた研究成果を、多数の実例をあげて概説する。

次に 6-5 節では、宇宙環境で使用される固体潤滑剤に対する酸素原子の影響に焦点を当てて、地上および宇宙環境で行われた実験結果と今後に残された問題点を紹介する。

この後半の二つの節で、今後の重要な課題のひとつとして指摘されているのは、酸素原子の衝撃のほかに別の原因（紫外線あるいは放射線の照射）が加わって起こる「劣化の相乗効果」の詳細を解明することである。

本章で取り上げられた問題には、それぞれの分野でほとんど未開拓の内容が多く含まれている。とくに、高度領域での宇宙環境で、ほぼ純粋で一定の運動エネルギーをもつ酸素原子を "ユニークな実験試薬" として積極的に利用しようとする研究は、まだほとんどなされていない。それに直結する研究

としては、酸素原子が関わる固体表面（あるいは表面近傍）の反応が主要な攻撃目標として考えられる。

また、6-2節、6-3節に提示された基礎的研究と、6-4節、6-5節に提示された応用的研究の連携も、ほとんどは今後の課題として残されている。地上で蓄積された基礎から応用にわたる膨大な研究成果を踏まえて、多様な分野で活躍する研究者間の知恵が集められ、緊密な連携のもとに地道な努力が続けられていくことを期待したい。

6-2 真空紫外線による酸素分子の光分解と酸素原子の反応性

酸素は大気中での存在比率が容積比で約21％を占め、窒素に次ぐ大気の主成分である。窒素の化学的活性が低いのに比べて、酸素は安定分子のなかで活性が高い分子であり、大気中でも水蒸気、二酸化炭素などの主要な化合物のなかにも含まれている。その理由は、基底状態の酸素分子は三重項で2個の不対電子を有する広義のラジカルであり、反応性が高いことによる。したがって、酸素分子は有効なラジカル捕捉剤でもあり、燃焼や大気の化学において重要な、いわゆる酸化反応を引き起こす分子である。

酸素分子は、大気中ではおもに太陽の**真空紫外線**を吸収して**光解離**し、酸素原子を生成し、酸素原子と分子の再結合によりオゾン層を生成し、エネルギーの高い紫外線が地表に到達するのを防御している点でもきわめて重要な分子である。

ここでは、地球の上層大気の光化学と、酸素原子の反応の基本的な部分について述べる。

6-2-1 酸素分子の吸収スペクトル

図6-1に70～250 nm領域における酸素分子の吸収スペクトルを示す (Gradel & Crutzen, 1992)。詳細なスペクトルの帰属については、Krupenie (1972) による優れたレビューがあるので参照してほしい。

6-2 真空紫外線による酸素分子の光分解と酸素原子の反応性

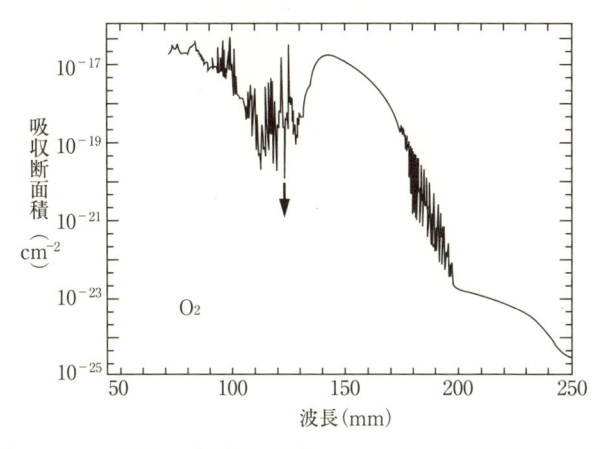

図 6-1 酸素分子の 70～250 nm 領域での吸収スペクトル (Gradel & Crutzen, 1992 より). 横軸は波長 (nm), 縦軸は吸収断面積 (cm^{-2}) である. 図中の矢印は水素原子のライマン α 線に相当する波長 (121.6 nm)

また図 6-2 には酸素分子の電子状態とエネルギー曲線を示してある. 簡単に記せば, 250～200 nm に見られる吸収帯はヘルツベルグ帯と呼ばれる禁制遷移 ($A^3\Sigma_u^+ \leftarrow A^3\Sigma_g^-$) の吸収帯であり, O_2 の解離エネルギーは 5.115 eV (242 nm) であるから, この吸収帯に励起された O_2 は 2 個の基底状態の酸素原子 $O(^3P)$ に解離する. 200～130 nm の吸収帯はシューマン-ルンゲ帯と呼ばれる許容遷移 ($B^3\Sigma_u^- \leftarrow X^3\Sigma_g^-$) の吸収帯で, $O(^3P) + O(^1D)$ への解離エネルギーが 7.085 eV (175 nm) であることから, 200～175 nm 領域の鋭い構造帯ではこの状態と交差している $^3\Pi_u$ 状態の解離型電子状態への前期解離により 2 個の $O(^3P)$ に解離し, 175～130 nm 領域の強い吸収帯では $O(^1D) + O(^3P)$ に解離する. 200～175 nm の吸収帯は許容遷移であるが, フランク-コンドン因子が小さいため, 吸収の断面積は小さい. 他方, 175～130 nm 領域ではフランク-コンドン因子も大きく, 吸収の断面積は非常に大きくなる. 130～110 nm にかけては $^1\Sigma_u^+$ や $^3\Sigma_u^+$ 状態の禁制遷移による比較的弱い吸収帯があり, 一種の大気の窓となっている. とくに水素原子のライマン α 線に相当する 121.6 nm 光 (図 6-1 の矢印) などは成層圏上部まで侵入する. 110～102 nm にかけては, $O_2^+(X^2\Pi_g)$ に連なるリュード

6章 高層大気の科学

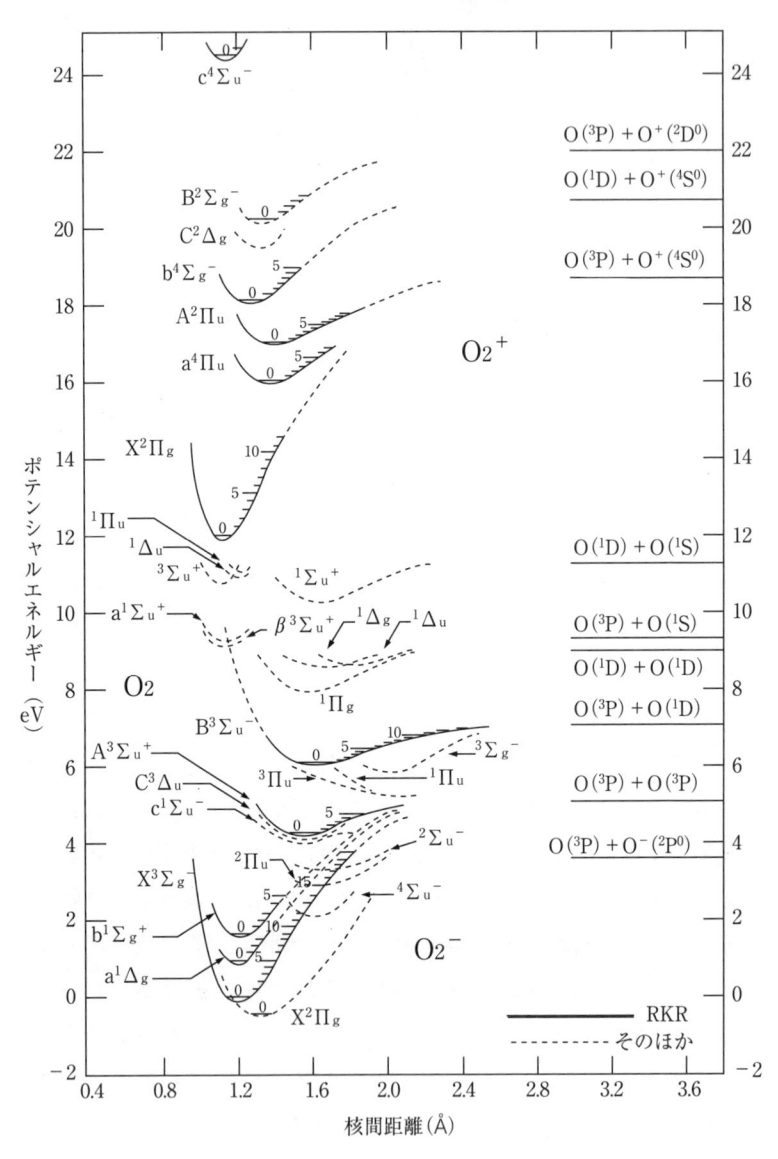

図6-2 酸素分子のポテンシャルエネルギー曲線

6-2 真空紫外線による酸素分子の光分解と酸素原子の反応性

ベリ帯の吸収である。102 nm より短波長領域はイオンの連続帯と、イオンのリュードベリ帯の重なりである。

太陽光は、地球の上層大気中の O_3、O_2、N_2 などによって吸収されるが、その強度の波長 λ および高度依存性は以下の式で表される。

$$I(\lambda, z) = I_{(\lambda, \infty)} \exp(-\tau_\lambda \cos\theta) \tag{6.1}$$

ここで $I_{(\lambda, \infty)}$ は大気圏外の太陽光強度、θ は太陽光線の入射方向と天頂のなす角(太陽天頂角、solar zenith angle)である。τ_λ は光学的深さ(optical depth)であり、たとえば式 (6.2) で示される。

$$\tau_\lambda = T(O_2)\sigma_{O_2}(\lambda) + T(O_3)\sigma_{O_3}(\lambda) + \cdots\cdots + T(M)\sigma_s(\lambda) + T(p)\sigma_p(\lambda) \tag{6.2}$$

ここで $T(O_2)$、$T(O_3)$、$T(M)$ は高度 z での O_2、O_3、そのほかの分子(たとえば N_2、N_2O など)の濃度(molecule cm^{-3})を示し、σ_{O_2}、σ_{O_3}……は O_2、O_3 などの分子の吸収断面積を表す。$T(M)$ は高度 z での空気分子の濃度であり、σ_s は空気分子 M(おもに N_2 と O_2)による光散乱断面積、$T(p)$ と σ_p は粒子濃度と粒子による光散乱断面積である。このようにして求めた $I(\lambda, z)$ が $I_{(\lambda, \infty)}$ の 1/e に減衰する高さを大気侵入高度(depth of penetration of solar radiation)といい、その波長依存性を図 6-3 に示す。図 6-3 には、その波長領域がどのような大気中の分子によって吸収されてい

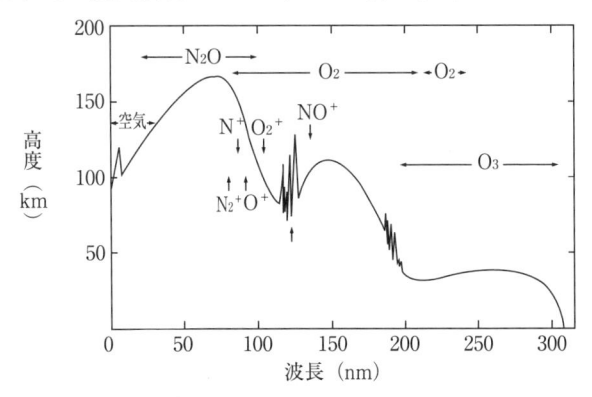

図 6-3 太陽光の大気侵入高度の波長依存性(Lee et al., 1977 より改変)
各波長領域がどのような大気中の分子によって吸収されているかも示してある

るかも示してある。

6-2-2 酸素分子の光化学

酸素原子は、基底状態 $O(^3P)$ より 1.967 eV 高い準位に第一励起状態 $O(^1D_2)$ が、そのさらに 2.222 eV 高い準位に第二励起状態 $O(^1S_0)$ が存在する。したがって、175 nm よりも短波長の光で励起された O_2 は $O(^3P) + O(^1D)$ に、133 nm よりも短波長の状態に励起された O_2 は $O(^3P) + O(^1S)$ に解離することができる。

図 6-4 と図 6-5 に O_2 の光分解で生成する**酸素原子の量子収率**の測定結果を示す。図 6-4 は、115～170 nm の間での O_2 の光分解で生成する全酸素原子 ($O(^3P)$、$O(^1D_2)$、$O(^1S_0)$) の量子収率で、全波長にわたって 2.0 と一定である（励起酸素原子は基底状態に緩和させて測定している）。それに対して図 6-5 に示した $O(^1D)$ 生成の量子収率は波長によって異なる。まず 175 nm で $O(^1D)$ の生成が始まり、135 nm 付近まで量子収率は 1.0 と一定である。これはシューマン-ルンゲの連続帯を経て $O(^3P) + O(^1D)$ に解離する過程で説明される。

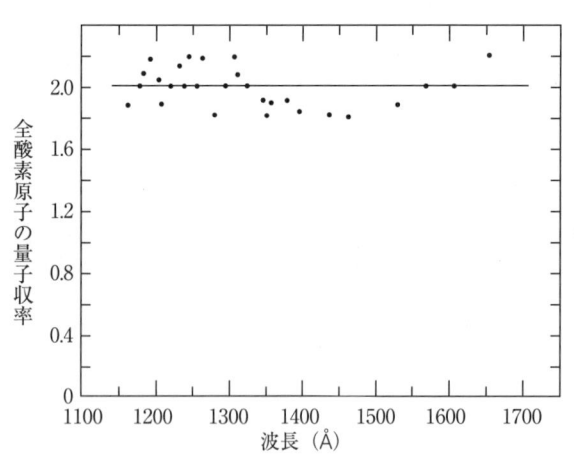

図 6-4 116～166 nm 光による O_2 の光分解で生成する全酸素原子の量子収率の波長依存性

6-2 真空紫外線による酸素分子の光分解と酸素原子の反応性

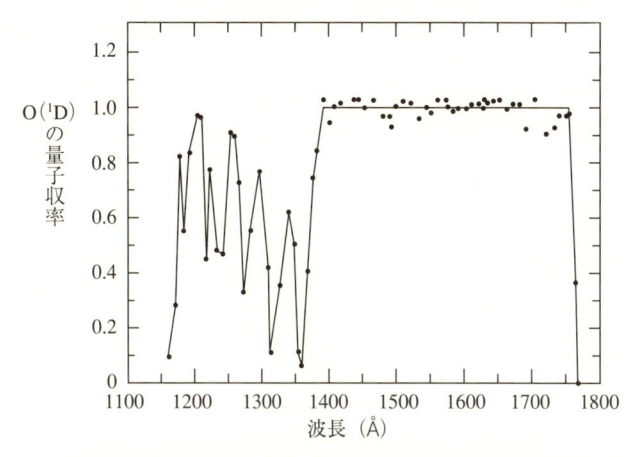

図 6-5 116～177 nm 光による O_2 の光分解で生成する $O(^1D_2)$ の量子収率の波長依存性

$$O_2 + h\nu \rightarrow O_2^*(^3\Sigma_u^-) \rightarrow O(^3P) + O(^1D) \quad (6.3)$$

しかし、135 nm より短波長領域では、$O(^1D)$ 生成の量子収率は波長によって大きく変化している。この波長領域では $O(^1S)$ の生成が考えられるが、測定の結果 $O(^1S)$ の生成の量子収率は 0.02 以下であり、$O(^1D)$ 以外の酸素原子の大部分は $O(^3P)$ であると報告されている。その理由として、この領域に励起された O_2 は一部 $B^3\Sigma_u^-$ のポテンシャル曲線に乗り移り、$O(^3P) + O(^1D)$ に解離し、また解離型のポテンシャル曲線をもつ $^3\Pi_u$、$^3\Pi_g$、$^1\Pi_u$……などの状態に乗り移って $O(^3P) + O(^3P)$ に解離するためと考えられている。

6-2-3 酸素原子の反応

酸素原子はエネルギーの低い準位に $O(^3P)$、$O(^1D_2)$、$O(^1S_0)$ の三つの状態があることはすでに述べた。これらの準位間の遷移は禁制であるため、第一、第二励起状態の $O(^1D_2)$ と $O(^1S_0)$ は準安定励起原子である。これら 3 種の酸素原子とほかの気体との反応速度定数と活性化エネルギーを表 6-1 に示す。

表から $O(^3P)$ は反応性が低く、励起酸素原子では $O(^1S_0)$ のほうが $O(^1D_2)$

表6-1 $O(^3P)$, $O(^1D_2)$, $O(^1S_0)$ と種々の原子・分子との298Kでの反応速度定数 k ($cm^3\ molecule^{-1}\ s^{-1}$) と活性化エネルギー E ($kJ\ mol^{-1}$) (Washida et al., 1985)

	$O(^3P)$		$O(^1D_2)$		$O(^1S_0)$	
	k	E	k	E	k	E
Ar	反応しない		3×10^{-13}	0	5×10^{-18}	0
Xe	反応しない		7.2×10^{-11}	0.4	2.5×10^{-15}	-3.2
N_2	反応しない		2.6×10^{-11}	-0.9	$\leqq 5 \times 10^{-17}$	0
O_2	三体反応		4.0×10^{-11}	-0.6	2.8×10^{-13}	7.1
CO_2	反応しない		1.1×10^{-10}	-1.0	3.6×10^{-13}	11.0
N_2O	反応しない		1.2×10^{-10}	0	9.4×10^{-12}	3.5
H_2	9×10^{-18}	26	1.1×10^{-10}	0	2.6×10^{-16}	—
CH_4	5×10^{-18}	36	1.5×10^{-10}	0	2.7×10^{-14}	—
H_2O	反応しない		2.2×10^{-10}	0	5.0×10^{-10}	—

よりも高いエネルギーを有するにもかかわらず、$O(^1D_2)$のほうが$10\sim10^3$倍反応性に富むことがわかる。このことは、反応を支配している要素がエネルギーよりも軌道にあることを示している。さらに$O(^1D_2)$の反応の活性化エネルギーが負かゼロであるのに対し、$O(^1S_0)$は正の活性化エネルギーをもつ。これらの理由は充分に解明されている訳ではないが、理由のひとつとして、$O(^1D_2)$の反応が主に化学反応(挿入反応または引き抜き反応)であるのに対し、$O(^1S_0)$の反応がおもに物理的失活反応であるためと推定されている。たとえば、N_2Oとの反応の場合、$O(^1D_2)$はおもに以下に示す化学反応で進む。

$$O(^1D_2) + N_2O \begin{cases} N_2 + O_2 & (40\%) \quad (6.4\,a) \\ 2\,NO & (60\%) \quad (6.4\,b) \end{cases}$$

これに対して、$O(^1S_0)$は$O(^1D_2)$や$O(^3P)$への失活反応で進むと指摘されている。

$$O(^1S_0) + N_2O \begin{cases} O(^1D_2) + N_2O & (67\%) \quad (6.5\,a) \\ O(^3P) + N_2O & (33\%) \quad (6.5\,b) \end{cases}$$

6-2-4 酸素原子・分子系での反応における同位体蓄積

1980年代に、実験室におけるO_2の電極放電で生成するオゾン（O_3）に、^{17}Oや^{18}Oが濃縮されること、またCO_2の電極放電で生成するO_2のなかに^{17}Oや^{18}Oが逆に減少している事実が発表され、O、O_2、O_3間の素反応速度の同位体効果を見積もったモデルも立てられたが、現象を十分に説明できるに至っていない（Heidenreich & Thiemens, 1983 ; 1985 ; 1986 ; Kaye et al., 1983 ; Kaye, 1986）。

同じころ、成層圏オゾンの同位体測定が行われ、図6-6に示すように高度20～50 kmで重オゾン（^{18}Oを含むオゾン）が^{18}Oの天然同位対比を大きく上まわる割合（10～40％）で濃縮されていると報告された（Ciceron & McCrumb, 1980 ; Rinsland et al., 1985a ; 1985b ; Mauersberger, 1987 ; Abbas et al., 1987）。

これら二つの現象が同じ理由によるものか否かは未だ十分に解明されていない。考えられる理由は二つある。ひとつはO、O_2、O_3をめぐる素反応速

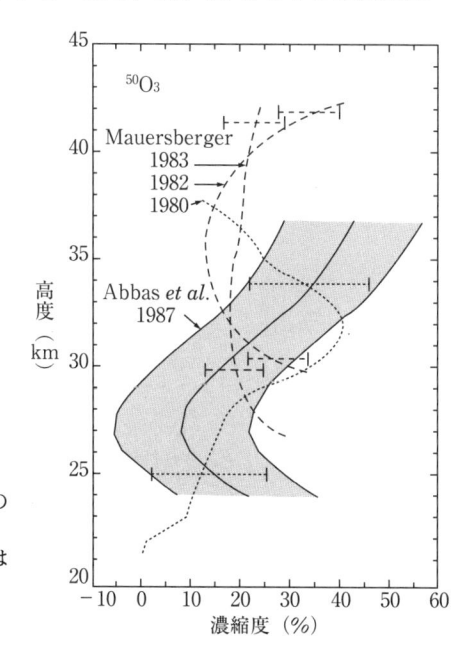

図6-6 成層圏における重オゾン（$^{50}O_3$）の濃縮の測定結果
細かい点線（Mauersberger, 1980）は夜間、ほかは日中の測定

度に同位体効果があって、それらの素反応のサイクルによって重オゾンの蓄積が起こるとする説であり、他方、O_2 または O_3 の光分解過程に同位体濃縮の可能性があるという説である。前者は両現象に対して共通の理由となりえるが、後者は成層圏における重オゾン濃縮に対してのみ有効な理由付けである。ここでは後者の代表的実験例として、Valentini らの研究を一例としてあげるに留める。

Valentini らは、O_3 のハートレー帯（230〜311 nm）でのレーザー光分解を行い、生成する $O_2(a^1\Delta_g)$ の**振動回転分布**を CARS (coherent anti-Stokes Raman scattering) 分光法によって測定した（Valentini *et al.*, 1987；Valentini, 1987）。オゾンはハートレー帯で光解離すると一重項チャネル（式 6.6 a）と三重項チャネルの二つの過程で分解し、一重項チャネル（式 6.6 a）の分岐比は 0.85〜0.90 といわれている。

$$O_3 + h\nu \rightarrow O_2(a^1\Delta_g) + O(^1D) \qquad (6.6\,\text{a})$$

$$O_3 + h\nu \rightarrow O_2(X^3\Sigma_g^-) + O(^3P) \qquad (6.6\,\text{b})$$

Valentini らは、式 (6.4 a) で生成した $O_2(a^1\Delta_g)$ の回転分布には、偶の J 状態が強く出現していることを見いだした。さらに、^{18}O または ^{17}O を含む

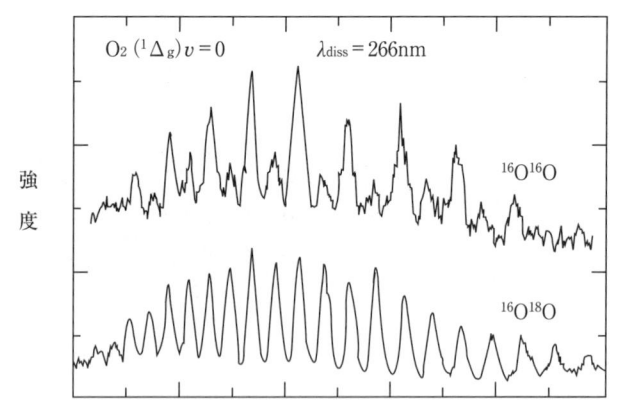

図 6-7　1：1 の割合で混合した $^{48}O_3$ と $^{50}O_3$ を 266 nm で光分解した際に生成した $a^1\Delta_g$ 状態の $^{32}O_2$ と $^{34}O_2$ の $v=0$ バンドの Q 枝の CARS スペクトル．$^{16}O^{16}O$ においては偶の J 状態が強く出現している

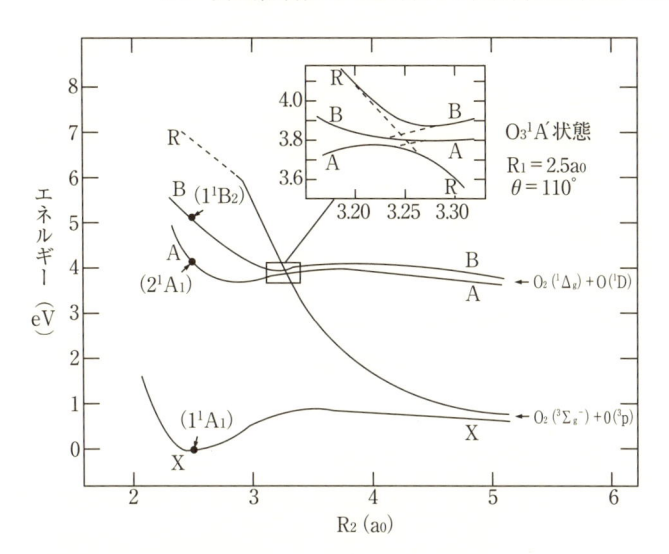

6-2 真空紫外線による酸素分子の光分解と酸素原子の反応性

図 6-8 O_3 の一重項ポテンシャルエネルギー曲面
O_3 のひとつの結合距離 (R_1) と結合角 (θ) は固定し，R_2 の距離のみに対してエネルギーを描いている

O_3 を光解離したところ、この傾向は $^{16}O^{16}O$ にのみ出現し、$^{18}O^{16}O$ や $^{17}O^{16}O$ には現れなかった（図 6-7）。オゾンのハートレー帯での光解離にかかわるポテンシャルエネルギー面を図 6-8 に示す。ハートレー帯は $\tilde{X}$ から $\tilde{B}\,1^1B_2$ への吸収である。彼らは、偶の J 状態のみが $^{16}O^{16}O(a^1\Delta_g)$ に現れたのは、$^1\Delta_g$ の奇の J 状態が図 6-8 で R と書かれたポテンシャルに非断熱遷移し、$O_2(X^3\Sigma_g^-) + O(^3P)$ に解離したためであり、等核分子でない $^{18}O^{16}O$ や $^{17}O^{16}O$ の場合は R のポテンシャルへの乗り移りは J の偶・奇に依存しない——すなわち、O_2 の回転の波動関数のパリティは、核スピンがゼロの等核の場合、$^1\Delta_g$ の奇の J 状態に対してのみ $^3\Sigma_g^-$ への乗り移りが許容であるためである、と説明している。この結果は、O_3 の光分解で生成する状態（式 6.6b）では $^{18}O^{16}O$ や $^{17}O^{16}O$ が $^{16}O^{16}O$ より 2 倍の収率で生成され、$a^1\Delta_g$ 状態では $^{17}O^{16}O$ や $^{18}O^{16}O$ は減少し $^{16}O^{16}O$ が濃縮されることを意味する。

Valentini はさらにこの結果、すなわち O_3 の光解離のシンメトリー効果

は、成層圏での重オゾンの濃縮に適用できるのではないかと提案している。しかし、この説明で重オゾン濃縮問題が解決したわけではなく、その後も種々の研究が進行している (Gellene, 1996；Johnston & Thiemens, 1997；Anderson *et al.*, 1997；Wiegell *et al.*, 1997；Huff & Thiemens, 1998；Sehested *et al.*, 1998)。

6-2-5 振動励起した酸素分子の反応

最近、圧力の低い上層大気での化学反応を視野に入れた研究として、高く振動励起した酸素分子の反応の研究がいくつか報告されている。

上層大気で高く振動励起した酸素分子が生成できる反応は、オゾンの光分解 (式 6.7) と、**酸素原子と NO_2 の反応** (式 6.8) が知られている。

$$O_3 + h\nu(\lambda \leq 243\,nm) \rightarrow O_2(X^3\Sigma_g^-,\ v \leq 26) + O(^3P) \quad (6.7)$$

$$O(^3P) + NO_2 \rightarrow O_2(v \leq 11) + NO \quad (6.8)$$

Price らは、SEP (stimulated emission pumping) 法を用いて、$v=19\sim28$ に振動励起した酸素分子の失活 (緩和) 速度を測定した (Price *et al.*, 1993；Mack *et al.*, 1996)。O_2 の高振動励起状態を SEP 法で生成し、レーザー誘起蛍光 (LIF) 法でモニターする方法を図 6-9 に示す。低い振動

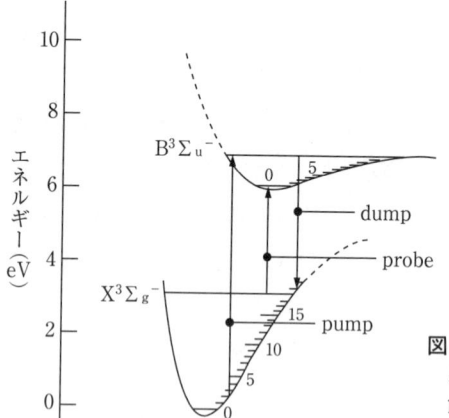

図 6-9 酸素分子の電子状態，ポテンシャルエネルギー曲線と SEP 法における pump, dump, probe レーザーの関係

6-2 真空紫外線による酸素分子の光分解と酸素原子の反応性

状態 ($v=0,1,2$) にある基底状態の $O_2(X^3\Sigma_g^-)$ を TArF (tunable argon fluoride) pump レーザーで電子的励起状態 $O_2(B^3\Sigma_u^-)$ に励起し、dump レーザーで基底状態の O_2 の高い振動励起状態を生成する。そこからふたたび probe レーザーで B 状態に励起し、その LIF を測定することにより高い振動励起状態の O_2 をモニターして、その失活(緩和)速度を測定する。得られた失活速度の $O_2(v)$ 依存性を表 6-2 に示す。表には、別のグループによって測定された低い振動レベルの値 (Klatt et al., 1996) も加えてまとめてある。この表に示されるように、とくに O_2 による失活速度が $v=26$ 以上で大きくなることから、エネルギー的に可能な反応(式 6.9)の可能性が指摘された (Rogaski et al., 1993 ; Miller et al., 1994 ; Toumi et al., 1996)。

$$O_2(X^3\Sigma_g^-, v\leqq26) + O_2 \rightarrow O_3 + O(^3P) \tag{6.9}$$

反応式 (6.9) で生成した酸素原子は、O_2 と結合してさらに O_3 を生成する

表 6-2 振動励起した O_2 の種々の気体(CO_2, N_2O, O_3, N_2, O_2)による失活速度(単位は $10^{-14} cm^3 molecule^{-1} s^{-1}$)

v	$k_v(CO_2)$	$k_v(N_2O)$	$k_v(O_3)$	$k_v(N_2)$	$k_v(O_2)$
8	47	160	—	<0.03	18
9	27	160	—	<0.03	11
10	32	240	—	<0.03	8.2
11	26	350	9	<0.8	7.5
12	—	—	11	—	—
13	—	—	16	—	—
14	20	—	24	0.45	1.3
15	36	480	30	0.75	1.3
16	100	480	96	0.82	0.95
17	230	400	210	0.77	0.84
18	370	—	180	2.0	0.40
19	300	310	250	2.8	0.47
20	140	440	540	2.3	0.33
21	26	550	550	1.9	0.58
22	9	—	—	0.70	0.54
23	4	68	—	0.80	1.2
24	8	16	—	0.67	0.84
25	11	18	—	0.68	1.8
26	14	47	230	0.51	4.8
27	—	—	130	—	30

ため、式 (6.9) は2個のオゾンを生成する可能性を示している。しかし、その後の研究により、これらの失活反応のほとんどすべてが $v\text{-}v$ エネルギー移動であることが証明され、反応式 (6.9) の可能性は完全に否定はされないものの、小さいものと考えられている (Park & Slanger, 1994; Balakrishnan et al., 1998)。

したがって、上層大気中で生成した振動励起 O_2 のエネルギーの大部分は、大気中の微量気体である CO_2、N_2O、O_3 などの赤外活性分子にエネルギー移動し、大気中に赤外放射される。

6-2-6 酸素原子の金属表面上での反応

1964年に Harteck と Reeves らは、ニッケル表面上に酸素原子を流し、表面上に O_2 の禁制遷移であるヘルツベルグ帯の発光 ($A^3\Sigma_u^+ \to X^3\Sigma_g^-$) が観測されることを見いだし、"surface catalyzed excitation" と呼んだ (Mannella & Harteck, 1961; Harteck & Reeves, 1964)。この現象は、酸素原子がニッケル表面上で再結合して O_2 を生成する際に、$A^3\Sigma_u^+$ 状態をかなりよい効率で生成することを意味する。

$$O(^3P) + O(^3P) + Ni \to O_2(A^3\Sigma_u^+) + Ni \qquad (6.10)$$

このヘルツベルグ帯の発光は、上層大気をロケットが通過する際、ロケットの先端でも発光していることがその後見いだされた。酸素原子のこのような surface catalyzed excitation は、Ni のみでなく Pt、Co、Pd、Fe、Au 表面上でも起こり、発光も $A \to X$ のみでなく、$A'(^3\Delta_u) \to a(^1\Delta_g)$、$c(^3\Sigma_u^-) \to X(^3\Sigma_g^-)$、$b(^1\Sigma_g^+) \to X$ など、さまざまな禁制遷移で見つかっている (Kenner & Ogryzlo, 1983; Sharpless et al., 1989)。

surface catalyzed excitation は、Ni 表面上での窒素原子の再結合による N_2 のヴェガード-カプラン帯の発光 ($A^3\Sigma_u^+ \to X^1\Sigma_g^+$) や、窒素原子と酸素原子の再結合による NO の β バンド NO($B^2\Pi \to X^2\Pi$) の発光でも見つかっている (Reaves et al., 1960; Mannella et al., 1960; Caubet et al., 1984)。

6-3 酸素原子の気相素反応

ここでは、基底状態（^3P）および励起状態（^1D）の酸素原子の気相反応過程を、おもに炭化水素との反応に関して解説する。

6-3-1 基底状態の酸素原子とアルカンの反応

一般に基底状態の酸素原子と**アルカン（飽和炭化水素）**との反応は、単純な水素の引き抜き反応であると考えられている。

$$O(^3P) + RH \rightarrow OH + R\cdot \qquad (6.11)$$

生成する O-H 結合の結合エネルギーが $428\,kJ\,mol^{-1}$ に対して、切断されるC-H 結合エネルギーは 400（三級水素）〜423（一級水素）$kJ\,mol^{-1}$ で、わずかに発熱の反応であるが、$15 \sim 35\,kJ\,mol^{-1}$ 程度の反応障壁が存在する。

生成物を区別しない総括反応速度定数は、比較的広い温度領域で測定されており、多くの場合アレニウスプロットは湾曲することがわかっている（図6-10）が、遷移状態理論的には、活性化エントロピーの温度依存のためであると考えられている。

数種類のアルカンに関する系統的な測定から（Miyoshi *et al.*, 1994）、総括反応速度定数はアルカンの個々の部位に対する反応速度定数の和として、比較的よく近似されることがわかっている（加成則）。

$$\begin{aligned} k(総括) = &\, k(一級) \times 一級\,C\text{-}H\,結合の数 \\ &+ k(二級) \times 二級\,C\text{-}H\,結合の数 \\ &+ k(三級) \times 三級\,C\text{-}H\,結合の数 \end{aligned} \qquad (6.12)$$

反応の分岐率（どの部位の水素が引き抜かれるか）については上の加成則や、酸化生成物の測定から推定されてきたが、筆者らは、酸素原子とプロパン（C_3H_8）の反応に関してその反応分岐率を直接測定した（Miyoshi *et al.*, 1996）。

$$\begin{aligned} O(^3P) + CH_3CH_2CH_3 &\rightarrow OH + \cdot CH_2CH_2CH_3 \qquad (6.13) \\ &\rightarrow OH + CH_3 \cdot CHCH_3 \end{aligned}$$

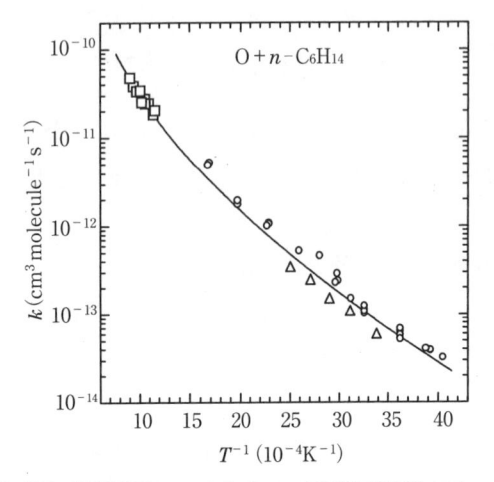

図6-10 基底状態（^{3}P）酸素原子とn-ヘキサンの反応速度定数のアレニウスプロット。□：衝撃波管-原子吸光法による測定（Miyoshi *et al*., 1994 より），△：レーザー光分解-真空紫外レーザー誘起蛍光法による測定（Miyoshi *et al*., 1994 より），○：放電流通法による測定（Herron & Huie, 1969 より）

生成物のn-プロピルラジカル（・CH$_2$CH$_2$CH$_3$）とi-プロピルラジカル（CH$_3$・CHCH$_3$）はイオン化ポテンシャルが大きく異なるため（それぞれ8.10 eVと7.55 eV）、臭素原子共鳴線（〜7.9 eV）を用いた光イオン化質量分析法によって、選択的にi-プロピルラジカルのみを検出することができる。この手法によって、中温度域（590 K）で分岐率を決定した。

これより高い温度領域では、生成物ラジカルが容易に熱分解するため、検出が困難となるが、i-プロピルラジカルの熱分解のみから選択的に水素原子が放出されることを利用すると、分岐率を決定することができる。

$$\text{CH}_3\cdot\text{CHCH}_3 + \text{M} \rightarrow \text{CH}_2 = \text{CHCH}_3 + \text{H} + \text{M} \quad (6.14)$$
$$\cdot\text{CH}_2\text{CH}_2\text{CH}_3 + \text{M} \rightarrow \text{CH}_2 = \text{CH}_2 + \text{CH}_3 + \text{M} \quad (6.15)$$

これを利用して、高温度領域（940 K、1130 K）でも測定を行った。測定結果は遷移状態理論による計算値とよく一致した。

6-3-2 基底状態の酸素原子のスピン-軌道相互作用

基底状態（^3P）酸素原子は、**スピン-軌道相互作用**によって微細構造（$^3P_0$、$^3P_1$、$^3P_2$）をもつ。これらの微細状態の間では、水素引き抜き反応において選択性が存在することがポテンシャル面の断熱的相関から予想される（図6-11）。

また、分子線あるいは並進励起したO(^3P)を用いた実験からは、生成物のOHラジカルのスピン軌道状態分布が非統計的であることが報告されており（Andresen & Luntz, 1980 ; Sweeney et al., 1997）、反応過程において断熱性があることが示唆される。

このため、実験的にこれらの反応性の違いを測定することを試みた。しかし、スピン軌道状態間の衝突による緩和速度は非常に速いことがわかり（図6-12）、速度定数の小さい、アルカンとの反応においてその実験的な検証は困難であった。

酸素原子などのスピン軌道微細状態間の遠赤外領域の遷移は、星間雲などから観測されるが、衝突による微細状態間の緩和に関する実験的情報は不足していた。比較的最近になって、理論（Monteiro & Flower, 1987 ; Jaquet et al., 1992）と実験（Aquilanti et al., 1988 ; Abe et al., 1994）の両面から検討されている。

非反応性の衝突による微細状態間緩和だけでなく、反応性の衝突における

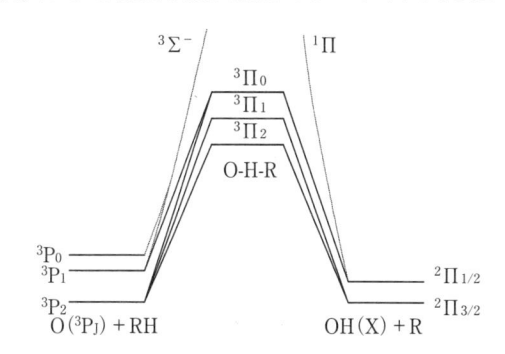

図6-11 基底状態（^3P）酸素原子とアルカン（RH）の反応の断熱相関図（Rを球と近似した場合）

6章　高層大気の科学

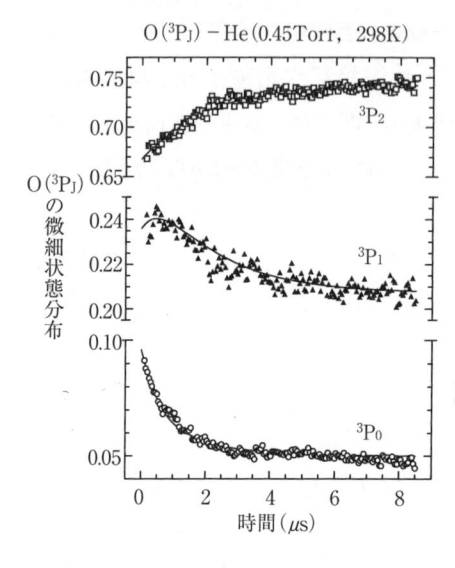

図6-12 酸素原子基底状態（^3P）の微細状態間の緩和の様子
OはSO_2の193 nm光分解で生成した．緩和は1〜2 μsの時定数で起こっている

スピン-軌道相互作用と非断熱遷移の問題は、酸素原子の反応過程を理解する上の重要な要素であると考えらる。図6-11に示した例だけでなく、微細状態間で、断熱相関が異なる反応は多い。これらについて、選択性・非断熱遷移に関する検討を実験的に行うことは、今後の課題である。

6-3-3　基底状態の酸素原子とオレフィンの反応

アルカンとの反応が単純な水素引き抜き反応であるのに対して、酸素原子とオレフィン（二重結合をもつ不飽和炭化水素）の反応は複雑である。もっとも単純な構造をもつオレフィンであるエチレン（$H_2C=CH_2$）の反応に関しては、長い議論の末、生成物経路はおもに以下の二つであることがわかってきた。

$$O(^3P) + H_2C=CH_2 \rightarrow CH_3 + CHO$$
$$\rightarrow H + CH_2CHO \quad (6.16)$$

しかし、ほかに $\rightarrow CH_2O + CH_2$ や $\rightarrow CH_2CO + H_2$ などの生成物経路もあることが確認されており、また直接的もしくは間接的にCO分子が生成物

として観測されるという実験事実も最近報告されている (Quandt et al., 1998)。

この反応の反応機構には、量子化学計算 (Fueno et al., 1990) から図 6-13 に示すようなポテンシャルエネルギー曲面が関与していると考えられている。三重項曲面だけでなく、項間交差を経て一重項曲面が関与している可能性が示唆されている。

反応生成物の分岐率には圧力依存があるとの議論もあり、衝突誘起の項間交差によって説明が試みられているが、実験事実にもいまだに食い違いがあり、詳細は不明である。またエチレンの重水素置換による同位体効果も、項間交差に関連して研究されているが、これにも実験結果の間で矛盾を生じている。

予備的な研究成果の段階であるが、筆者らの実験では、同じ生成物経路からの生成物である CH_3 と CHO の相対収率が圧力依存をもつことが示されており、余剰エネルギーをもつ CHO ラジカルの解離が起こっている可能性も示唆される。

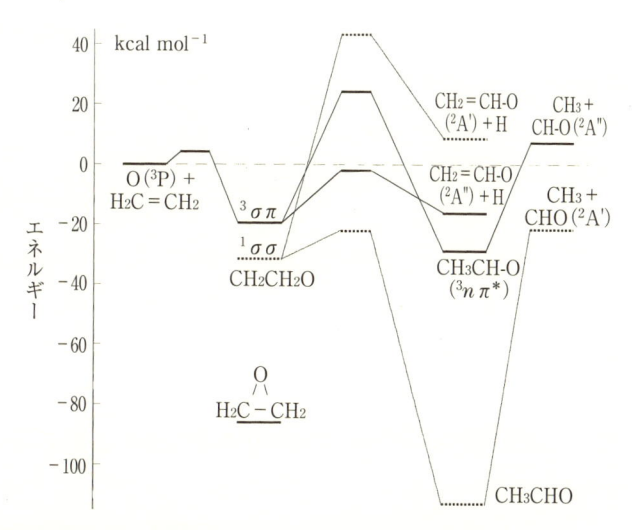

図 6-13 基底状態 (^3P) 酸素原子とエチレン (C_2H_4) の反応のエネルギーダイアグラム (Fueno et al., 1990 による)。実線:三重項曲面, 点線:一重項曲面

$$(CHO)^* \rightarrow CO + H \qquad (6.17)$$

これは過去の水素原子の測定から結論されている $H + CH_2CHO$ 経路への分岐率の測定に疑問を投げかけるものである。

より炭素数の大きなオレフィンとの反応に関しては、さらに実験的な情報が不足しているが、最近の Washida ら (1998)、Quandt ら (1998) の報告は興味深い結果を示している。

6-3-4 励起状態 (^1D) の酸素原子の反応

励起一重項 (^1D) 酸素原子は、基底状態より $190 \, kJ \, mol^{-1}$ の電子励起エネルギーをもつだけでなく、電子状態が異なる。このため、その反応は基底状態の反応とは大きく異なり、興味がもたれている。

アルカンをはじめとする水素化物との反応では、X-H 結合に挿入して XOH を生成すると考えられており、多くの場合その分解生成物を与える (X = H、C、O など)。

なかでも興味深いのは、$O(^1D)$ とシラン (SiH_4) の反応である。対応する炭化水素であるメタン (CH_4) との反応の場合は、中間体として生成すると考えられるメタノール (CH_3OH) の単純な分解生成物がおもに観測される。

$$O(^1D) + CH_4 \rightarrow (CH_3OH)^*$$
$$\rightarrow CH_3 + OH \qquad 86\%$$
$$\rightarrow CH_3O/CH_2OH + H \qquad 14\% \qquad (6.18)$$

これに対してシランとの反応では、メタンの場合の主生成物であった OH の収率はわずか 36% であり、ほかに H が 24%、さらに SiO が 10% 程度の収率で観測された (Okuda *et al.*, 1997)。速度論的な解析では、SiO の生成速度は $O(^1D)$ の減少速度と一致し、直接の生成物であることが確認された。

量子化学計算の結果からは、メタン同様に SH_3OH 中間体を経由するが、段階的な H_2 脱離の結果として SiO が生成する可能性が示唆されている。詳細な反応機構は、さらに検討が必要であると考えられる。

励起状態（^1D）の酸素原子とオレフィンの反応に関する実験的研究は、非常に少ない。アルカン同様 C-H 結合に挿入する過程も考えられ、OH ラジカルが生成物として観測されるが、高圧下では二重結合に付加した生成物が観測されており、その反応機構の詳細は不明である。

筆者らの予備的な実験結果によると、$O(^1D) + H_2C = CH_2$ の反応では、$CH_3 + CHO$ が主要生成物であることが示唆されている。反応物は、図 6-13 のエネルギーダイアグラムの一重項のポテンシャル曲面に直接相関するため、一重項ビラジカルから CH_3CHO のポテンシャル面を経て反応が進行していることを示唆している。これは、基底状態（^3P）酸素原子とエチレンの反応機構にも関連して興味深い。

6-4 宇宙環境における原子状酸素

原子状酸素は、地球高層大気のうち、200 km から 700 km 程度の低地球軌道に多く存在する成分であり、低地球軌道を周回する宇宙機に使用されている材料、とくに有機材料の特性に大きな影響を与えるため、近年さかんに研究されるようになった。

ここでは、宇宙環境における原子状酸素について、その存在が強く認識されるに至った経緯から、宇宙開発事業団における最近の研究の状況までを概説する。

6-4-1 シャトルグロー

高層大気に多くの原子状酸素が存在することは古くから知られていたが、その存在が具体的な形で強く認識されるに至るには、スペースシャトルの飛行を待つ必要があった。すなわち、1983 年に "**シャトルグロー**" という現象が報告（Banks *et al.*, 1983；Mende *et al.*, 1983）されたことにより、高層大気中の原子状酸素に関する大きな議論が巻き起こった。

シャトルグローとは、軌道上を飛行するスペースシャトルの、進行方向を

向いた前縁の曝露(ばくろ)表面に発生する光芒(こうぼう)のことであり、スペースシャトルの多くの飛行において観察されている。この光芒は、機体表面から約10 cmの高さまで広がっており、680 nm近傍に波長のピークをもつ。同様な現象の発生は、古く1958年に実施されたロケット実験においても、すでに認められていた (Heppner $et\ al.$, 1958)。

シャトルグローは、高層大気中の高速の原子状酸素とスペースシャトルの表面に吸着しているNOが再結合することにより励起されたNO_2が形成され、これがスペースシャトルの表面から脱離する際に光芒を発するもの、と考えられている。また、このNOは、大気中のNOか、あるいはスペースシャトルの軌道・姿勢制御用のスラスターから放出された推進薬の反応により生成したNOが、スペースシャトルの表面に吸着したものと考えられている。このことは、スペースシャトルを使った宇宙実験および地上での模擬実験により確かめられた。

宇宙実験は、1991年に打ち上げられたスペースシャトル (STS-39) において行われた (Viereck $et\ al.$, 1991)。STS-39では、NO、CO_2、Xe、Neの4種のガスが、プラズマ実験のためにスペースシャトルから放出された(図6-14)。その結果、NOガスを放出した場合には、通常のシャトルグローより強い光芒が発生する様子が観察された。また、ほかのガスでは、通常のシャトルグローに影響はなかった。NO放出時にTVカメラにより観察されたグローを図6-15に示す。

地上での模擬実験においては、①気相におけるNOと、②吸着したNO、の2通りのNOを高速の原子状酸素と反応させ、そのときに生ずる光芒のスペクトルをシャトルグローと比較した (Krech $et\ al.$, 1996)。その結果 (図6-16) から明らかなように、シャトルグローは吸着したNOと原子状酸素の反応により発生している。このことから、シャトルグローは、

$$O_{fast} + NO_{ads} \rightarrow NO_2^*$$
$$NO_2^* \rightarrow NO_2 + h\nu \qquad (6.19)$$

の過程 (NO_2^*は励起されたNO_2) により生成されると考えられている。

6-4　宇宙環境における原子状酸素

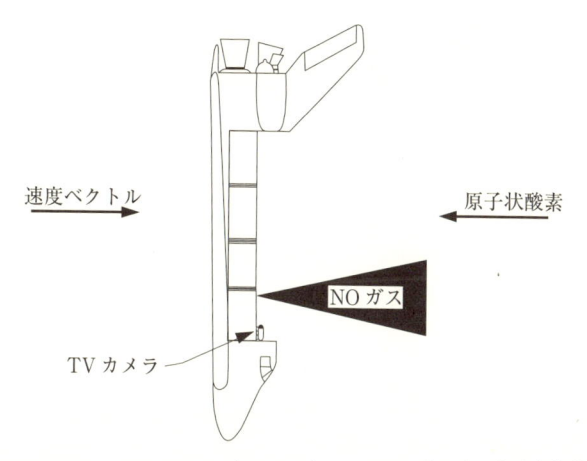

図 6-14　スペースシャトル（STS-39）におけるプラズマ実験実施状況（Viereck *et al*., 1991 より）

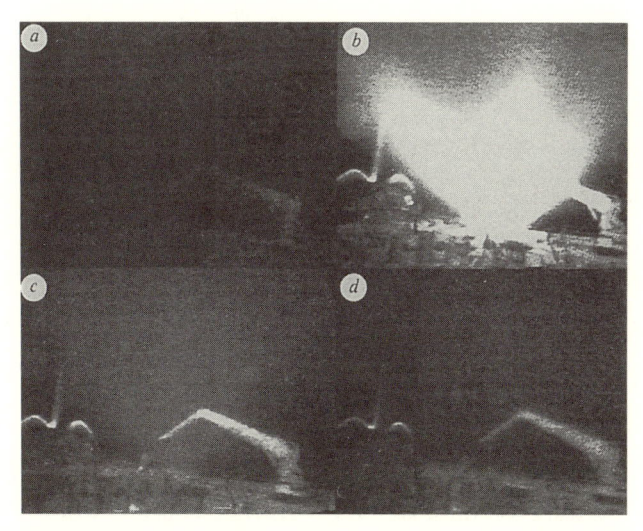

図 6-15　NO 放出時に観察されたグロー（Viereck *et al*., 1991 より）

6章 高層大気の科学

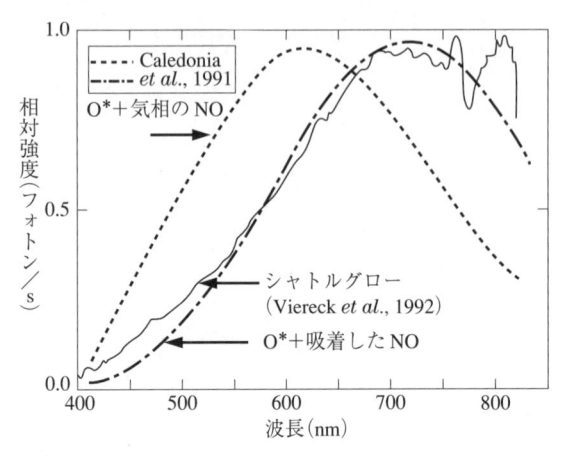

図6-16 地上実験における光芒とシャトルグローのスペクトルの比較（Krech *et al.*, 1996 より改変）

6-4-2 宇宙環境における原子状酸素の生成および分布

宇宙環境に存在する原子状酸素は、高層大気中の酸素分子（O_2）が太陽からの紫外線のエネルギーにより分解され、原子状の酸素（O）となったものであると理解されている。

原子状酸素の空間密度は、ほかの成分と同様、地表からの高度に応じた分布をもっている。**原子状酸素の空間密度の高度分布**を、ほかの高層大気成分とともに図6-17に示す。図から明らかなように、高度約200 km から700 km においては、原子状酸素が高層大気の支配的な成分である。

また原子状酸素の空間密度は、太陽活動の影響を受ける。太陽活動極大期、標準状態および太陽活動休止期に分けた、原子状酸素の空間密度の高度分布を図6-18に示す。図6-17の原子状酸素の分布曲線は、図6-18の標準状態に相当する。図6-18からわかるように、たとえば地球観測プラットフォーム技術衛星「みどり」（ADEOS ; Advanced Earth Observing Satellite）の軌道高度 800 km では、原子状酸素の空間密度が太陽活動極大期と太陽活動休止期で約4桁異なる。太陽活動のサイクルは約11年周期であるが、宇宙機の耐原子状酸素性の検討にあたっては、太陽活動のどのような時

6-4　宇宙環境における原子状酸素

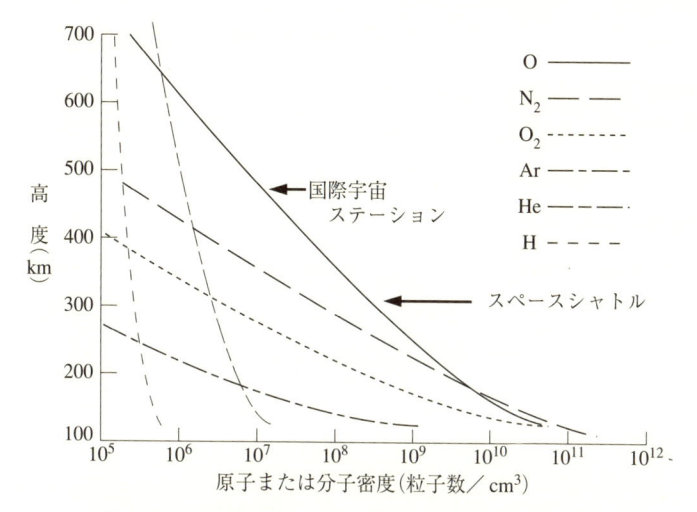

図6-17　原子状酸素およびほかの大気成分の高度分布
（Zimcik *et al*., 1985 より改変）

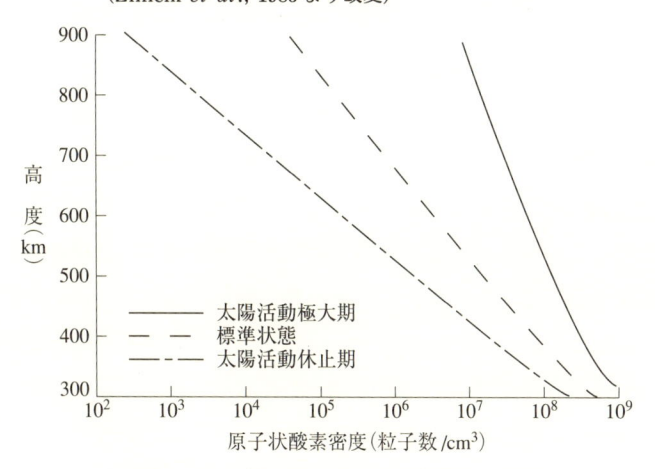

図6-18　太陽活動と原子状酸素の高度分布の関係
（Leger *et al*., 1983 より改変）

期に軌道上に存在するのか、ということを抜きにして考えてはならない。次の太陽活動極大期は、ちょうど西暦2000年であると予測されている。したがって、西暦1999年の初めに打ち上げられた3年寿命の宇宙機は、太陽活動のもっともさかんな時期に3年間軌道にある、ということになる。

209

6章　高層大気の科学

なお図6-18において、標準状態での原子状酸素の空間密度は、高度が約150km高くなるとほぼ1桁小さくなる。覚えておくと便利である。

6-4-3　各種材料の原子状酸素に対する反応効率

宇宙開発の初期においては、宇宙環境に曝露される状態で使用される**熱制御フィルム**は、おもにPTFE（polytetrafluoroethylene）などのフッ素系樹脂をベースフィルムとするものであった。しかし、フッ素系樹脂はとくに紫外線に弱く、宇宙空間で強烈な紫外線に曝されて破断するなどの不具合が相次いだ。そこに登場したのが、カプトン（Kapton）などの**ポリイミド系樹脂**である。ポリイミド系樹脂は、フッ素系樹脂に比べて高価ではあるが、放射線にも紫外線にも耐性があり、スペースシャトルが登場するまでは、画期的な宇宙用曝露材料として、宇宙機の曝露部分に広く使われるようになっていった。

スペースシャトルが登場して改めて認識されたのは、先述したシャトルグローだけではなかった。ポリイミド系樹脂をはじめとする、ほかの宇宙環境には充分な耐性があると思われていたいくつかの**有機材料**が、原子状酸素には激しい浸食を受け、何らかの対策をしないでは低地球軌道上での長期の使用に耐えないことが明らかになったのである。表6-3に、各種材料の原子状酸素に対する反応効率を示す。この表から、有機材料ではエポキシ系樹脂、マイラ（Mylar；polyethyleneterephthalate）、ポリエステル系樹脂、ポリエチレン系樹脂、ポリイミド系樹脂などが、また金属では銀が、原子状酸素に対する高い反応効率をもっていることがわかる。したがって、これらの材料を低地球軌道上で、ある程度以上の長期にわたって使用する場合には、原子状酸素に直接曝露されないように保護する必要がある。

近年においては、ほかの宇宙環境には優れた耐性をもつポリイミド系樹脂の特性を活かし、さらに原子状酸素への耐性も与えようと、添加剤を加える、表面改質を行う、表面に密着性の高い保護膜を与える、などの研究開発が行われている。

表6-3 各種材料の原子状酸素に対する反応効率 (Banks & Rutledge, 1988 より改変). 肩付き数字は文献番号 (213頁の表下参照) を示す

材料	反応効率 ×10^{-24} cm³/atom	材料	反応効率 ×10^{-24} cm³/atom
Aluminum (150 Å)[1]	0.0	Teflon, FEP and TFE[15]	0.1
Aluminum-coated Kapton[2]	0.01	Teflon[19]	0.109
Aluminum-coated Kapton[2]	0.1	Teflon[15]	0.5
Al_2O_3[3]	<0.025	Teflon[15]	0.03
Al_2O_3 (700 Å)[4] on Kapton H	<0.02	Teflon[9]	<0.03
Apiezon grease 2 μm[5]	>0.625	Gold (bulk)[17]	0.0
Aquadag E (graphite in an aqueous binder)[6]	1.23	Gold[20]	appears resistant
		Graphite Epoxy:	
Carbon[1)7)8)9]	1.2	1034 C[10]	2.1
Carbon (various forms)[10]	0.9〜1.7	5208/T 300[10]	2.6
		GSFC Green[1]	0.0
Carbon/Kapton 100 XAC 37[11]	1.5	HOS-875 (bare and preox)[1]	0.0
		Indium Tin Oxide[15)16]	0.002
401-C 10 (flat black)[12]	0.30	Indium Tin Oxide/ Kapton (aluminized)[2]	0.01
Chromium (123 Å)[14]	partially eroded	Iridium Film[17]	0.0007
		Lead[1]	0.0
Chromium (125 Å) on Kapton H[15)16]	0.006	Magnesium[1]	0.0
		Magnesium Fluoride on glass[15)16]	0.007
Copper (bulk)[17]	0.0		
Copper (1000 Å) on sapphire[15)16]	0.007	Molybdenum (1000 Å)[4]	0.0056
Copper (1000 Å)[14]	0.0064	Molybdenum (1000 Å)[15)16]	0.006
Diamond[17]	0.021		
Electrodag 402 (Silver in a silicone binder)[6]	0.057	Molybdenum[1]	0.0
		Mylar[10]	3.4
		Mylar[15)19]	2.3
Electrodag 106 (graphite in an epoxy binder)[6]	1.17	Mylar[9)15)19]	3.9
		Mylar[15]	1.5〜3.9
Epoxy[10)16]	1.7	Mylar A[18]	3.7
Fluoropolymers:		Mylar A[6)21]	3.4
FEP Kapton[18]	0.03	Mylar A[6]	3.6
Kapton F[6]	<0.05	Mylar D[6]	3.0
Teflon, FEP[5]	0.037	Mylar D[21]	2.9
Teflon, FEP[10]	<0.05	Mylar with Antiox[22]	heavily attacked
Teflon, TFE[6)10]	<0.05	Nichrome (100 Å)[1]	0.0
Teflon, FEP and TFE[15)19]	0.0 and 0.2	Nickel film[17]	0.0
		Nickel[8]	0.0

表6-3 (続き)

材料	反応効率 $\times 10^{-24}$ cm^3/atom	材料	反応効率 $\times 10^{-24}$ cm^3/atom
Niobium film[1)17)]	0.0	Kapton (OSS-1 blanket)[15)]	2.5
Osmium[10)]	0.026		
Osmium[20)]	heavily attacked	Kapton H[4)6)9)10)15)19)]	3.0
		Kapton H[15)19)]	2.4
Osmium (bulk)[17)]	0.314	Kapton H[15)18)]	2.7
Perylene, 2.5 μm[22)]	eroded away	Kapton H[15)]	1.5〜2.8
Platinum[1)]	0.0	Kapton H[18)]	2.0
Platinum[20)]	appears resistant	Kapton H[18)]	3.1
		ODPA-mm-DABP[23)]	3.53
Platinum film[17)]	0.0	PMDA-pp-DABP[23)]	3.82
Polybenzimidazole[7)10)]	1.5	PMDA-pp-MDA[23)24)]	3.17
Polycarbonate[8)]	6.0	PMDA-pp-ODA[23)]	4.66
Polycarbonate resin[17)]	2.9	Polymethylmethacrylate[16)]	3.1
Polyester (7% Polysilane/93% Polyimide)[10)]	0.6	25% Polysiloxane, 45% Polyimide[10)]	0.3
Polyester[10)22)]	heavily attacked	25% Polysiloxane-Polyimide[9)]	0.3
Polyester wit Antiox[10)22)]	heavily attacked	Polystyrene[9)10)16)]	1.7
		Polysulfone[10)16)]	2.4
Polyester (Pen-2,6)[23)]	2.9	Poyvinylidene Fluoride[9)]	0.6
Polyethylene[10)15)16)21)]	3.7		
Polyethylene[6)18)]	3.3	Pyrone: PMDA-DAB[23)]	2.5
Polyimides:			
BJPIPSX-9[23)]	0.28	S-13-GLO, white[12)]	0.0
BJPIPSX-9[24)]	0.071	SiO$_2$ (650 Å) on Kapton H[4)]	<0.0008
BJPIPSX-11[23)]	0.56		
BJPIPSX-11[24)]	0.15	SiO$_2$ (650 Å) with <4% PTFE[4)]	<0.0008
BTDA-Benzidene[23)]	3.08		
BTDA-DAF[23)]	2.82	SiO$_x$/Kapton (aluminized)[2)]	0.01
BTDA-DAF[24)]	0.8		
BTDA-mm-DD 502[23)]	2.29	Silicones: DC 1-2577[21)]	0.055
BTDA-mm-MDA[23)]	3.12	DC 1-2755-coated Kapton[15)]	0.05
BTDA-pp-DABP[23)]	2.91		
BTDA-pp-DABP[23)]	3.97	DC 1-2755-coated Kapton[15)]	<0.5
Kapton (black)[12)15)]	1.4〜2.2		
Kapton (TV blanket)[15)]	2.0	DC 6-1104[20)]	0.0515
		Grease 60 μm[25)]	intact but oxidized
Kapton (TV blanket)[19)]	2.04	RTV-560[21)]	0.443
Kapton (OSS-1 blanket)[15)]	2.55	RTV-615 (black conductive)[20)]	0.0

表 6-3 (続き)

材料	反応効率 ×10⁻²⁴ cm³/atom	材料	反応効率 ×10⁻²⁴ cm³/atom
RTV-615 (clear)[5]	0.0625	Tedlar[10]	3.2
RTV-670[1]	0.0	Tedlar (clear)[15]	1.3 and 3.2
RTV-S 695[11]	1.48	Tedlar (clear)[6)18]	3.2
RTV-3145[1]	0.128	Tedlar (white)[15]	0.4 and 0.6
T-650-coated Kapton[15]	<0.5	Tedlar (white)[15]	0.05
		TiO_2 (1000 A)[5]	0.0067
Siloxane Polyimide (25% S_x)[7]	0.3	Trophet 30 (bare and preox)[1]	0.0
Siloxane Polyimide (7% S_x)[7]	0.6	Tungsten[8]	0.0
		Tungsten Carbide[8]	0.0
Silver[5]	10.5	YB-71 (ZOT)[7]	0.0
Tantalum[20]	appears resistant		

文献

1) Marshall Space Flight Center.
2) Smith, K. A. (1985) *AIAA-85-7021*.
3) Durcanin, J. T. and Chalmers, D. R. (1987) *AIAA-87-1599*.
4) Banks, B. A. et al. (1985) *18th IEEE Photovoltaic Specialists Conference*.
5) Purvis, C. K. et al. (1986) *Environmental interactions considerations for space station and solar array design*.
6) Visentine, J. T. et al. (1985) *AIAA 23rd Aerospace Sciences Meeting*.
7) Langley Research Center.
8) University of Alabama at Huntsville.
9) Coutler, D. R. et al. (1987) *Proceedings of the NASA Workshop on Atomic Oxygen Effects. June 1, 1987.* p.42.
10) Leger, L. G. et al. (1986) *Proceedings of the NASA Workshop on Atomic Oxygen Effects. November, 1986.* p.6.
11) British Aerospace.
12) Whitaker A. F. *LEO atomic oxygen effects on spacecraft materials*.
13) Martin Marietta.
14) Lewis Research Center.
15) Leger, L. J. et al. (1983) *AIAA-83-2631-CP*.
16) Jet Propulsion Laboratory.
17) Gregory, J. C. (1986) *Proceedings of the NASA Workshop on Atomic Oxygen Effects. November, 1986.* p.31.
18) Leger, L. J. et al. *Low earth orbit*.
19) Leger, L. J. (1983) *AIAA-83-0073*.
20) Goddard Space Flight Center.
21) Johnson Space Center.
22) Washington University.
23) Slemp, W. S. et al. (1985) *AIAA-85-0421*.
24) Santos, B. (1984) *Preliminary results of STS-8. NASA Headquaters*.
25) Aerospace Corporation.

6章　高層大気の科学

6-4-4　NASDAにおける原子状酸素に対する取り組み

低地球軌道上に存在する原子状酸素を肯定的に捉え、軌道上での材料表面の加工や汚染の除去などに使おうという発想もないわけではないが、宇宙開発事業団（NASDA）ではおもに、**宇宙用材料の特性劣化**を引き起こす要因のひとつとして、原子状酸素に取り組んできた。

低地球軌道への打ち上げを行う宇宙機の開発を担当する各プロジェクトチームにおいては、候補材料の耐原子状酸素性の評価を行って、耐原子状酸素性に優れた材料の選定をはかることを第一に優先する。しかし、耐原子状酸素性が充分ではなくとも、ほかの特性が優れているために当該宇宙機にぜひ適用したいと考える材料については、遮蔽材（しゃへい）を適用するなどの原子状酸素対策を行う。

以下に、NASDAの制御・推進系技術研究部材料系グループ（以下では材料系グループと略）で、各プロジェクトの推進に寄与することを最終的な目的として展開してきた、**宇宙用材料の耐宇宙環境性**に関する研究成果の一端を、**原子状酸素の影響**という点に的を絞って紹介する。

(1) 地上模擬環境試験

地上で**熱制御フィルム**（導電性膜なしアルミ蒸着ポリイミド）へ原子状酸素を照射する前後の走査型電子顕微鏡（SEM；scanning electron microscopy）による表面観察像を図6-19に示す。原子状酸素照射後の熱制御フィ

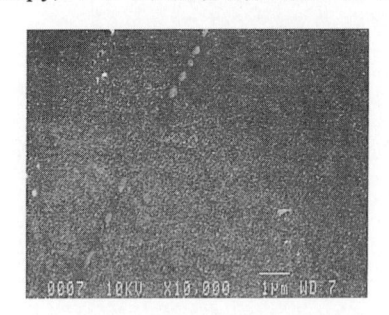

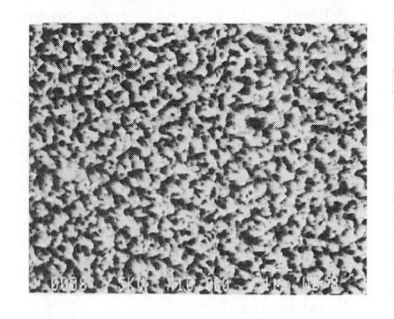

図6-19　地上における原子状酸素照射前後の熱制御フィルム表面のSEM観察像（今川ら，1998）．左：未照射の試料，右：原子状酸素 5 eV，2.67×10^{15} 個/cm²/s，2.5×10^{20} 個/cm² 照射した試料

6-4 宇宙環境における原子状酸素

表6-4 地上における各種の模擬宇宙環境曝露による熱制御フィルムの質量変化率（今川ら，1998）

種類	照射条件			質量変化率（%）
	エネルギー	線量率 ($/cm^2/s$)	線量 ($/cm^2$)	
電子線	0.5 MeV	1.5×10^{12}	2×10^{16}	0.07
		2.9×10^{12}	1×10^{16}	0.05
			2×10^{16}	0.27（小型容器）
				0.15（大型容器）
		8.7×10^{12}	1×10^{16}	-0.02
			2×10^{16}	-0.02
			6×10^{16}	0.08
			1.8×10^{17}	0.22（大型容器）
	0.9 MeV	8.7×10^{12}	1×10^{16}	0.01
			2×10^{16}	-1.04
			6×10^{16}	0.38
	1.9 MeV	8.7×10^{12}	2×10^{16}	0.02
			6×10^{16}	0.08
			1.8×10^{17}	0.24（小型容器）
				0.39（大型容器）
陽子線	1 MeV	4.97×10^{8}	2×10^{11}	-0.08
			6×10^{11}	0.15
		1.49×10^{7}	6×10^{11}	-0.19
	3 MeV	4.97×10^{8}	2×10^{11}	0.06
			6×10^{11}	0.33
		1.49×10^{9}	6×10^{11}	0.02
	10 MeV	6.25×10^{8}	1×10^{11}	-0.05
			2×10^{11}	0.03
			6×10^{11}	0.04
		3.50×10^{9}	6×10^{11}	0.09
鉄イオン	1 MeV	9.94×10^{7}	5×10^{9}	-0.07
			1×10^{11}	-0.14
	15 MeV	9.94×10^{7}	5×10^{9}	0.07
			5×10^{10}	0.04
			1×10^{11}	0.06
紫外線	400 nm	10 ESD/d	300 ESD	-0.24
電子線＋紫外線	0.5 MeV 400 nm	2.9×10^{12} 10 ESD/d	2×10^{16} 300 ESD	-0.2
原子状酸素	5 eV	2.67×10^{15}	2.5×10^{20}	-62.58
電子線＋原子状酸素	0.5 MeV 5 eV	2.9×10^{12} 2.67×10^{15}	2×10^{16} 2.5×10^{20}	-69.41

ルム表面は，原子状酸素に強く浸食され，原子状酸素照射後のポリイミド系樹脂に特有の"カーペット状"になっている。

導電性膜なしアルミ蒸着フィルムを地上での各種模擬環境に曝露したときの質量変化率を表6-4に示した。原子状酸素を照射したときには，大きな浸食を受けていることがわかる。浸食された表面の状態を示したものが，前述の図6-19である。また，電子線＋原子状酸素の照射を行ったものは，電子線だけ，あるいは原子状酸素だけの照射を行ったときの質量変化率を足しあわせたものよりずっと大きくなっており，顕著な相乗効果が現れている。

また各種の熱制御材料に対して，地上で各種模擬環境を与えたときの熱光学特性の変化率を図6-20に示した。図で導電性膜付とあるのは，曝露側表面に，帯電防止のためのインジウム錫酸化物（ITO；Indium Tin Oxide）が蒸着されていることを表す。アルミ蒸着フィル

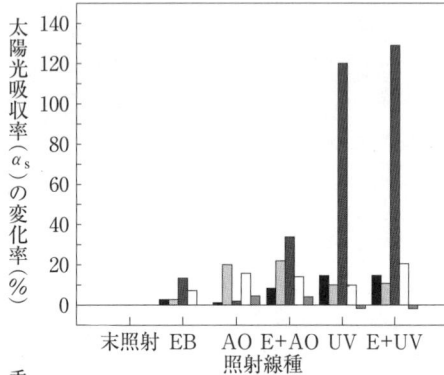

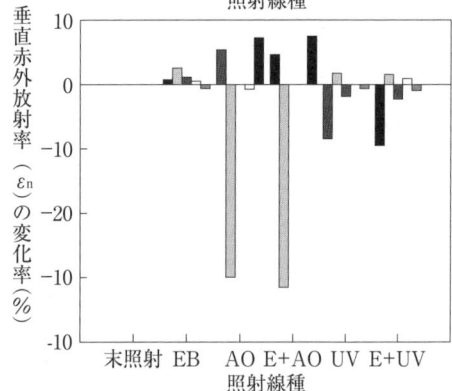

図6-20 地上での各種模擬宇宙環境曝露による各種熱制御材料の熱光学特性変化（今川ら，1998）．EB：電子線，AO：原子状酸素，E＋AO：電子線＋原子状酸素，UV：紫外線，E＋UV：電子線＋紫外線，の各照射を示す．また，たとえば電子線＋原子状酸素は，電子線照射後，同じ試料にさらに原子状酸素を照射したことを表す

ムのベースフィルムはポリイミド系樹脂、フレキシブル OSR のベースフィルムはポリエーテルイミド系樹脂であるが、ポリイミド系樹脂は厚みによって色濃度が異なり、黄色透明から褐色透明を示す。一方、ポリエーテルイミド系樹脂は無色透明である。

この図から、アルミ蒸着フィルムでは、原子状酸素照射による熱光学特性への影響が、ITO 膜がある場合とない場合とで大きく異なることがわかる。すなわち ITO 膜がある場合は、これが原子状酸素に対する遮蔽膜となり、ベースフィルムは原子状酸素の影響をほとんど受けない。フレキシブル OSR も、ベースフィルムは原子状酸素の影響を強く受けるポリエーテルイミド系樹脂であるが、曝露側表面に ITO 膜が蒸着されているため、原子状酸素照射による熱光学特性への影響はほとんどない。

さらに図 6-20 から、たとえば電子線＋原子状酸素を照射したときのフレキシブル OSR における太陽光吸収率の変化率は、電子線だけを照射した場合に比べて 2 倍以上大きくなっていることがわかる。フレキシブル OSR は原子状酸素だけを照射した場合にはほとんど影響を受けないが、電子線を照射されたあとで原子状酸素の照射を受けると、電子線照射により損傷を受けた ITO 膜が原子状酸素の充分な遮蔽を行えないため、原子状酸素の影響を受けることとなり、さらに電子線と原子状酸素照射の相乗効果もあって、大きな特性変化を示すことになる。

(2) MFD 材料曝露実験

実際の宇宙環境に宇宙用材料を曝露し、実宇宙環境の材料に与える影響を評価する実験は、国内外でさまざま実施されているが、ここでは材料系グループが 1997 年 8 月にスペースシャトルを利用して行った**材料曝露実験** (ESEM; Evaluation of Space Environment and Effects on Materials) について概要を述べる。

ESEM は、1997 年 8 月 7～19 日の 12 日間にわたってスペースシャトル (STS-85) に搭載されたマニピュレーター飛行実証試験 (MFD; Manipulator Flight Demonstration) の構体の一角を利用して実施された。軌道は

6章　高層大気の科学

図 6-21　スペースシャトルに搭載された ESEM 実験装置

高度 296 km、軌道傾斜角 57°の円軌道であった。スペースシャトルのカーゴベイ上の MFD 構体に搭載された ESEM の実験装置を図 6-21 と口絵④に示す。写真中で、向かって右側に見える階段状の部分が ESEM の実験装置である。この ESEM は、NASA ラングレー研究所との共同研究として実施された。

ESEM では次の 2 種類の実験を行った。①**耐原子状酸素性実験**：原子状酸素をおもな影響因子として、宇宙用材料の宇宙環境曝露の影響を評価する。②**高速微小粒子捕獲実験**：高速で飛来し衝突する、数 μm から数十 μm 程度の高速微小粒子（スペースデブリや微小隕石など）を捕獲し、高速微小粒子の衝突頻度、衝突エネルギー、組成などを分析する。

ここでは、前者の耐原子状酸素性実験における NASDA 担当分について紹介しよう（Okada et al., 1998）。

試料表面は軌道上で、原子状酸素が試料表面に垂直に入射する速度ベクトル方向（スペースシャトルの飛行方向）に延べ 54 時間垂直に向けられた。その結果、試料への原子状酸素の照射量（フルエンス）は、約 4.4×10^{19} atom/cm² であった。実験に供した試料は、熱制御材料、接着剤、電線、太陽電池構成材料、固体潤滑剤など、全約 30 種である。ほかに、NASA ラン

グレー研究所が約25種の試料を搭載した。

宇宙環境に曝露された上記の試料のうち、原子状酸素の影響を強く受けたのは熱制御フィルムと熱制御ペイントの二つであった。

a. 熱制御フィルム（導電性膜なしアルミ蒸着ポリイミド）：宇宙環境曝露品、地上での原子状酸素照射品、および非曝露品のSEMによる表面観察像を図6-22に示す。宇宙環境曝露品の表面は、地上での原子状酸素照射品と同様なカーペット状を示しており、ほかの特性評価結果および材料分析結果とあわせて判断すると、導電性膜なしアルミ蒸着ポリイミドの宇宙環境曝露による特性変化については、原子状酸素が支配的な因子であった。

宇宙環境曝露による、熱制御フィルムとしてもっとも重要な熱光学特性への影響は、太陽光吸収率が約15％増加し、垂直赤外放射率が約4％減少したことである。また質量は約5％減少した。これらの変化は、地上での原子状酸素照射品の傾向とおおむね一致した。なお、導電性膜（ITO）付アルミ蒸着ポリイミドフィルムでは、とくに変化は見られなかった。

b. 熱制御ペイント（黒色）：試料の熱制御用黒色ペイントは、顔料をカーボンブラック、マトリックスをウレタン樹脂とするものである。宇宙環境曝露品、地上での原子状酸素照射品、および非曝露品のSEMによる表面観察像を図6-23に示す。宇宙環境曝露品の表面は、地上での原子状酸素照

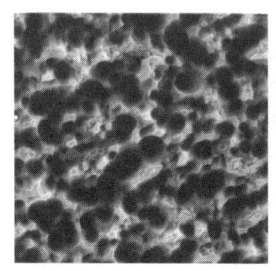

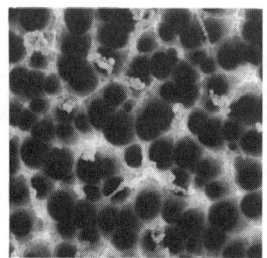

曝露品　　0.6μm　　原子状酸素照射品　　非曝露品
3点とも同一倍率

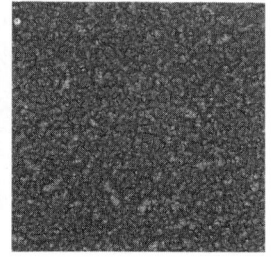

図6-22　宇宙環境曝露試験品，地上での原子状酸素照射品，および非曝露品の熱制御フィルム表面のSEM観察像（Okada et al., 1998）

曝露品　　　　　　　　　原子状酸素照射品　　　　　非曝露品
　　　　　3μm
　　　　　　　　　　　　　　　　　　　　　　　　　3点とも同一倍率

図 6-23 宇宙環境曝露試験品，地上での原子状酸素照射品，および非曝露品の熱制御用黒色ペイント表面の SEM 観察像 (Okada *et al*., 1998)

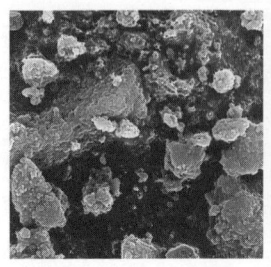

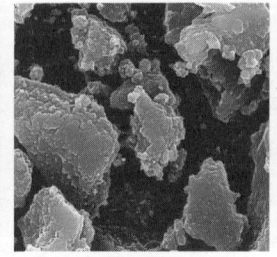

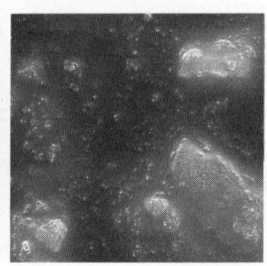

射品と同様、ウレタン樹脂が消失し、カーボンブラックが露出していた。ほかの特性評価および材料分析の結果とあわせて判断すると、熱制御用黒色ペイントの宇宙環境曝露による特性変化については、原子状酸素が支配的な因子であった。

　熱光学特性については、宇宙環境曝露により太陽光吸収率が2.5〜4%増加した。この値は、地上での原子状酸素照射時の値とよく一致した。垂直赤外放射率については、宇宙環境曝露品、地上での原子状酸素照射品ともにあまり変化しなかった。

6-4-5 原子状酸素にかかわる地上模擬試験設備

　従来は、現実的な期間内に必要な原子状酸素の照射が可能な、すなわちある程度以上に照射フラックスを上げることが可能な設備を保有し、かつ外部からの照射委託を受ける機関は、世界的に見てアメリカの PSI 社しかなかった。NASDA においても、プロジェクト、研究の如何を問わず、ほとんどすべての原子状酸素の照射を PSI 社に委託してきた。

　しかし、PSI 社での照射については、放射線や紫外線などとの同時複合照射ができない（実際の宇宙環境では同時に複合環境に曝露され、かつ6-4-4(1)項で述べたように、その影響が確認されている）、照射費用が小さくはない、照射スケジュールの制約がある、などの課題があった。

6-4　宇宙環境における原子状酸素

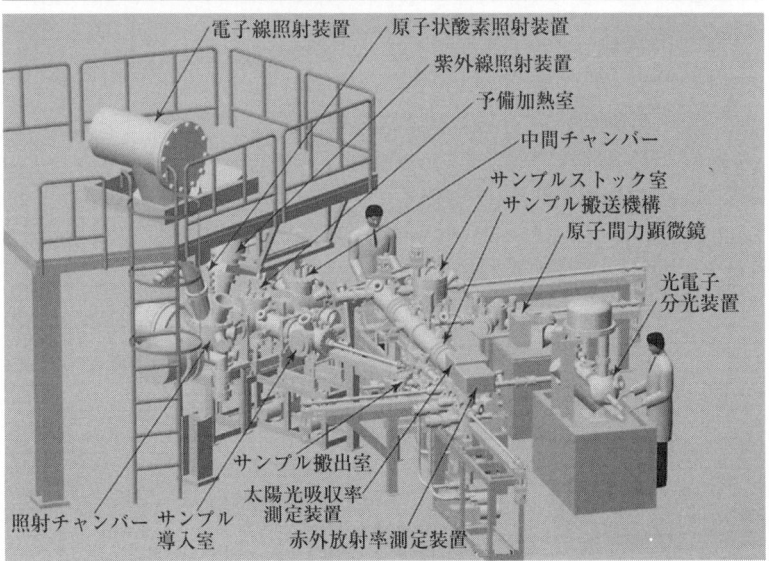

図 6-24　真空複合環境試験設備（NASDA 筑波宇宙センター）の概要

このため、NASDAでは、約2年の歳月をかけて真空複合環境試験設備の整備を進め、1998年4月末に筑波宇宙センターへの設置を完了した。真空複合環境試験設備の概要を図6-24に示した。

材料系グループでは、現在、真空複合環境試験設備を主要な試験設備として、原子状酸素をはじめとする地上模擬宇宙環境曝露による宇宙用材料の特性変化にかかわる研究を進めている。

6-5 宇宙における潤滑への原子状酸素の影響

6-5-1 宇宙用潤滑剤

宇宙機器には、軸受、歯車、スリップリング、ラッチ、クラッチなどのトライボ要素が数多く使用されている。たとえば ころがり軸受に限っても、実用衛星で50個以上、国際宇宙ステーションの日本実験棟「きぼう」(JEM) では1000個以上が必要とされる。これらのトライボ要素は真空中で動作するため、潤滑剤には低蒸気圧の液体潤滑剤（合成潤滑油、グリースなど）または固体潤滑剤が使用される。潤滑性能の点では液体潤滑の方が良好なため、使用可能な場合には液体潤滑剤を採用するのがよい。現在、宇宙用として実用されている液体潤滑剤は、パーフルオロポリアルキルエーテル (PFPAE; perfluoropolyalkylether)、複数のアルキル基をもつシクロペンタン (multiple-alkylated cyclopentane) の2種にほぼ限られている。

しかし、宇宙機器では液体潤滑剤が使用できない場合が多々ある。低温での粘度増加、高温での蒸気圧増大が問題となるため、その使用温度範囲は$-50 \sim 150°C$程度に限られる。光学部品の近傍では、液体潤滑剤の蒸発による汚染が問題となるため、液体潤滑剤の使用が忌避される場合が多い。また、宇宙環境に直接曝露されるような用途では、蒸発損失や宇宙放射線による潤滑油の劣化が懸念されるため、やはり使用できない。このような場合には、固体潤滑剤が使用される。代表的な宇宙用の固体潤滑剤としては、層状物質の二硫化モリブデン (MoS_2)、軟質金属の金、銀、鉛や、高分子材で

6-5 宇宙における潤滑への原子状酸素の影響

あるテフロン（分子構造が異なる TFE、FEP、PFA の3種が市販されている）などがあげられる。

6-5-2 低地球軌道環境の原子状酸素によるトライボロジーの問題

現在、開発が進められている国際宇宙ステーションが飛行する低地球軌道（高度約 400 km）の雰囲気は、前述のように 80% 以上が原子状に解離した酸素で占められており（毛利，1987）、その強い酸化作用による材料の劣化が問題となっている。

トライボロジーの分野でも、原子状酸素による固体潤滑剤の劣化が懸念されている。とくに JEM では曝露部を備えており、ドッキング機構のように宇宙環境に曝露させた状態で動作する駆動機構が必要である。国際宇宙ステーションの運用寿命は 10～30 年と想定されており、トライボ要素には原子状酸素雰囲気で、これまでの人工衛星に比べてはるかに長い寿命と高信頼性が要求される。また原子状酸素以外でも、紫外線、放射線・高エネルギー粒子、スペースデブリ（宇宙ゴミとの衝突）などの影響も懸念されている。

各種材料を低地球軌道環境に曝した場合、どのような影響を受けるのかを知るもっとも直接的な方法は、宇宙環境に実際に曝露させることである。これまでに、実際の宇宙環境に曝露させた例として、スペースシャトルの荷物室を利用した EOIM (Evaluation of Oxygen Interaction with Materials)、スペースシャトルで打ち上げて回収した LDEF (Long Duration Exposure Facility. チャレンジャーの事故で回収が大幅に遅れ、約6年間、宇宙環境に曝された)、日本の H-II ロケットで打ち上げてスペースシャトルで回収した EFFU (Exposed Facility Flyer Unit) などがあげられる。

スペースシャトルを用いた初期の実験の概要を表 6-5 に、また LDEF で得られた結果の概要を表 6-6 示した。トライボロジーに関連した材料はあまり試験されていないが、銀が酸化して黒くなり導電性を失うこと、ポリイミドをはじめほとんどの高分子材料が大きく損傷を受けることなどがわかっている。ただし、高分子材料には化学的な変化は生じておらず、エロージョン

6章　高層大気の科学

表6-5 スペースシャトルでの実験結果（Leger et al., 1987；Gregory, 1987 より）．原子状酸素照射量は 3.5×10^{20} atom/cm²

種々の材料の反応係数		金属の酸化層厚さ，エロージョン深さ		
材料	反応係数 ($\times 10^{-24}$ cm³/atom)	金属	酸化層厚さ (nm)	エロージョン深さ (nm)
Kapton	3	Al	0.8	none
Mylar	3.4	Au	none	none
Polyethylene	3.7	Ir	none	2.5
Carbon	0.5-1.3	Si	no effect	
Graphite/Epoxy	2.1-2.6	Ni	0.7	none
Polyester	heavily attacked	Nb	1.3	none
Teflon, TFE	<0.05	Pt	none	none
Teflon, FEP	<0.05	Os	none	100
Silver	heavily attacked	Ag	>1000	none
Osmium	0.026	Cu	3.5	none

表6-6 長期曝露実験（LDEF）の結果．原子状酸素照射量は最大 8.3×10^{21} atom/cm²（Stein & Pippin, 1992 より）

材料	エロージョン深さ，反応係数
Kapton	0.127 mm
Mylar	0.127 mm
Teflon, FEP	0.025 mm, 0.35×10^{-24} cm³/atom
Graphite/Epoxy	0.127 mm

による損傷とされている（Young & Slemp, 1992）。

また、**テフロン**はスペースシャトルの実験ではほとんど損傷を受けないとされていたが、LDEFではかなりエロージョンによる損傷を受けることがわかった（Stein & Pippin, 1992）。テフロンは、原子状酸素のみの照射では損傷はあまり大きくないものの、紫外線が同時に照射されると相乗作用により損傷が1桁以上も大きくなることが、宇宙実験（Stiegman et al., 1992）でも地上の実験室（Koontz et al., 1990）でも確認されている（6-4-4項参照）。ただし試験されたのは、Agコーティングを施して熱防御材として使用されているFEPテフロンであり、潤滑用として使用されているTFEテフロンではないことに注意する必要がある。

これらの実験でのテフロンや銀は、潤滑剤というより熱防御材として評価

されていた感がある。これは、潤滑が必要な部位は、通常、宇宙環境に直接曝露されない場合が多く、深刻な問題と認識されていなかったためと思われる。事実、LDEF で実際に作動させる機構部品は、ほとんどが宇宙環境からシールドされており、そこに使用された MoS_2 や WS_2 には宇宙環境曝露の影響が認められていない (Dursch et al., 1994)。しかし、JEM のように曝露部で駆動する機構がある場合には、紫外線による有機系の MoS_2 焼成膜の劣化や、原子状酸素による MoS_2 スパッタ膜の酸化劣化が懸念されている。

トライボロジー特性への影響を評価することを目指した例としては、EOIM-3 (Dugger, 1993; Stuckey et al., 1993) に搭載された MoS_2/Ni や Ag/Pd の多層膜、MoS_2 と SbO_x の複合膜、IBAD (ion beam assisted deposition) による MoS_2 膜、日本の EFFU や ESEM (MFD 材料曝露実験、6-4-4(2)項参照) に搭載された **MoS_2 スパッタ膜** (Matsumoto et al., 1998) や MoS_2 系焼成膜 (有田ら, 1997) があげられる。回収した試料を用いた摩擦試験では、宇宙環境曝露によって摩擦初期に摩擦係数が高くなった例が多いが、逆に低下した例もある。寿命まで評価しているケースは少ないが、有機系 MoS_2 焼成膜で増大した例 (有田ら, 1997)、MoS_2 スパッタ膜で被膜の種類によってやや低下する場合と増大する場合があった例 (Matsumoto et al., 1998) が報告されている。

まだデータが少ないこともあり、原子状酸素がトライボロジー特性に及ぼす影響については、まだよくわかっていないのが実状である。

なお、回収した試料を大気中で摩擦試験する例も多々みられるが、摩擦により活性化した摩擦面が大気中の酸素分子により酸化した影響と、宇宙環境下で原子状酸素により酸化した影響の判別が不可能なため、信頼できるデータとはならない。

6-5-3 ESEM での MoS_2 スパッタ膜の実験結果

ESEM は、**6-4-4(2)**項で述べられているように、スペースシャトル

(STS-85) に搭載された MFD（マニピュレーター飛行実証試験）の支持台を利用して，さまざまな材料を宇宙環境に曝露した実験である．固体潤滑剤の関係では，MoS_2 スパッタ膜，MoS_2 系焼成膜のバインダー材料が実験試料として採用された．飛行高度は約 300 km で，原子状酸素の総照射量は $4.4 \times 10^{19} atom/cm^2$ と推定された．

以下に，MoS_2 スパッタ膜に関する ESEM の実験結果の概要を述べる（Matsumoto et al., 1998）．宇宙実験には，表 6-7 に示した性質の異なる 3 種の MoS_2 スパッタ膜（RF 膜，RF-H 膜，ECR 膜）を用いた．

図 6-25 は，RF 膜の表面を XPS（X-ray photoelectron spectroscopy）で分析した結果で，シールド板でカバーした場合，原子状酸素を地上で照射

表6-7　供試スパッタ膜

	RF 膜	RF-H 膜	ECR 膜
被膜作成法	高周波（RF）スパッタ（基板水冷）	高周波（RF）スパッタ（基板の水冷なし）	電子サイクロトロン共鳴（ECR）イオンビームによるスパッタ
被膜外観	黒色 比較的ち密な膜	黒色 柱状構造で空隙多いふわふわな感じの膜	銀白色で，金属光沢ち密な膜
S/Mo 比	約 1.7	—	1.1〜1.3
膜厚	1 μm	1 μm	1 μm

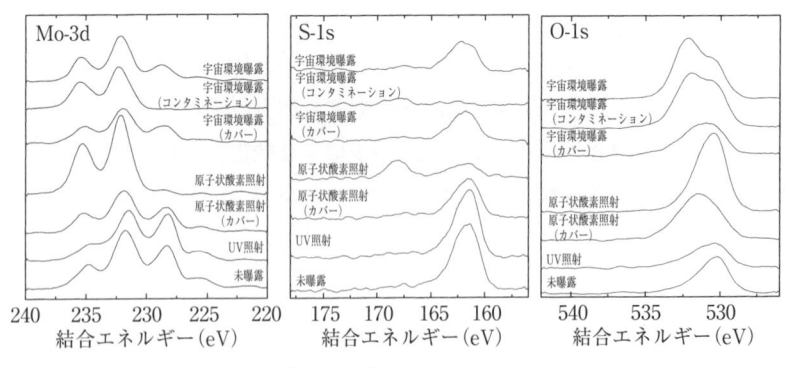

図 6-25　RF 膜の XPS スペクトル

6-5 宇宙における潤滑への原子状酸素の影響

した試料、未曝露の試料などと比較している。Moスペクトルでは、未曝露試料でも表面にはかなり酸化物が存在していることがわかるが、宇宙環境曝露試料（とくにコンタミネーションがあった部分）および原子状酸素照射試料ではMoO_3のピークが大きく、MoS_2のピークは非常に弱くなっていた。これに対応してSスペクトルでは、SO_2結合と思われる結合エネルギー（168 eV）の位置にピークが検出された。また、Oのピークも大きくなるとともにピークシフトが生じており、原子状酸素によりMoとSが酸化されたことが伺える。同様の変化が、RF-H膜、ECR膜でも観察された。

AES（Auger electron spectroscopy）分析でエッチングを行って酸素濃度の変化を調べたところ、酸素濃度の増加が認められたのは、ECR膜では表面から数十 nm、RF膜で100 nm程度、RF-H膜では500 nm以上と推定された。RF-H膜は柱状構造の密度が低い膜であり、このためとくに深くまで影響が及んだものと思われる。また、RF-H膜では未曝露試料で比較的多くの炭素が検出されたが、宇宙環境曝露により炭素濃度が減少した。原子状酸素により炭素が叩き出されたか、または反応して失われた可能性がある。

なおSEM（走査型電子顕微鏡）観察では、RF膜とRF-H膜でエロージョンを受けた様相が観察されたが、ECR膜の表面状態には未曝露試料との違いはほとんど認められなかった。

図6-26に各被膜の摩擦係数の推移を示す。摩擦試験は10^{-5} Pa台の超高真空下で、往復動のボール-オン-ディスクタイプの試験機を用い、すべり速度10 mm/s、摩擦ストローク10 mm、荷重10 Nの条件で行った。相手摩擦材は、直径7.9 mm（5/16″）のSUS 440 C製の玉である。摩擦係数は、RF膜、RF-H膜では摩擦初期に未曝露試料と比較してやや低い値を示したが、ECR膜ではあまり相違は見られない。従来の実験では、摩擦初期に摩擦係数が高くなるという結果がほとんどで、原子状酸素により酸化された層が存在することにより摩擦係数が高くなるものと推定されていたが、今回の実験は正反対の結果であった。この理由は不明であるが、試験荷重や一方向連続

6章 高層大気の科学

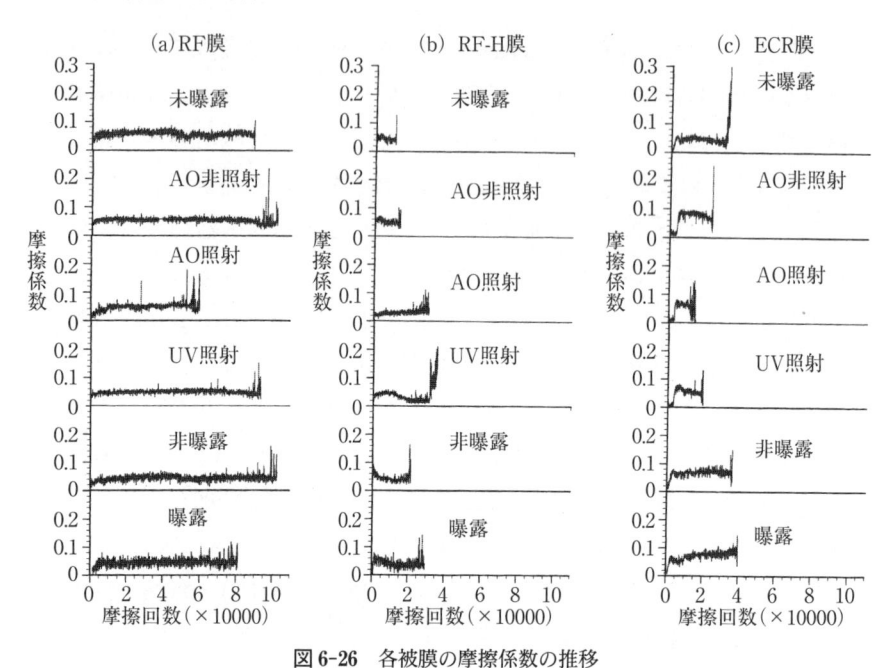

図6-26 各被膜の摩擦係数の推移

摺動、往復動などの試験形態の相違により、摩耗粉や移着膜の挙動が異なった可能性がある。

一方、寿命(摩擦係数が0.3に達するまでの摩擦回数)は、宇宙環境曝露によりRF膜ではやや短くなり、RF-H膜は逆に約2〜3倍に伸び、そしてECR膜では差がないという結果となった。RF-H膜で寿命が増大したのは、宇宙環境曝露による炭素濃度の減少が寄与した可能性がある。寿命特性にはバラツキが不可避であり、RF膜の結果が有意の差であるかどうかは検討の余地がある。いずれの被膜も宇宙環境に曝露させただけでは、寿命劣化はほとんどないという結果であるが、実際の駆動機器は宇宙環境下で駆動するので摩擦により新生面が露出され、単に曝露させただけの場合とは摩耗特性が大幅に異なる可能性がある。寿命への影響を正確に把握するためには、原子状酸素照射下でのトライボロジー実験を行う必要がある。

なお、シールド板でカバーして宇宙環境に曝露させた場合、表面分析、摩

擦試験ともに未曝露試料とほとんど同じ結果が得られており、シールドすることにより宇宙環境曝露の影響を避けられることが確認された。

6-5-4 MoS_2系潤滑剤に関する地上試験結果とその問題点

　宇宙用材料が宇宙環境から受ける影響を評価するためのもっとも直接的な方法は、6-5-3項のように軌道上において直接宇宙環境に曝露することである。ただ、このような実験の機会は限られたものであり、企画から実験を実施するまでには長期間の準備と莫大な資金が必要になる。また、自然環境を相手にするため、実験条件を十分にコントロールすることは容易ではなく、スペースシャトルの安全基準に適合させるためにも多くの制約がある。したがって、詳細な実験を行うためには、やはり地上の実験施設において実験を行うことが不可欠となる。

　しかし、軌道上における原子状酸素と材料の相互作用を、地上試験で精度よく確認することは容易ではない。一例をあげれば、軌道上において原子状酸素が材料表面と衝突する際の相対速度（8km/s）は、宇宙機自体の飛行速度に起因するものであるが、この相対運動エネルギーは温度に換算すると5万Kを超えており（酸素原子1個当たり約5eVに相当）、原子間の結合エネルギーよりも大きな値である。したがって、この並進エネルギーの一部が化学反応に使われることは十分に考えられ、この効果をいかに地上試験に取り入れるかは、地上での試験結果の信頼性を増すために重要なポイントとなる。電気的に中性である原子状酸素にこのように大きな並進速度を与えることは容易ではないため、これまでにイオンビーム法（Tagawa et al., 1994）、超音速分子ビーム法（Cross & Cremers, 1985）、レーザーデトネーション法（Caledonia et al., 1987）など、いくつかの方法が提案され研究されてきた。

　これらの実験装置を用いたMoS_2系潤滑剤の地上試験に関しては、これまでにいくつかの報告例がある。有田らは、5eVの並進エネルギーを原子状酸素に与えることが可能なレーザーデトネーション型の装置を用いて、原

子状酸素を照射したMoS₂スパッタ膜と焼成膜の摩擦試験を行っている(Arita et al., 1992)。その結果、原子状酸素を照射した被膜は、いずれも摩擦初期にやや高い摩擦係数を示すものの、その後は顕著な影響は観察されないとしている。また、摩擦寿命に関しては、原子状酸素の照射による差異は認められなかった。被膜の分析からは、MoS₂膜は極表層（～10nm）のみが酸化されていることを確認しており、酸化層が摩擦初期に摩耗して除去されるために、原子状酸素の照射の影響が摩擦初期にのみ現れたものと推測している。レーザーデトネーション型の実験装置を用いた実験はDuggerによっても行われており、ほぼ同じような結果が得られている（Dugger，私信）。

また同様の結果は、CrossとMartinらによるスパッタ膜の摩擦試験でも得られている（Martin et al., 1989 ; Cross et al., 1990）。彼らが用いた装置は、連続発振の炭酸ガスレーザーを用いた超音速分子線ビーム装置であり、1.5 eV程度の並進エネルギーを与えることができる。彼らの実験結果では、MoS₂と原子状酸素の反応にはMoS₂の結晶方位依存性は認められないとされており、MoS₂基底面では原子状酸素による酸化はほとんど進まないとする有田らの結果とは異なる。また、高温スパッタ膜は原子状酸素への耐性が大きいと報告している。

Durschらは、ポリイミド薄膜上にMoS₂をはじめとする固体潤滑膜を高周波放電で形成し、原子状酸素の照射後に摩擦試験を行っている。その結果、摩擦途中に摩擦係数の低下が観測され、この現象は表面酸化層の摩擦による除去の効果によるものと推測している（Dursch & Pippin, 1990）。

一方、山口らは、並進エネルギーは小さいものの原子状酸素のフラックスを大きくできるDCアークジェット法によって原子状酸素を照射したMoS₂スパッタ膜に対する摩擦試験を行い、その結果、原子状酸素を照射すると摩擦係数が下がり摩擦寿命も低下するという、ほかの研究とは正反対の結果を報告している（山口ら，1989）。

以上の研究報告は、すべて原子状酸素の照射終了後に摩擦試験を行う、い

わゆる *ex situ* 実験の結果であるが、Wei らは、原子状酸素の照射中に同時に摩擦試験を行う *in situ* 実験の結果を報告している（Wei *et al.*, 1995）。その結果、固体潤滑剤のなかではイオンビームデポジションにより作成した MoS_2 膜が Au/MoS_2 多層膜や SbO_x/MoS_2 混合膜より低い摩擦係数を示すが、膜厚が薄いため摩擦寿命は限られたものになるとしている。しかし、彼らの実験結果は、原子状酸素の並進エネルギーの効果を無視したプラズマアッシャー法によるスクリーンテストの結果であり、実験に用いた原子状酸素の並進エネルギーやフラックスが不明な点など、実際の宇宙環境とどれだけ整合性があるかは不明である。

以上のように、これまでに報告されている地上実験の結果も、試験条件や試料の作製方法、あるいは原子状酸素のフラックスや並進エネルギーなどによって実験結果が大きく食い違っており、MoS_2 に対する原子状酸素照射の効果について統一的な解釈が確立されているとは言い難いのが現状である。

6-5-5 最先端の実験結果と今後の課題

低地球軌道環境と同じ 5 eV の並進エネルギーを有する原子状酸素ビーム照射下での MoS_2 単結晶およびスパッタ膜のトライボロジー挙動の変化が、Tagawa らにより報告されている。彼らの用いた装置は、レーザーデトネーション型の原子状酸素発生装置とビーム評価装置、摩擦試験装置、表面分析装置を複合させた実験装置である（Tagawa *et al.*, 1998）。原子状酸素ビームのキャラクタリゼーションには、四重極質量分析管を検出器とする飛行時間測定装置と水晶振動子を利用した原子状酸素フラックス測定装置が用いられており、これらの装置により摩擦試験を行っている最中にも原子状酸素ビームのエネルギー、ビーム組成、フラックスなどの計測が可能である。また、摩擦試験を同一装置内で原子状酸素照射下で *in situ* に行えるのみならず、摩擦試験前後の試料を真空中を搬送して XPS で分析することができ、大気曝露の影響を排した表面解析も可能である。

この装置を用いてこれまでに行われた研究の結果、原子状酸素と MoS_2

潤滑剤の反応およびトライボロジー特性への影響については、以下のような実験事実が明らかにされた（Tagawa et al., 1998；1999）。

① これまでに原子状酸素曝露試料（スペースシャトル搭載試料を含む）のトライボロジー試験で観察されていた摩擦初期の高い摩擦力には、ウェアトラック（摩擦摺動痕）を形成する際の表面抵抗が相当分含まれており、このような試験方法では、原子状酸素照射によるスタートアップ時の摩擦係数の変化を正確に検出するのは困難である。この問題を回避するには、あらかじめ形成したウェアトラック表面に原子状酸素を照射する必要があり、そのためには in situ 摩擦試験を行う必要がある。

② MoS_2 単結晶の基底面上のウェアトラック上に $10^{17}atom/cm^2$ の原子状酸素を照射しても、再摩擦時の摩擦特性に大きな変化は見られない。それに対して、MoS_2 スパッタ膜では原子状酸素を照射すると $10^{16}atom/cm^2$ のフルーエンスから初期摩擦の増大が観察されはじめ、$10^{18}atom/cm^2$ のフルーエンスでは通常の 2.5〜6 倍を超える高い摩擦力が観察された。このようなトライボロジー特性の変化は、酸素分子ビームを照射した場合には観察されず、原子状酸素に特有の現象である。

③ 原子状酸素ビーム照射中（フラックス $3×10^{14}atom/cm^2 s$）に同時に摩擦試験を行うと、摩擦係数は通常の 1.5〜2.5 倍の値をとり、原子状酸素照射中は高い摩擦係数が持続する。原子状酸素ビーム照射を終了すると、摩擦係数はある程度回復する。

④ 四重極質量分析管を用いたガス分析の結果、MoS_2 単結晶と原子状酸素の反応では表面の S が SO として脱離することが確認された。また SO の脱離は反応初期にのみ生じ、その後、表面は Mo 酸化物で覆われる。

また、スパッタ膜は単結晶基底面に比べてはるかに容易に酸化されることが XPS の結果から示され、スパッタ膜中の結晶粒の大きさや配向性、密度など成膜時のパラメーターがスパッタ膜の耐酸化性に影響していることも示唆されている。さらに同一の試料に対して ex situ での地上実験や、スペースシャトルを用いてのフライトテストも同時に行われ、得られた実験結果が

比較解析されつつある (Matsumoto et al., 1998)。このような総合的な研究を通して、今後、固体潤滑剤と原子状酸素の反応に関して詳しい知見が得られることが期待される。

このように宇宙用潤滑剤と原子状酸素の反応に関する研究は、ようやくその緒についたばかりであるが、宇宙環境には原子状酸素以外にも多くの環境要因がある。今後、宇宙環境と宇宙用潤滑剤の相互作用を研究する上で大きな問題となるのは、これらの環境要因の相乗効果であると考えられる。

たとえば、一部の高分子材料で確認されているように（田川ら, 1999）、原子状酸素と紫外線が同時に試料に照射された場合、紫外線で励起された表面にさらに原子状酸素が反応することで、原子状酸素のみを照射した場合とは異なる反応経路の化学反応が生じる可能性がある。このような場合、材料の反応率は原子状酸素のみによる反応と紫外線のみによる反応の単純な和にはならない。したがって、複合宇宙環境を地上で模擬する場合には、それぞれの環境要因の定量的評価（原子状酸素のフラックス、紫外線強度など）を十分に行った上で in situ 摩擦実験を行うことが必要になる。

また、宇宙用潤滑剤の複合宇宙環境下における寿命評価のための加速試験については、試験方法すらいまだに確立されておらず、信頼性のおける実験データを得るには、まず試験法を確立することが必要である。

6-5-6 おわりに

原子状酸素などの低地球軌道環境が固体潤滑剤にどのような影響を及ぼすのかについては、ほとんどデータがないのが実状である。これは、地上で低地球軌道環境の原子状酸素（速度 8 km/s、フラックス 10^{16} atom/cm^2 s）を模擬できる装置が世界でも数台しかないこと、しかもこれらの装置が近年になってようやく開発されたということも関係している。

低地球軌道環境を飛行する宇宙機の信頼性向上、長寿命化を実現するためには、宇宙用潤滑剤への低地球軌道環境の影響を把握することが急務である。

7. 宇宙放射線

井口道生 (7-1〜7-2), 池永満生 (7-3〜7-5)

7-1 放射線と物質の相互作用
7-2 放射線を測る
7-3 宇宙放射線の性質と被曝線量
7-4 宇宙環境における放射線の
　　生物への影響
7-5 地上研究や宇宙実験における
　　重点的研究課題

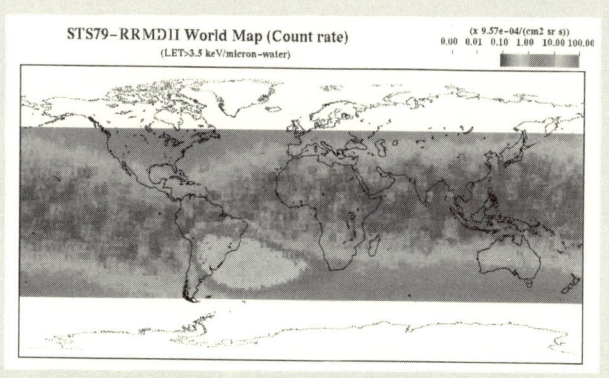

放射線実時間放射線モニター装置（RRMD）を使って作成された放射線地図

7章 宇宙放射線

7-1 放射線と物質の相互作用

7-1-1 放射線とは何か

放射線は、もともとは放射性同位元素から放出される α 線、β 線、γ 線のことであった。いまでは、これらと同じ程度、あるいはそれ以上の運動エネルギーをもつ粒子、原子核、および光子をまとめて**放射線**という。この定義の"放射線"は、粒子加速器そのほかの装置でつくられるし、宇宙空間ではいろいろな機構でできている。

放射線の特徴は、物質に当たったときに物質内の電子を遊離すること、すなわち電離を起こす（イオン化する）ことである。このことを強調して、**電離放射線**という用語も使う。上に述べた"粒子"には、荷電粒子はもちろんのこと、中性子、中性 π 中間子なども含んでいる。これらの中性粒子は、荷電粒子を発生させ、それが電離を起こす。光子は電磁波の量子であり、エネルギーの広い範囲が可能であるが、ひとつの光子の吸収で電離を起こすには、電離の閾値（あるいはイオン化エネルギー）を超えるエネルギーをもっている必要がある。普通の物質では、電離の閾値は 10 eV の程度であるから、該当する光子の波長は 100 nm 程度より短いものである。この程度の電磁波は真空紫外線と呼ばれる。もっと波長の短い電磁波は X 線と呼ばれる。

数 eV 以下の光子に相当する電磁波、すなわち近紫外線、可視光線、赤外線、マイクロ波、ラジオ波などは、物質への作用が異なるので、電離放射線に含めない。

放射線に関する一般的な入門書としては、Dragnić らの本を勧める。松浦らによる、素晴しい日本語訳（参考文献参照）がある。

7-1-2 放射線が物質に当ったときに何が起こるか

学問的には、この問題を放射線と物質の相互作用という。何が起こるかをしっかりと論じるには、大きく2種類の問題に分けて考える必要がある（Inokuti, 1983）。第1種の問題は、物質と相互作用した後、放射線がどう

なるかである。第2種の問題は、物質がどうなるかである。ごく大まかにいうと、第1種の問題は現在の物理学でかなりの程度までわかっている。これに反して第2種の問題ははるかに難しい。

以下、第1種の問題、第2種の問題に分けて述べる。

7-1-3 第1種の問題：放射線がどうなるか
(1) 光子の場合

X線、γ線のような高いエネルギーの光子が物質に入ると、一部は吸収され、一部は透過する。吸収のおもな理由は、物質内の電子との相互作用である。光子のエネルギーが決まっている場合、物質のなかで距離 x を透過する光子の数は $\exp(-kx)$ に比例する。ここで k は吸収係数と呼ばれる正の数であり、その値は物質による。といっても、その値は物質のなかの電子の数密度によってだいたい決まり、化学結合や電子構造などの詳細に強くは依存しない。電子の数密度は原子番号と物質の密度で決まるから、k もおおざっぱには決まるし、その数値は表になっている（Hubbell, 1997）。

したがって、光子の吸収と透過を測ることから、物質内の原子の種類と密度を見積もることができる。これがX線、γ線による映像法の原理であり、その応用は広範にわたる。身近には歯科の診断、もっとも高度なのは計算断層像法（computerized tomography、略してCT）である。

光子のエネルギーや進行方向が変ることもあり、それを一般に**散乱**という。物質内での多重散乱を支配する原理は大筋としてわかっており、それを応用して原子の並び方を決めるのがX線回折法にほかならない。

(2) 荷電粒子の場合

電子、陽子、α 粒子のような荷電粒子は、物質を透過するにつれて運動エネルギーの一部を失うのが普通である。失われたエネルギーはおもに物質内の電子に与えられ、原子の運動エネルギーに与えられることもある（まれに、運動エネルギーの大部分が原子核の励起や反応に使われる）。荷電粒子が物質内で、単位の長さを進む間に失うエネルギーの平均値を**阻止能**

(stopping power) という。阻止能の値は粒子の電荷と速さ、および物質の原子番号をはじめ電子構造にも依存する。長年にわたる実験的および理論的な研究の結果から、阻止能の値はかなりの精度でわかっており、表にまとめられている（ICUR Report 37, 1984；ICUR Report 46, 1992；ICUR Report 49, 1993）。荷電粒子は、エネルギーを失うほか、散乱も起こす。多重散乱の模様から原子の並び方を導くこともできる。

　第1種の問題のうちには未解決のものもあるが、その大部分は大まかには解けている。それは、物質と相互作用した後でも放射線は測定にかかるし、測定の技術がかなりの程度まで開発されているからである。そして、放射線に関する応用の多くは、第1種の問題の答えがわかっていることに基づいている。

7-1-4　第2種の問題：物質がどうなるか
(1) 基本的なこと

　放射線が物質に入ったとき何が起こるかを考えるには、まずエネルギーの行方を論じなければならない。7-1-3項で述べたように、エネルギーはおもに物質内の電子に与えられる。なぜならば、電子は物質中にあるもっとも軽い粒子であるからである。もともとは原子のなかに束縛されていた電子は、エネルギーを受け取った後は、原子の外に飛び出すことが多い。これが**電離**（あるいは**イオン化**）である。電子が原子の中でエネルギーの高い、したがって中心の原子核から遠い軌道に移ることもある。これを**電子励起**という（以下では、いちいち「電離あるいは励起」というのは煩瑣(はんき)なので、単に「励起」と略して言うことにする）。

　物質内の電子の状態を大きく分けて内殻と外殻とに区別する。内殻の電子は原子核の近くにおり、強く束縛されている。放射線からエネルギーを受け取る確率は小さいが、一気に受け取るエネルギーの量は大きい。外殻の電子は大抵は原子核から離れたところにいて、いわば原子の表面をつくっている。じつは外殻にもいくつかの層が区別できるが、もっとも外側を最外殻

(あるいは原子価殻)といって、これが原子間力や化学結合、したがって多くの物性をおもに支配する要因となる。外殻、とくに最外殻の電子励起は原子間力、化学結合を大幅に変更することになる。こうして原子の間に励起以前とは違う力が働き、原子相互の運動が起こって、化学変化が始まる。

以上の筋書きは、単なる理論上の考えではなく、分子の分光学、光化学などのさまざまな実験の結果からも納得できる。

放射線から物質に一度に移るエネルギーは、最外殻の励起に伴う数 eV から、(中位の原子番号の原子からなる物質の)内殻の励起に伴う数 keV ないし数十 keV まで、広くかつ連続的に分布している。このエネルギーのひとつひとつの値ごとによって、励起の原子間力に及ぼす影響は異なる。この問題の完全な議論は容易でない。現在までの知識については、たとえば国際原子力機関(IAEA; International Atomic Energy Agency)の報告(1995)や筆者の書いたもの(Inokuti, 1996)を参照されたい。

(2) 物質の種類に依存する

第2種の問題の内容は、物質の種類によるところが大きい。

(1)に述べた筋書きがそのまま当てはまるのは、気体そのほかの分子からできている物質、すなわち分子性物質である。分子性物質でも液体や固体のときには、電子励起そのものに分子間相互作用の影響もあり、これを考慮しない議論は不完全である。

きわめて様子が違うのは、金属の場合である。金属の最外殻(あるいは原子価殻)の電子は、電気伝導を担うことからわかるように、特定の原子に局在していないし、巨視的な数ある原子と同程度の数の電子のうちごく少数が励起されても、金属結晶全体の凝集力にはほとんど影響がない。しかも、電気伝導とともに熱伝導もよいことから推量できるように、電子励起のエネルギーは急速に格子の熱運動に移る。結局、最外殻の電子励起からは原子の位置の大きな変化はほとんど起こりえない。実際、X線、γ線、あるいは電子線の金属への効果はきわめて小さい。重粒子や中性子の金属への放射線効果は、このような粒子が原子核へ運動量を直接与えることによって起こるのが

主であるというのが通説である。さらに、分子性物質と金属との中間的な場合である半導体やイオン結晶では、放射線の効果は、電子励起と核運動の励起の両方が絡み合って効くことになるので複雑である。

というわけで、第2種の問題は、完全に解けているものはなく、ほぼ満足すべき答えが得られているものも少ない。総括的にいうと、もともとは純粋な物質でも放射線に曝されるとさまざまな、未知の分子種を含む、いわば新物質になってしまう。放射線効果の研究は、じつは新物質の物性の研究である。

(3) 不均質な物質

以上の議論は、物理学や化学の研究でしばしば用いる、純粋で均質な物質の場合である。ところが、私たちの身のまわりの物質は多成分からなり、微視的に不均質であるのがむしろ普通である。

多成分で不均質な物質のよい例は、植物、動物、あるいはヒトの体である。たとえば、筋肉や内臓など軟組織のおもな成分は、水とタンパク質などの有機分子であり、平均密度は $1\mathrm{kg/l}$ に近い。また骨は、水素、炭素、窒素、酸素、マグネシウム、リン、硫黄、カルシウムを含み、平均密度は $1.85\mathrm{kg/l}$ 程度である。したがって、軟組織と骨とでは放射線の吸収・散乱の模様がずいぶん違うし、放射線が両者の境界面を通過するときには特有の物理現象もある。軟組織だけを詳しく見れば、細胞、細胞核、染色体、DNA、RNAというふうに尺度の異なる段階の構造がある。このような構造を考慮すると、第1種の問題でさえ完全には解けないし、第2種の問題はますます難しい。

生物への放射線の作用が解明しにくい理由のひとつはここにある。

7-2 放射線を測る

7-2-1 線量測定の基礎

特定の場所にどんな放射線がどれほどあるのかは、応用上重要な問題であ

る。この問題に答えるための技術を**線量測定**（dosimetry）という。低圧の気体などのように物質の密度が低い場合には、たとえば電離によって生ずる電流を測ればよい。しかし、たとえば人体のように物質の種類と配置が与えられている場合には簡単でない。その理由は **7-1-4** 項で論じたことを考えれば当然である。宇宙空間では放射線の粒子にはさまざまなものが含まれているので、線量測定はますます厄介である。

線量測定の原理は、均一な物質のように簡単な場合には、ある種の放射線効果が吸収されたエネルギーにほぼ比例して起こるという経験事実を使う。たとえば、気体のなかに生じる電離、蛍光体の発光、イオン結晶の着色などである。そして測定の結果は、単位質量当たりに吸収されたエネルギーで表し、これを**吸収線量**（absorbed dose）という。略して**線量**ということもある。単位は gray、記号は Gy で、$1\,\text{Gy} = 1\,\text{J/kg}$ と定義する。

放射線によって生じる分子種の量を表すのに、放射線化学収率を導入する。これは記号 G で表記され、吸収エネルギー $100\,\text{eV}$ ごとに生成（あるいは消滅）する分子 M の数を $G(\text{M})$ と書き、G 値ともいう。たとえば、水のなかで水酸基（-OH）の生じる G 値は約 3 である。電離の収率は、生じる電子 1 個当たりの吸収エネルギーを eV を単位として表し、これを W 値という伝統がある。電離の G 値は $100/W$ となる。たとえば気体窒素では、W 値は約 $36\,\text{eV}$、電離の G 値は約 2.8 である。

放射線測定に関するいろいろな量については、ICRU Report 60 (1998) を参照されたい。

7-2-2　線量という概念の限界

一般に収率は、放射線の種類や強度、また物質の温度、圧力、付加物の量などの条件によっても変わる。物質が不均一な場合、収率は吸収線量とともに変わることが多い。生物への効果はその著しい例である。すなわち、同じ吸収線量のとき、放射線の種類によって効果が異なる。たとえば、一定の種類の細胞を 10% 殺すために必要な X 線の吸収線量は、同じ効果を起こす中

性子の吸収線量の r 倍であり、この r は10にも達する。この r を中性子の**相対的生物効果比**(relative biological effectiveness、略して **RBE**)という(7-4-1項参照)。また生物効果はしばしば酸素の存在による。

生物効果を含む複雑な場合では、収率が放射線の強度や時間的変化にも依存することがある。定常的な放射線のときには、単位時間当たりの吸収線量、すなわち**線量率**(dose rate)が一定である。収率が線量率によれば、線量率効果があるという。放射線を何回かの時間間隔をおいて当てたとき、1回の照射で同じ吸収線量を与えたときと効果が違うこともある。この場合、線量分割効果(dose-fractionation effect)があるという。放射線治療でしばしば見られることである。

放射線の種類によって、一定の物質のなかで生じる励起や電離の空間的な分布が異なる。これが、放射線の種類によって物質への作用が異なる理由のひとつであろう。この種のことを論じるときの目安として、**linear energy transfer**、略して **LET** という量が使われることがある。これは、荷電粒子が物質のなかで、単位の長さを進むごとに、物質に「局所的に付与されるエネルギー」(energy locally imparted)と定義される(ICRU Report 16, 1980)。7-1-3(2)項で述べた阻止能の定義では、「粒子が失うエネルギー」という表現が使われている。この「粒子が失うエネルギー」のうち一部は、ある程度以上高いエネルギーをもつ(二次)電子、あるいは光子を生成するのに使われ、元の粒子の飛跡からかなり遠方で物質に吸収される。このように遠方で吸収されるエネルギーを「粒子が失うエネルギー」から差し引いたものが「局所的に付与されるエネルギー」である(この「局所的に付与されるエネルギー」が、放射線の作用を記述するのにどれほど有効であるのか、原理的に明らかではない)。

とはいえ、「局所的に付与されるエネルギー」を定量的に決めるためには、「局所的」という表現を定量化しなければならない。たとえば、元の粒子の飛跡から距離が l 以内と述べて体積を指定するか、放出される(二次)電子のエネルギーが $\varDelta$ 以内を指定する。いずれにしても、LET の数値を得るに

は、純粋に測定だけでは無理で、理論的な計算を加味しなければならない。LETという用語を使うときには、「局所的」をどのように指定するのかを明示することが望ましい。「局所的」の指定の l または Δ を限りなく大きくした極限で、LETは阻止能と同じになる。

中性子あるいは高エネルギーの光子から物質へのエネルギー移行の大部分は、陽子、電子、そのほかの二次的に生じる荷電粒子を通じて起こる。この場合の二次的な荷電粒子のLETを、粒子の種類と運動エネルギーの分布について合計したものを、「中性子あるいは高エネルギーの光子のLET」と標語的に呼ぶこともある。

放射線効果を単に吸収線量と結び付けることは、じつは伝統的な便法にすぎない。放射線効果を徹底的に論じるためには、物質内に生じている、電子を始めすべての粒子のエネルギー分布と空間分布からはじめなければならない。近ごろの研究はその方向へ向かっている（IAEA, 1995；Inokuti, 1996）。

7-2-3 放射線の防御と保健

放射線は、宇宙空間はもとより地球上の環境にも自然に存在し、さらに、いろいろな人間活動からも発生する（Dragnić *et al*., 1996）。それで、人体への放射線の影響は重大な関心事である。そのために、放射線の管理と放射線に対する防御が規制されている。

これに関連して、**実効線量**あるいは**等価線量**が導入される。これは、吸収線量に、放射線の種類や臓器の構造などを考慮して決めた無次元の因子をかけたものであり、単位はsievert（略してSv）である（7-4-1項参照）。詳しくは、ICRU Report 51 (1993) を参照されたい。

このような因子を使うのは、放射線防御あるいは保健が、じつは自然科学の問題ではなくて、管理・運営の問題であることを示している。さらに、許容線量などが規制に使われているが、このような問題は、法規に関することであり、さらに深く見れば、社会や経済、ならびに人間の価値観に遡ること

になる。

7-3 宇宙放射線の性質と被曝線量

7-3-1 宇宙放射線の一般的性質

宇宙線の量は、地表からの高度とともに急激に増加する。その理由は、宇宙線を遮蔽している大気層が無くなることと、荷電粒子を散乱させる能力をもつ地磁気が弱くなるからである（池永・吉川，1998）。

宇宙放射線は、その起源と地球との位置関係によって、① 銀河宇宙線、② 太陽粒子線、③ 捕捉粒子線の3種類に大別される。

銀河宇宙線は超新星の爆発に由来するもので、粒子のエネルギーが非常に大きいことが特徴である。10 GeV 以上の高エネルギー粒子の成分は、9割が陽子、1割弱が α 粒子、1% 程度が**重粒子**（α 粒子より質量が大きい炭素や鉄イオンなど）である。これらの粒子線に加えて、γ 線や X 線の電磁波も含まれている。大気圏外における無遮蔽状態での線量率の推定値は、300〜400 μGy/day である（Tobias & Todd, 1974）。

太陽から放出される**太陽粒子線**は、ほとんどが陽子と電子で、数%の α 線と微量の重粒子で構成されている。太陽活動が平穏なときは、太陽粒子線による被曝線量は無視できる。しかし、約11年周期で太陽が活動期に入ると、太陽表面の爆発（**太陽フレア**）によって大量の高エネルギー粒子線が放出される。太陽フレアによる被曝線量は銀河宇宙線とは比較にならないほど大きい（池永・吉川，1998）。

捕捉粒子線は、赤道上空を土星の環のように地球を取り囲んでいる放射能のベルトである。太陽粒子線などが地磁気の磁力線に捕捉されてつくられる。平均高度が約 3,600 km の陽子帯（内帯）と約 18,000 km の電子帯（外帯）の2層がある（Tobias & Todd, 1974）。内帯の一部は南大西洋の上空に垂れ下がっており、これを SAA（South Atlantic Anomaly）という。スペースシャトル飛行による**被曝線量**の多くは、この SAA の下端を通過す

る際のもので、高度が増すと被曝線量は急激に増える（池永・吉川，1998）。

7-3-2 国際宇宙ステーションにおける被曝線量

国際宇宙ステーションは、高度約 400 km、軌道傾斜角 51.6 度で飛行する。この宇宙基地における放射線の線量率は、NASA が開発した種々の計算コードを用いた計算（宇宙開発事業団有人サポート委員会，1999）や、飛行条件が似ている過去の宇宙フライトにおける実測値からの推定（池永・吉川，1998）によって求められている。

結論として、1 mSv/day が妥当な値だと考えられる（上記文献、および藤高，1993）。その内訳は、γ 線や高エネルギー陽子などの低 LET (Linear Energy Transfer) 放射線の寄与が約 50%、残りの半分は α 線、重粒子、中性子などの**高 LET 放射線**によると考えられる。ただし、これは太陽活動が平穏なときの話であって、巨大な太陽フレアが生じると上記の線量と同程度から 10 倍近い値が加算されることになる（藤高，1993）。

7-4　宇宙環境における放射線の生物への影響

宇宙環境での放射線被曝には、地上における被曝とは違った、次のような特徴がある。

① 宇宙放射線の成分には、生物に大きな影響を及ぼす高 LET 放射線が比較的多い。
② 微小重力のもとで放射線に被曝する。
③ 低線量率での長期間被曝である。
これらの各項目について、以下に少し詳しく説明する。

7-4-1 高 LET 放射線の生物への影響
(1) 高 LET 放射線は同じ線量の γ 線よりも影響が大きい
一般に α 線、重粒子、中性子などの高 LET 放射線は、同じ線量の低

7章 宇宙放射線

LET放射線（γ線やX線）に比べると数倍から十倍くらい高い頻度で放射線障害を引き起こす。特定の高LET放射線、たとえば^{252}Cfの中性子が、標準γ線に比べて作用が何倍大きいかを実験的に求めた値を **RBE**（相対的生物効果比、Relative Biological Effectiveness）という（近藤，1984；Hall, 1995）。RBEは、放射線の線質（α線か中性子かなど）よりもLETにより大きく依存する。

図7-1は、ハムスター胎児由来細胞における加速炭素イオンまたはケイ素イオンによる細胞の致死効果および試験管内発がん誘発について、加速イオンのLETとRBEの関係を示している（Han et al., 1998）。致死、試験管内発がんのいずれの場合も、最初はRBEはLETとともに増加するが、LETが約100 keV/μmでRBEはピークに達し、それ以上LETが増加するとRBEは逆に減少する。LETが100〜200 keV/μmのときにRBEがピークとなることは、染色体異常や突然変異などのほかの生物指標について

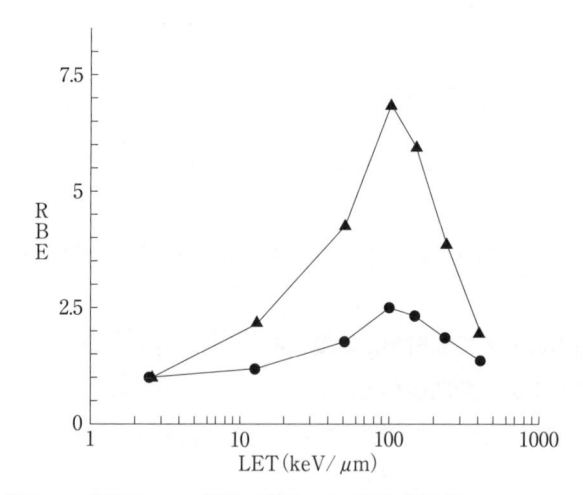

図7-1 重粒子による細胞の致死および試験管内発がんにおけるRBEとLETの関係（Han et al., 1998 より）
放射線医学総合研究所の重粒子線がん治療装置を利用して、ハムスターSHE細胞に炭素イオンまたはケイ素イオンの照射を行った．●：致死，▲：試験管内発がん

も観察される一般的な現象である（近藤，1984；Hall, 1995）。

このように、高 LET 放射線の影響は RBE の分だけ大きく現れるので、物理的な吸収線量（Gy または rad 単位）からだけでは影響を予測できない。一方、LET が同じ α 線であっても、その RBE は用いる生物試料、着目する生物指標、線量域などによって大きく変化する。そこで、放射線防護の立場からは、過去の多くの RBE のデータの最大値に近い値を線質係数（Q 値）として定め、線量（D）と Q との積である**線量当量**という概念を用いている（ICRP Publ. 26, 1978）。D が Gy 単位の場合における線量当量の単位を Sv（シーベルト）で表す。線量当量を用いると、高 LET 放射線の線質に関係なく、ある程度は放射線の影響を予測することができる。

このような現状は、被曝線量限度などを定める法的概念としては止むを得ないが、サイエンスという意味では重粒子の RBE のデータはまだまだ不充分である。とくに、重粒子による細胞や個体レベルにおける発がんの RBE の情報が不足している。鉄イオンが宇宙放射線による全線量当量に寄与する割合が大きいことを考えると（宇宙開発事業団有人サポート委員会，1999）、鉄イオンによる突然変異、染色体異常、発がんなどに対する RBE の定量的解析が望まれる。

(2) **高 LET 放射線の bystander effects（巻き添え効果）**

重粒子がまばらに細胞集団を通過した場合に、重粒子が貫通（ヒット）した細胞に隣接した細胞で重粒子にヒットされていない細胞にも影響が生じることを **bystander effects（巻き添え効果）** という（Azzam *et al.*, 1998）。この効果は、細胞の致死、染色体異常、突然変異、試験管内発がんなどの多くの生物指標について観察されており、放射線生物学の最近のトピックスとなっている。

重粒子にヒットされていない細胞がなぜ巻き添えを食らうかについては、ギャップジャンクション（gap-junction）と呼ばれる隣り合った細胞間をつないでいる細管を通じて、重粒子にヒットされた細胞の情報が隣の細胞に伝達されるためだと考えられている。その証拠に、ギャップジャンクション

7章　宇宙放射線

の形成を阻害する薬剤で前処理した細胞を照射すると、巻き添え効果が減少する。

平均的な大きさの哺乳類培養細胞を考えると、LETが $100\,\text{keV}/\mu\text{m}$ の α 線を1Gy照射すると、細胞核当たり平均6個の α 線が通過する。したがって、このような場合は巻き添え効果を考慮する必要はない。問題は低線量域での影響である。今後は、マイクロビーム照射装置の開発も含めて、低線量重粒子線の影響を詳細に解析することが必要である。なお、巻き添え効果は重粒子線照射で顕著に現れるが、β 線などの低LET放射線でも認められている。

7-4-2　微小重力と放射線の影響
(1) 放射線と微小重力の相乗効果

放射線の影響が微小重力によって増幅されることを**放射線と微小重力の相乗効果**（相乗作用）という。この相乗効果については、NASAもアポロ計画のころには重大な関心をもっており、1970年の前後にかけて活発な研究が行われたが、明確な解答は得られなかった（Tobias & Todd, 1974；Horneck, 1992）。

顕著な相乗効果は、1985年にドイツのBückerらが行った昆虫のナナフシを用いた宇宙実験によって明らかになった。彼らは、スペースシャトルに $1g$ 対照用の遠心機を搭載することと、重粒子がヒットした胚（受精卵）とそうでない胚を識別できる系を作成して、重粒子による奇形（発生異常）を解析した。ステージII（産卵後約18日）で宇宙へ行った胚の場合、$1g$ 遠心機のなかで重粒子にヒットされた胚の孵化後の幼虫にはまったく奇形が生じなかったが、微小重力下でヒットされた胚ではじつに半数以上に何らかの奇形がみられた（図7-2。池永・吉川, 1998；Bücker et al., 1986）。ステージIII（産卵後約1か月）でも、微小重力の下でヒットされると高い頻度で奇形が誘発された。これらの結果は、微小重力が放射線の影響を著しく増幅することを意味する。

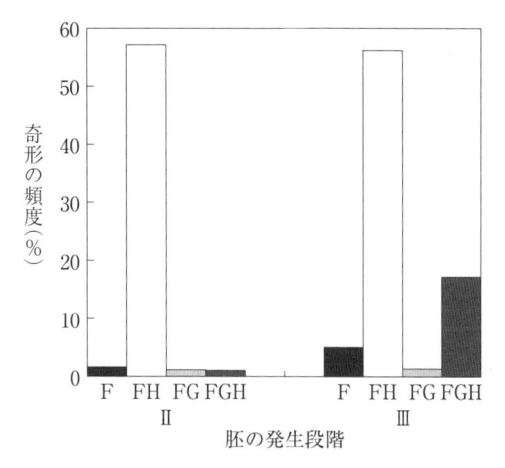

7-4 宇宙環境における放射線の生物への影響

図7-2 宇宙の重粒子線と微小重力の相乗効果
(Bücker *et al*., 1986 より改変)
ナナフシの胚を異なる重力環境の下で重粒子に曝露し、宇宙から帰還した後に奇形の頻度を調べた。F：微小重力の下に置かれていたが重粒子の被曝なし、FH：微小重力下で重粒子に被曝（ヒット）、FG：$1g$環境（遠心機内）で重粒子の被曝なし、FGH：$1g$環境で重粒子に被曝

　このような放射線と微小重力の相乗効果が、ヒトの放射線障害にも認められるか否かはきわめて重要な問題であり、今後の宇宙実験で検証する必要がある。また、相乗効果が重粒子などの高LET放射線に特異的な現象なのかどうかを明らかにすることも重要である。なぜなら、上に述べたアポロ計画時代の実験では、γ線やβ線を用いたために相乗効果が検出されなかった可能性が考えられるからである。

　相乗効果のメカニズムについては、微小重力環境ではDNA損傷の修復効率が低下することが考えられていた。しかし、少なくとも大腸菌やヒト培養細胞では、放射線で生じたDNA鎖切断の再結合速度は、微小重力下と$1g$環境で同じであることが報告されている（Horneck *et al*., 1997）。筆者らは、微小重力が細胞内や細胞間の情報ネットワーク（**7-4-1(2)**の項を参照）を混乱させたり、DNA複製精度の低下などの遺伝的不安定性を誘導するこ

7章 宇宙放射線

とが、相乗効果の原因であるとの仮説を提唱している（池永・吉川，1998）。今後、分子レベルの研究の進展が期待される分野である。

(2) 微小重力が細胞や個体に及ぼす影響

ヒトのTリンパ球や培養哺乳動物細胞を用いた研究から、微小重力が細胞増殖に関係する遺伝子の発現を抑制することが知られている（Cogoli, 1993）。がん遺伝子である c-fos、c-jun、c-myc などの発現、あるいはインターロイキン-1（IL-1）の産生などが、宇宙の微小重力下やクリノスタットを用いた擬似微小重力下で抑制されることが報告されている（5章参照）。これは、細胞増殖を調節しているプロテインキナーゼC（PKC）を介する**情報伝達経路**が、微小重力で攪乱されることが原因だと考えられている。

微小重力が遺伝子発現などの一過性の変化を引き起こすことは理解しやすいが、DNAの変化つまり**突然変異**を誘発することは考えられなかった。ところが、最近筆者らは、ヒト細胞をクリノスタットで3日間培養すると、マイクロサテライト（MS）座位の突然変異頻度が有意に上昇することを明らかにした（Han et al., 1999）。MS配列とは、たとえばCAとかCTTなどの2〜3塩基の単位が数十回繰り返している塩基配列のことで、ヒトのゲノム中には1万種類以上ものMS配列が存在する。このMS突然変異はDNA複製のエラーで生じると考えられており、遺伝的不安定性を示すひとつの指標として用いられている。したがって、微小重力が遺伝的不安定性を誘発することが示唆される。

ごく最近、ショウジョウバエの幼虫に過重力を負荷すると、翅毛や眼色突然変異頻度が上昇することが報告された（高辻ら，1999）。これらの突然変異は、前者が染色体の組換えで、後者は欠失で生じることがわかっている。この実験は微小重力ではないが、筆者らの結果と併せて考えると、重力変化のストレスが、特別の条件の下では、DNAや染色体のレベルで突然変異を誘発することは事実のようである。重力生物学の分野では大変興味ある問題である（5章も参照）。

本項で述べたことは、一見、放射線と無関係のように思えるかも知れないが、微小重力による遺伝子発現の変化や遺伝的不安定性の誘導が、放射線と微小重力の相乗効果の原因となる可能性という意味で、放射線影響と密接にリンクしている。

(3) 微小重力による免疫機能の抑制

宇宙飛行士を直接被験者とした血液検査の結果から、宇宙飛行が全リンパ球の減少、キラーT細胞やナチュラルキラー（NK）細胞の活性の低下、リンパ球の分化増殖能の低下、などをもたらすことが明らかにされている（Taylor, 1993）。また、宇宙飛行後には、T細胞の増殖に必須であるインターフェロンγやIL-1の血中濃度も減少しているとの報告もある。ラットを用いた宇宙実験でも、NK活性が著しく低下することが認められている。

NK細胞はがん細胞やウイルスに感染した細胞を選択的に殺す能力を有している。一方、放射線が細胞をがん化させることは周知の事実である。宇宙環境でNK活性が低下した状態では、宇宙放射線でがん化した細胞や飛行前からすでに体内に存在していた少数のがん細胞が、免疫監視機構から逃れて増殖するチャンスが増えるかも知れない。したがって、長期宇宙滞在では、発がん頻度が地上よりも高くなる可能性がある。

がん細胞をあらかじめ移植したマウスを宇宙基地で飼育して、がんの増殖速度や転移を解析することは、将来の問題として重要である。

7-4-3　低線量被曝および低線量率長期被曝の影響

(1) 低線量放射線の確率的影響

先に述べたように、国際宇宙ステーションに6か月間滞在した際の被曝量は約200 mSvであり、この値は放射線生物学や医学領域では低線量域に相当する。突然変異や発がんなどの確率的影響に関しては、低線量放射線の影響は実際はそれほどよくわかっていない。放射線防護の立場からは、「低線量放射線の確率的影響の頻度は線量とともに直線的に増加する」、すなわち**線量の閾値**は存在しないとの考えを採用している（ICRP Publ. 26, 1978）。

しかし、これを裏付ける実験データは乏しく、閾値の有無については専門家の論争が続いている。その大きな理由は、マウスを用いた低線量発がん実験となると、100万匹規模の観察をしないと信頼できる情報が得られないからである（近藤，1984）。

低線量放射線の影響は、宇宙放射線だけの問題ではないが、トランスジェニック生物などを用いた鋭敏な発がん検出系の確立と、個体レベルの研究を補完する分子生物学的な手法の開発が望まれる。

(2) 発がんにおける高LET放射線の逆線量率効果

X線やγ線などの低LET放射線の場合は、低線量率照射（毎分1mGy以下）の影響は同じ線量を高線量率で短時間に被曝したときの影響よりも少ない（近藤，1984；Hall, 1995）。これを線量率効果といい、致死、突然変異、発がんなどの多くの生物指標について認められている。したがって、X線などに低線量率で長期間被曝する職業人の放射線リスクの評価にも、基本的な要素として取り入れられている（ICRP Publ. 26, 1978）。

しかし、高LET放射線では低線量率照射の方が影響が大きいという「**逆線量率効果**」が報告され、大きな問題となった。たとえば、LETの大きな核分裂中性子によるマウス細胞の試験管内発がんについては、低線量率照射の方が高線量率照射よりも10倍近く頻度が高いことが報告されている（図7-3。Hill *et al.*, 1982）。このような逆線量率効果は、中性子のほかに重粒子でも認められており、マウスなどの個体の発がん実験でも観察されている。重要なことは、逆線量率効果は高LET放射線の致死作用には関係がなく、発がん作用だけに認められる点である。逆線量率効果の機構については、いくつかの仮説が提唱されているが、合意には到っていない（池永・吉川，1998）。

宇宙環境における放射線被曝は、まさに高LET放射線の低線量率被曝そのものである。宇宙での発がんのリスクは、逆線量率効果を考慮に入れていない現在の推定値よりもはるかに大きくなる可能性がある。こうした重要な問題を明らかにするためにも、逆線量率効果のメカニズムの究明だけでな

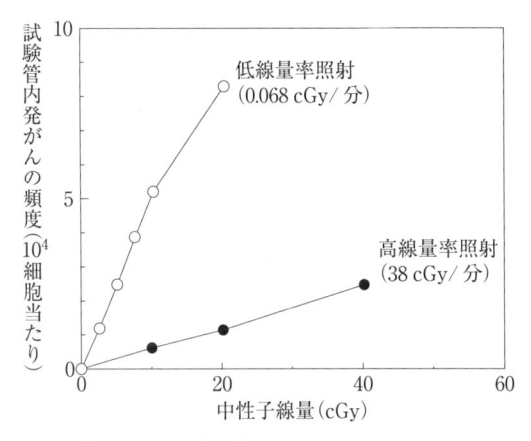

図 7-3 核分裂中性子の逆線量率効果（Hill *et al*., 1982 より改変）
マウス C3H10T1/2 細胞に線量率が異なる中性子を照射して，試験管内発がんの頻度を比較した

く、多くの実験発がん系を用いた現象論的な解析も必要である。

7-5 地上研究や宇宙実験における重点的研究課題

　国際宇宙ステーションにおける放射線被曝は、観測史上最強の太陽フレアが起こらない限りは、いわゆる低線量放射線の被曝である。したがって、低線量域でも起こる確率的影響の研究が重要であることは明白である。なかでも、微小重力の下での発がんの解析は最重要研究課題だと考えられる。

　これまで述べたように、宇宙における放射線発がんの頻度は、微小重力との相乗効果、逆線量率効果、免疫機能の抑制、という独立した3つの要因によって大幅に増加する可能性があるからである。まず、細胞レベルでの試験管内発がん、染色体異常やアポトーシス、個体レベルでの発がんなどの生物的指標を end point としたデータが蓄積されねばならない。そして、これらの解析と平行して、がん関連遺伝子の突然変異の解析、細胞周期の調節や相乗効果のメカニズムの解明をめざした分子レベルの研究も必要である。

7章　宇宙放射線

　一方、国際宇宙ステーションでの低線量被曝では、線量の閾値が存在する確定的影響、すなわち脱毛や白内障などが生じることはないと考えられる。ただ、微小重力との相乗効果によって確定的影響が現れる可能性は完全には否定できないので、できるだけ多くの放射線影響の指標について相乗作用の有無を解析する必要がある。

　21世紀の前半には、宇宙基地や宇宙コロニーでの滞在が2世代にまたがる可能性も考えられる。この際に留意すべきことは、受精卵、胎児期および新生児は放射線感受性が非常に高いことである。たとえば、マウスでは0.05～0.15 Gy（5～15 rad）の照射で着床前の受精卵が死亡するし、**胎児被曝**では奇形の頻度が著しく高くなる（Hall, 1995）。また、ヒトの疫学データやマウスの実験結果は、胎児期や新生児期における低線量放射線の被曝で、白血病や悪性固形腫瘍が増加することが示されている（Hall, 1995；Sasaki & Fukuda, 1999）。したがって、将来の問題として、微小重力下における胎児などに対する放射線影響の研究を推進するべきだと考えられる。

　以上、今後の放射線影響に関する重点的研究課題について概略を述べたが、これらはあくまでも筆者の個人的な考えであることを最後にお断りしておきたい。

8. 生命物質と宇宙環境利用
―タンパク質の結晶作製―

安岡則武

- 8-1 生命科学の奔流
- 8-2 核酸とタンパク質
- 8-3 生命とはタンパク質の存在形態
- 8-4 タンパク質の結晶化
- 8-5 宇宙環境における
   タンパク質の結晶化
- 8-6 ポストゲノムはプロテオームの時代

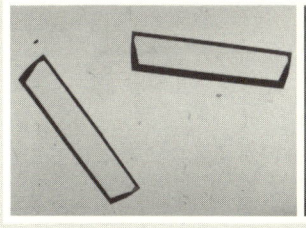

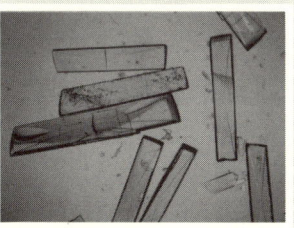

アミノトランスフェラーゼの結晶
左：宇宙で成長した結晶，右：地上で成長した結晶

8章　生命物質と宇宙環境利用

8-1　生命科学の奔流

近年における生命科学の発展はめざましい。

20世紀の初頭には物理学の急激な展開があった。量子力学や相対性理論などが確立し、物質の極微の世界を探求する手法が整った。宇宙もまたそのような物理学の手法で解明されつつある。

物質の本源を解明する手法は、ただちに化学の分野へと応用された。化学は物質の三要素——構造・物性・反応——を研究する分野であるが、それは物質の極微の成り立ち、すなわち原子が原子核と電子で構成されているということに立脚する。少なくとも原理的には物質のすべての挙動は、量子力学とそれに基礎を置く量子化学によって解明されることが示されつつある。その過程で重要な役割を果たしているのが光である。光は物質がエネルギーを交換する手段であり、物質の姿を顕示するために利用されている。

こうした物理学と化学をまとめて物質科学と呼ぶことが許されるならば、この物質科学研究の手法が生物学に導入されて革新的な発展を遂げたのが20世紀後半のできごとであった。

生物を構成する基本の要素が細胞であることが認識され、そしてさらに細胞を構成するオルガネラ（細胞小器官）と総称される構造体があることが見いだされた。そして、それらを形づくる最終の要素は物質であり、その物質の相互作用により生命現象が発現することが次第に明らかになった。

8-2　核酸とタンパク質 —セントラルドグマ—

オルガネラのひとつである核に酸性の物質が多数含まれていることが知られ、**核酸**と名づけられた。化学的な分析が進み、デオキシリボースという糖とリン酸、そして4種類の塩基を含む高分子化合物であることが示された。塩基は、アデニン（A）、チミン（T）、シトシン（C）、グアニン（G）、であった。この核酸は、**デオキシリボ核酸（DNA）**と呼ばれる。核酸にはも

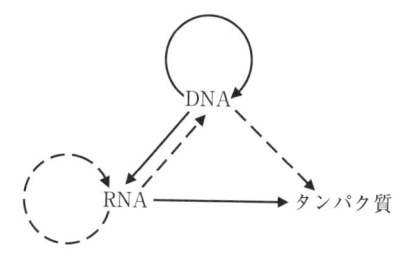

図 8-1　セントラルドグマ（分子生物学における中心命題）

う1種類あることがわかった。この RNA はデオキシリボースの代わりにリボースを含み、塩基としては A、T、C は共通だが、グアニンの代わりにウラシル（U）を含む。

　一方、血液中にあって酸素を運ぶヘモグロビン、糖の消化に関係するホルモンであるインシュリンなどは、アミノ酸の重合体である**タンパク質**であることがわかっている。つまり、生物が生きて動くための道具はタンパク質であり、生命はタンパク質の発現形態であるとも言われる。

　核酸が遺伝情報の担い手であり、その情報の発現がタンパク質であることが次第に明らかになっていく過程で、図 8-1 のような情報の伝達経路が仮定された。これは**セントラルドグマ―分子生物学の中心命題**と呼ばれる。

　生体の維持や増殖に必要な遺伝情報は DNA のなかに保存されている。個々の生物の染色体にある遺伝情報物質全体の一組を、その生物の**ゲノム**と定義する。

　セントラルドグマは当初は仮説であったが、数十年の発展の歴史のなかで確立されてきたといえる。そのなかでエポックメーキングな出来事は、1953年に発表された Watson、Crick、Wilkins らによる DNA の二重らせん構造に関する論文である。デオキシリボースとリン酸が交互に結合して DNA の骨格をつくる。デオキシリボースに結合した塩基の配列が遺伝情報を担う。DNA は相補的な二重らせん構造をとる。塩基は水素結合対をつくるが、アデニンはチミンと対になり、シトシンはグアニンと対をつくる。

遺伝情報の保存と発現のためには、二重らせん構造がいったんほどけることが必要である。遺伝情報の保存のためには DNA が複製される。図 8-1 において DNA のところの実線の円は、DNA が DNA として複製されることを示している。遺伝情報の発現のためには、DNA のもつ情報が RNA に転写される。そしてリボソームと呼ばれる細胞小器官においてタンパク質が合成されるのである。

図 8-1 の破線は、ウイルスなどにおいては遺伝情報が DNA ではなく RNA で担われるものがあることを示している。これはレトロウイルスと呼ばれ、ヒト免疫不全ウイルス（いわゆるエイズウイルス）などがこれに属している。バクテリアなどの細胞に寄生し、RNA から転写された DNA をバクテリアの DNA のなかに組み込んで、自らの生存や増殖に必要なタンパク質を得るのである。

ゲノムプロジェクトは、ヒトをはじめ多くの生物のゲノムの情報を解明することを目的とする。それは DNA における塩基配列をすべて明らかにすることである。ヒトのゲノムを構成している塩基の総数は約 28 億であると見積もられている。これがすべて解明されるのは 21 世紀の初頭であると期待されている。

ゲノムは生命現象のすべてにかかわる情報をもっている。したがってゲノムが解明されれば、① 遺伝子発現の調節シグナル、② 発生・分化の機構、③ 進化や系統に関する問題、④ 疾病に関与する遺伝子の特定、などの手がかりが見いだされると考えられている。

8-3　生命とはタンパク質の存在形態

生命は神秘的なものであるが、不可知なものではない。科学者はそれを解き明かすために努力をしている。「生命とはタンパク質の存在形態である」という表現があるが、もう少し詳しく言うならば、生命現象はそれに関わる分子の物理的・化学的な挙動の連鎖であると言えよう。それぞれの分子が果

たす機能は、その分子構造に体現されている。したがって、生命現象の根源的な解明には、その前提として**分子の立体構造の解明**が不可欠である。

　生命科学において、分子の立体構造を研究する分野のもつ意義をあらためて表現するならば、上記のように述べることができるであろう。自然科学において、複雑な事象を研究するとき最初に採用される手法は分析である。その事象にかかわる物質の組成を原子・分子レベルで明らかにする。分離・分取した上で同定するという分析的手法が用いられる。こうして、それらの分子の役割すなわち生理的機能が立体構造に立脚して明らかにされ、その相互作用として事象が解明されるのである。

　生命現象は複雑に絡み合っていて、単独の事象の連続ではない。したがって、上記に述べた手法も原理的には正しいにせよ、現実の研究課題を解いていくにはあまりにも迂遠であるとのそしりを甘受しなければならないであろう。しかし、生命科学の進歩・発展を長いスタンスで考えるとき、もっとも着実な歩みを記していくのがこのような分子レベルの研究ではないかと考えられる。この生体高分子の構造を原子レベルの分解能で解明するのが**タンパク質結晶学**である。

　原理はX線と物質との相互作用のひとつである。X線が物質に入射すると、さまざまな現象が起こる。入射X線のつくる電場によって、物質を構成する原子の核外電子が振動を励起され、振動する電子が二次的にX線を放射する現象をトムソン散乱という。各原子からの散乱光は互いに干渉して、観測方向によって強度が変化する。これは、原子の座標のずれが散乱方向によって異なることによる。つまり物質を構成する各原子の座標が、散乱光の強度の角度変化をもたらすわけで、散乱光X線の強度分布の研究から、原子の座標についての情報が得られると期待できる。物質が結晶であるとき、散乱は強めあっていわゆる**ブラッグ反射**となり、その強度測定と解析から結晶を構成する分子の構造を知ることができる。

　タンパク質の結晶解析の流れを図8-2に示す。構造解析における位相問題を解くために使われている方法として、①重原子同型置換法、②分子置換

8章　生命物質と宇宙環境利用

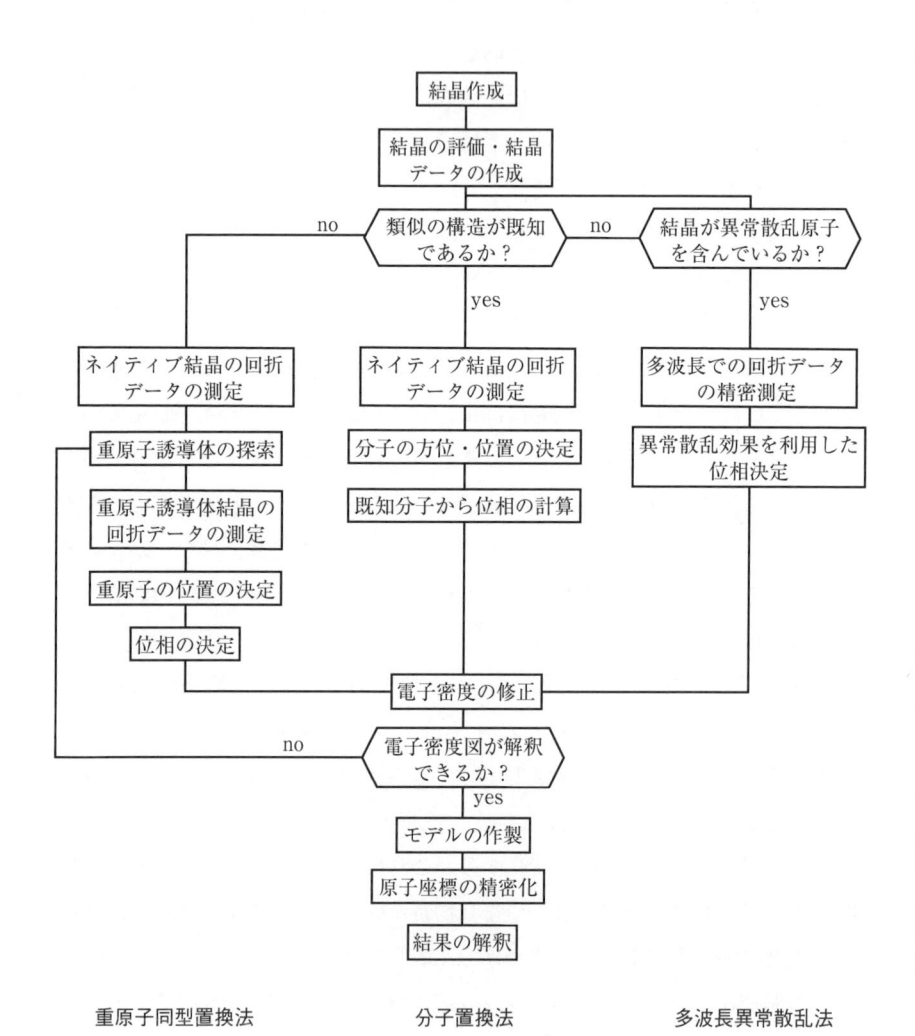

```
                          ┌──────────┐
                          │ 結晶作成 │
                          └────┬─────┘
                               │
                     ┌─────────┴──────────┐
                     │ 結晶の評価・結晶   │
                     │ データの作成       │
                     └─────────┬──────────┘
                               │
        ┌──────no──────<類似の構造が既知>──no──<結晶が異常散乱原子>
        │                      であるか？              を含んでいるか？
        │                        │yes                       │yes
        │                        │                          │
┌───────┴───────┐        ┌───────┴───────┐          ┌───────┴───────┐
│ネイティブ結晶 │        │ネイティブ結晶 │          │多波長での回折 │
│の回折データの │        │の回折データの │          │データの精密測定│
│測定           │        │測定           │          └───────┬───────┘
└───────┬───────┘        └───────┬───────┘                  │
        │                        │                  ┌───────┴───────┐
┌───────┴───────┐        ┌───────┴───────┐          │異常散乱効果を │
│重原子誘導体の │        │分子の方位・   │          │利用した位相決定│
│探索           │        │位置の決定     │          └───────┬───────┘
└───────┬───────┘        └───────┬───────┘                  │
┌───────┴───────┐        ┌───────┴───────┐                  │
│重原子誘導体   │        │既知分子から   │                  │
│結晶の回折デー │        │位相の計算     │                  │
│タの測定       │        └───────┬───────┘                  │
└───────┬───────┘                │                          │
┌───────┴───────┐                │                          │
│重原子の位置の │                │                          │
│決定           │                │                          │
└───────┬───────┘                │                          │
┌───────┴───────┐                │                          │
│位相の決定     │                │                          │
└───────┬───────┘                │                          │
        └────────────────────────┼──────────────────────────┘
                                 │
                        ┌────────┴─────────┐
                        │ 電子密度の修正   │
                        └────────┬─────────┘
                                 │
           no──────<電子密度図が解釈できるか？>
                                 │yes
                        ┌────────┴─────────┐
                        │ モデルの作製     │
                        └────────┬─────────┘
                        ┌────────┴─────────┐
                        │ 原子座標の精密化 │
                        └────────┬─────────┘
                        ┌────────┴─────────┐
                        │ 結果の解釈       │
                        └──────────────────┘

  重原子同型置換法         分子置換法              多波長異常散乱法
```

図8-2　タンパク質の結晶解析の流れ図

法、③多波長異常散乱法の三つがあげられる。図8-2は、それぞれの方法においてどのような道筋をたどるかを流れ図で示している。

　重原子同型置換法はもっともオーソドックスであり、新しい構造はほとんどこの方法で解かれている。ネイティブ結晶の回折強度と重原子誘導体の回折強度の差のパターソン関数によって重原子の位置座標を決める。このような誘導体が2種類以上調製できると位相問題を解くことができる。

　分子置換法は、相同性の高い構造がすでに解かれているような場合にのみ適用できるものであり、セリンプロテアーゼやチトクロム類のようにファミリーやスーパーファミリーを形成するもののなかで未知の構造を解くときなどに利用される。タンパク質工学の手法によってアミノ酸置換を行った変異体の構造を調べるといったときに便利である。

　多波長異常散乱法は、後述する放射光の利用の拡大に伴って発展してきたものであり、タンパク質に含まれる金属原子の異常散乱効果が、用いるX線の波長によって大きく異なり、回折強度に変化を与えることを利用して位相問題を解くものである。タンパク質中のメチオニン残基をセレノメチオニンで置き換え、このセレンを異常散乱原子として利用した研究例がある。

　結晶化については8-4節で詳しく述べるが、順序が逆になるけれども結晶化の戦略について簡単に紹介しておこう。

　タンパク質は結晶になるとは限らない。しかし、構造を知るためにどうしても結晶が必要である、というときにどんな手段が取られるかを図8-3に示した。タンパク質を含む結晶化の母液の光散乱測定が決め手となることが明らかになった。すなわち、母液のなかのタンパク質粒子の大きさが揃っているとき、つまり単一様相であるときには、ほとんどの場合に結晶が得られる。そうでないときにはタンパク質を、重要な立体構造には手を触れない範囲において、何らかの方法で修飾して単一様相の母液を得て、結晶化に結び付けるというものである。

　このようにアートであると考えられてきた結晶化に、次第に科学のメスが入り、格段の進歩が遂げられつつある。

8章 生命物質と宇宙環境利用

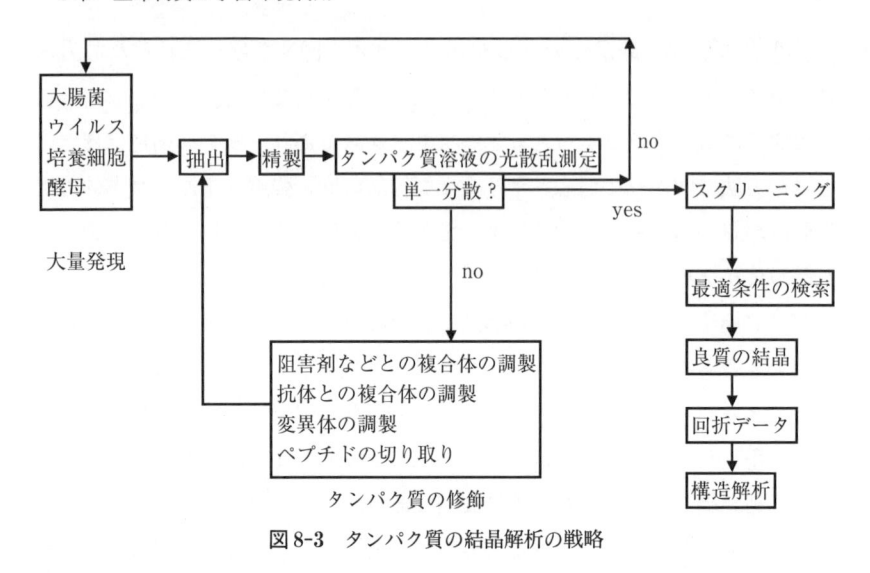

図8-3 タンパク質の結晶解析の戦略

8-4 タンパク質の結晶化

　化学の実験の基礎技術のひとつに再結晶操作がある。簡単な場合には、化合物を高い温度の溶媒に溶かし、フィルターを用いて濾過し不溶性の不純物を除いた後、放置すると溶液から結晶が析出する。溶液を早く冷却すると小さい結晶がたくさん析出するし、ゆっくり冷却すると大きい結晶ができ、その数は少なくなる。

　このケースは、高温で溶解度が高く、温度が下がると溶解度が低くなることを想定している。溶解度の温度変化をグラフで表したものを溶解度曲線というが、溶解度には温度ばかりでなくpHや共存する物質などいろいろの要因が関係する。

　飽和溶解度に達したときにすぐに結晶が析出するかというと、そうではなく、しばらく過飽和の状態が保たれる。その間に溶質がいくつか集まって核をつくる。この段階は**核形成**（nucleation）という。この核に向って溶質が拡散し、付着していくのが**結晶成長**（growth）の段階である。ある程度

の大きさになって析出する。溶解度をゆっくり下げていくと過飽和の状態が持続することになり、核形成が起こりにくい。このような状態にもっていくことにより核の数を少なくし、少数の核から結晶を成長させると、大きい結晶をつくることができる。

　タンパク質の結晶化の原理もこれと同じである。上記では理解しやすいように温度による溶解度の変化を例にとったが、タンパク質溶液の溶解度を変化させるのには、ふつう沈澱剤(ちんでん)が使用される。

8-4-1　塩溶と塩析（salting in, salting out）

　タンパク質の溶解度は共存する物質、とくに電解質（塩）によって影響を受ける。電解質の正イオンの電荷を z_+、負イオンの電荷を z_- とする。硫酸アンモニウム $(NH_4)_2SO_4$ の場合は $z_+ = 1$、$z_- = 2$ である。塩の濃度を c とすると、イオン強度 μ は次の式で表すことができる。

$$\mu = c\,(z_+^2 + z_-^2)/2 \tag{8.1}$$

塩が2種類以上共存する場合には、すべてについて和をとる。

　塩が存在しない場合と共存する場合のタンパク質の溶解度をそれぞれ S_0 と S とすると、

$$\log S - \log S_0 = \frac{Az_+z_-\sqrt{\mu}}{1 + B\sqrt{\mu}} - K_s\mu \tag{8.2}$$

と表せることが知られている。A、B、K_s は温度、誘電率、イオンの径などに関係する定数である。塩の濃度がごく低い領域では、塩の濃度が増加するにつれてタンパク質の溶解度が増加する。これはイオンが水とタンパク質の相互作用を助ける役割を果していると考えられ、この現象を**塩溶**という。式(8.2)の第2項は塩溶の効果を表している。さらに塩の濃度が増すと、タンパク質の溶解度は減少する。これはイオンが水和するためタンパク質の表面から水を奪うためと考えてよい。タンパク質は互いに接近して核をつくり、沈澱となる。こうして結晶が析出する。

　ここでは塩の場合について述べたが、有機化合物などを用いることもあ

る。機構は異なるけれども、タンパク質の表面から水を奪うことで溶解度を下げることが作用の原因だと考えられている。以下これらを**沈澱剤**と呼ぶ。

結晶化に用いられる沈澱剤の例を表8-1に示す。

タンパク質の結晶化の操作は、タンパク質溶液の溶解度を徐々に下げて飽和溶解度に達するようにすることである。

(1) 透析法（dialysis method）

図8-4のような器具を用いる。ボタンと呼ぶことが多い。さしわたしが10〜20 mmくらいのプラスチックの円筒を加工して、上部に凹みをつくったものである。凹みの容積は5〜300 mlくらいである。ここにタンパク質の溶液を入れ、気泡が入らないように注意しながら半透膜で覆う。ボタンの下部の円周に掘ってある溝にOリングをはめて密着させる。これを沈澱剤の溶液に浸す。沈澱剤は半透膜を通過してタンパク質溶液のなかへ徐々に入っていき溶解度を下げる。

表8-1 タンパク質の結晶化に用いられる沈澱剤

塩
- 硫酸アンモニウム　$(NH_4)_2SO_4$
- 硫酸ナトリウム　Na_2SO_4
- 塩化リチウム　$LiCl$
- リン酸ナトリウム　Na_3PO_4
- 塩化ナトリウム　$NaCl$
- 硫酸マグネシウム　$MgSO_4$
- クエン酸ナトリウム　$C_3H_4(OH)(CO_2Na)_3$
- 塩化カルシウム　$CaCl_2$

有機化合物
- メタノール　CH_3OH
- エタノール　C_2H_5OH
- イソプロピルアルコール（イソプロパノール）　C_3H_7OH
- 2-メチル-2,4-ペンタンジオール（MPD）　$(CH_3)_2C(OH)CH_2CH(OH)CH_3$
- アセトン　$(CH_3)_2CO$
- ジオキサン　$C_4H_8O_2$
- ブタノール　C_4H_9OH
- アセトニトリル　CH_3CN
- ポリエチレングリコール　1000, 2000, 4000, 10000　$-[(CH_2CH_2)O]_n-$

8-4 タンパク質の結晶化

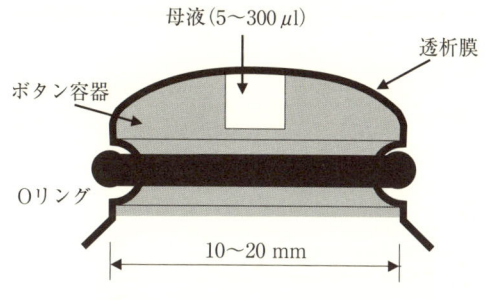

図 8-4 透析法に用いるボタン

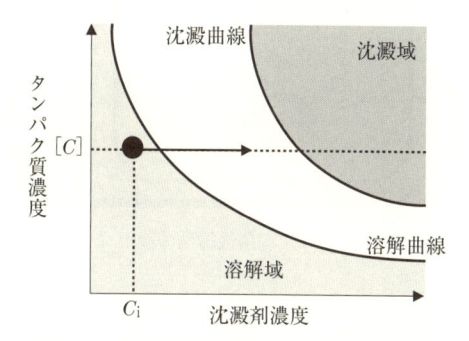

図 8-5 透析法におけるタンパク質溶液の変化

　このときの変化を模式的に図 8-5 に示す。沈澱剤の濃度を横軸にとってある。縦軸はタンパク質の濃度であるが、これは一定である。沈澱剤の濃度が高いとタンパク質の溶解度は低いので、図のような右下がりの曲線になる。飽和溶解度より少し高いところに沈澱曲線があると考えられる。沈澱剤濃度が増して飽和溶解度に達すると核形成が始まり、ついで結晶が析出すると考えられる。核形成が起こらないまま沈澱領域に入ると、無定形の沈澱を生じてしまう。

　結晶が析出するのが速くて小さい結晶が多数得られるような場合には、図 8-6 に示すように、透析外液を濃度の低い内側の液と濃度の高い外側の液とを用いる二重透析法も用いることがある。

265

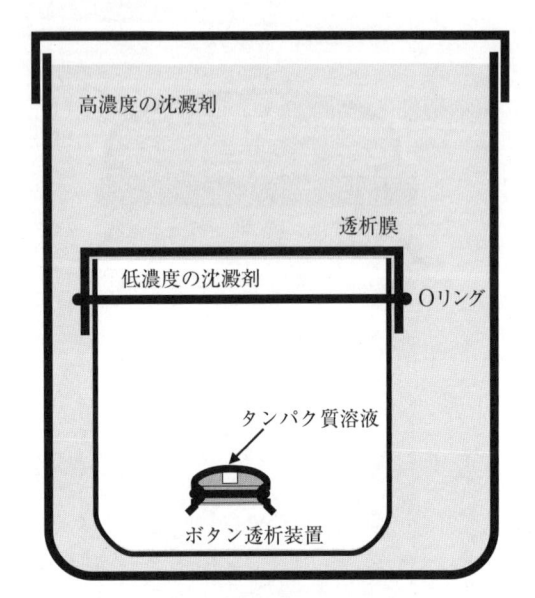

図8-6 二重透析法の設定

(2) 蒸気拡散法 (vapor duffusion method)

気相を通じて揮発性の溶媒や沈澱剤が拡散によって移動するようなしくみである。図8-7のような簡単な装置が使われる。シリコンオイルなどで撥水処理をしたガラス板にタンパク質溶液を保持させる。密閉した空間内に沈澱剤の溶液を共存させ、気相を通じて拡散が起こるようにする。その際の変化を図8-8に示した。

タンパク質溶液が沈澱剤溶液との間で蒸気拡散によりタンパク質濃度と沈澱剤濃度がともに高まって、過飽和の領域で結晶化が起こる。気相を通じての拡散というきわめて遅い現象を利用するのが特徴である。タンパク質溶液の液滴をどうつくるかによって、ハンギングドロップ、シッティングドロップ、サンドイッチドロップなどの方法がある。液滴の表面積が方法によって異なるもので、蒸気拡散の速さを調節することになる。

(3) バッチ法 (batch method)

タンパク質溶液に過飽和の状態になるまで沈澱剤を加え、そのまま放置す

8-4 タンパク質の結晶化

(a) ハンギングドロップ
(b) シッティングドロップ
(c) サンドイッチドロップ
(d) 平面図

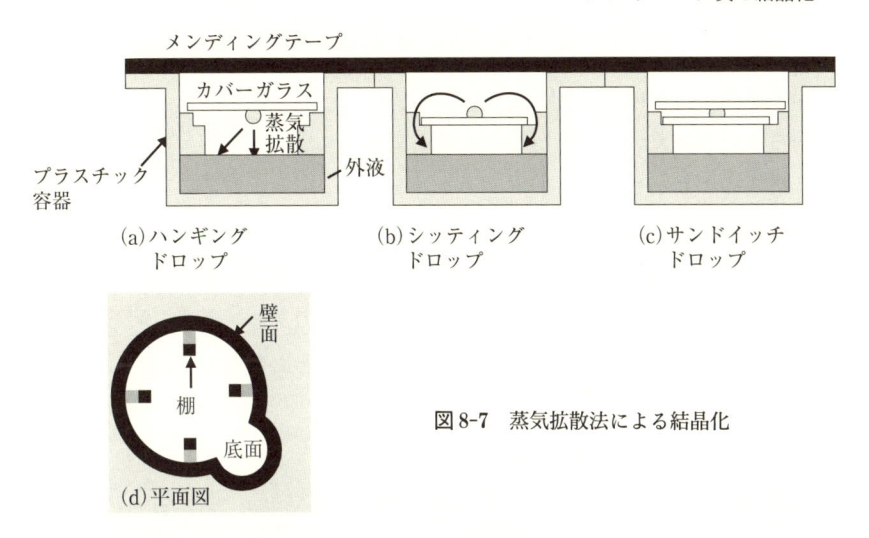

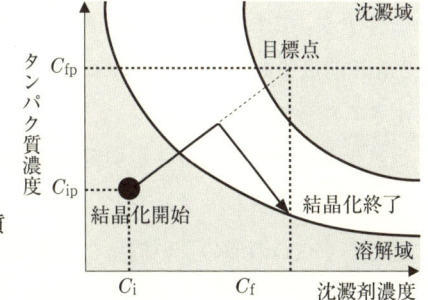

図8-7 蒸気拡散法による結晶化

図8-8 蒸気拡散法におけるタンパク質溶液の濃度変化

る方法である。加えすぎると沈澱が生じてしまうし、少なすぎるといつまで待っても結晶が出ないことになる。わずかに濁りが生ずるところまで沈澱剤を加える。タンパク質試料が比較的大量に得られるときに使われる方法である。

(4) 自由界面拡散法（free interface diffusion method）

細い試験管とかキャピラリーに沈澱剤を半分注入し、その上に静かにタンパク質溶液を注いで界面を形成させる。この界面を通して溶媒や沈澱剤が移動することを利用する。濃度変化は蒸気拡散の場合と同様と考えてよいだろ

(5) 濃縮法（concentration method）

何らかの方法でタンパク質溶液を濃縮することにより結晶を得る方法である。溶媒の蒸発がもっとも簡単である。遠心機を用いて濃縮したり、ときには限外濾過の際に結晶が得られることもある。

(6) 温度勾配法（temperature gradient method）

タンパク質の溶解度の温度変化を利用する方法である。低温で溶解性が増すことが多いので、ゆっくり温度を上昇させることになる。

8-4-2 シーディング法（seeding method）

結晶の形によっていろいろと呼び名がある。柱状結晶、板状結晶、針状結晶などというが、どのような形状をとるかはタンパク質と結晶化条件の両方に依存する。これを晶癖（habit）という。X線回折実験に手頃な大きさは0.2mm前後であるが、後述のように放射光を利用すると、この限界は次第に小さくなっている。

結晶化条件のコントロールが難しく、小さい結晶が数多く析出するような場合には種つけ（シーディング）を行うとよい結果が得られる。顕微鏡などで見えるくらいの形のよい結晶を、飽和溶解度に達しているタンパク質溶液内にそっと入れると、その結晶を核として結晶が成長する。これはマクロシーディング法と呼ばれる。これに対して、見えないような結晶を核として加えるのがミクロシーディング法である。形のよくない結晶などをよく砕いて薄め、ごくわずかの核となるものを飽和溶解度に達しているタンパク質溶液に加える方法である。いずれにせよコントロールの難しい核形成の段階を種結晶を加えることで克服する方法である。

8-4-3 クリスタルスクリーン

結晶化の方法について述べたが、さて結晶をつくりたいとき何から手がけるか、バッファーは何がよいか、沈澱剤は何を選ぶか、温度は、pHは…。

このようなとき、性質の似ているタンパク質の結晶化に使われた条件を文献で調べて、それを基準に考えるのがよい。

また、結晶化条件をすべて集めたデータベースがあり参考にできる。つぎの機関（アメリカ）から発行されている。

 NIST/CARB（Biological Macromolecule Crystallization Database）
 NIST（National Institute of Standards and Technology）
 CARB（Center for Advanced Research in Biotechnology）

また、このような過去のデータを参照して、よく用いられている沈澱剤などを調合して数十種類をキットとして市販しているメーカーもある。クリスタルスクリーンというが、いろいろな条件を試してみて、良好な結果が得られたら、その条件を中心に詳しく結晶化実験を実施するということが行われている。

8-5 宇宙環境におけるタンパク質の結晶化

NASAによるスペースシャトルの打ち上げが行われ、宇宙環境での実験が開始された。タンパク質の結晶化は、早い時期から取り組まれた課題のひとつであった。初期の実験によって、微小重力下では地上実験よりも大きい結晶が得られること、また歪みが少ない良質の結晶が得られることが示された（8章扉参照）。

8-4-1(2)項で述べた蒸気拡散法が主として用いられているが、結晶核の生成と結晶成長のいずれの過程においても拡散が律速である。

重力下では、結晶は溶液よりも重いので成長過程で沈降することとなり、大きく成長する以前に沈降して重なりあうようなことが起こる。すると結晶は大きくならないし、良質にならない。一方、微小重力下ではタンパク質の結晶核は沈降せず、周囲が溶液に囲まれた状態で成長するので条件はよいと考えられる。重力によって攪乱されることのない条件で、濃度勾配による拡散だけで結晶化が進行するため、大きい良質の結晶が得られると考えられ

る。実際、地上で成長した結晶のなかの歪みを分析してみると、結晶化に使った容器の器壁などの影響と考えられる現象が観察されている。すなわち、宇宙における実験では、重力の影響によって拡散の過程が乱されているという要因が除かれるので、大きくて良質な結晶が得られると考えられる（3章参照）。

このような予備的な成果をもとにして、国際宇宙ステーションにおける結晶化実験が計画されている。よい結晶がなぜできるか、あるいは宇宙における結晶化のプロセスはどのような段階を経るのかといったことを観察するための装置が開発され、運用される。微小重力下におけるタンパク質の結晶化がより科学的に解明されることが期待される。

8-6 ポストゲノムはプロテオームの時代

ゲノムは個々の生物の染色体にある遺伝情報物質の一組として定義された。生物が生存し生殖するためには、ゲノムに含まれる遺伝子が発現してタンパク質がつくり出されて機能を発揮しなければならない。ヒトゲノムの全塩基配列の決定が21世紀の初頭に終了すると予想される状況において、生物の生存や生殖にかかわるタンパク質を網羅的に研究することがつぎの時代の研究課題となってきた。このような背景において、ゲノムに対応する全遺伝子産物であるタンパク質の一組を**プロテオーム**と定義することとなった。ゲノムが解明された後はプロテオームの時代である。

細胞がもっている遺伝子は、いつもすべて発現しているわけではない。むしろ多くの遺伝子は沈黙していると考えられる。細胞内でのタンパク質の発現量や寿命はさまざまである。ヘモグロビンのようなタンパク質は多量に存在するが、ほかの遺伝子の発現の調節に関わるようなタンパク質はごく少量しか発現しない。このように量的にも大きく差のあるタンパク質を分離し、構造や機能を研究することがプロテオームの課題であるが、困難が予想される。

8-6 ポストゲノムはプロテオームの時代

　プロテオーム解析研究の有力な手段のひとつは2次元電気泳動である。多種類のタンパク質を含む溶液を陽極から陰極に向かってpHが連続的に変わる溶液のなかで電気泳動させると、各タンパク質はそれぞれの等電点のpHにおいて止まるはずである。これが等電点電気泳動である。このように、まず等電点で分離したものをSDS-PAGE（ドデシル硫酸ナトリウム-ポリアクリロニトリルゲル電気泳動）にかけると、タンパク質は2次元的に分離される。そのひとつひとつを次に質量分析にかけるという方法で調べていくことができる。

　以上のような方法でタンパク質が同定されると、つぎは大量発現―結晶化―構造解析の課題が俎上にのぼる。先に述べたように、この段階において結晶化がボトルネックとなる。宇宙環境における結晶化過程の解明はプロテオームの時代の鍵を握っているといえよう。

9. 短時間の微小重力実験手段

中村富久

9-1 はじめに
9-2 落下実験施設
9-3 航空機
9-4 小型ロケット
9-5 まとめ

TR-IAロケット（6号機）の打ち上げ

9章　短時間の微小重力実験手段

9-1　はじめに

　物体を重力にまかせて**自由落下**させると、**無重量（微小重力）**環境が得られる。もっとも簡便な方法は、実験装置を高いところから自由落下させる**落下塔（または落下坑）**であるが、実用化されている施設の微小重力持続時間は最大でも10秒である。秒のオーダーでそれ以上を実現する手段としては、**航空機**の**放物線飛行**（約20秒）、**高層気球**を用いた**落下カプセル**（最大約60秒）がある。数分から20分くらいまでの微小重力環境は、**小型ロケット**や弾道ミサイルの弾道飛行により実現される。

　時間オーダーになると、もはや地球の周回軌道に乗るほかはなく、重力と遠心力が釣り合って微小重力環境となり、スペースシャトル、フリーフライヤー、宇宙ステーションなどが用いられる（図9-1）。また、微小重力の質（レベル）も各実験手段によりさまざまで、これを微小重力の持続時間とともに整理すると図9-2のようになる。

　ここでは、国際宇宙ステーションやスペースシャトルなどによる本格的な軌道上実験のための予備実験などまでをカバーする、落下実験施設、航空機、小型ロケットの実験システムの概要について紹介する。

9-2　落下実験施設（落下塔・落下坑）

　落下実験施設は、微小重力利用研究のもっとも基本的で、容易に利用できる実験手段である。

　ビルの屋上などから実験装置を自由落下させれば容易に微小重力環境を実現できるが、問題は制動である。たとえば高さ100mから自由落下させると、約4.5秒間の微小重力環境が得られるが、このときの速度は時速約160kmにも達し、実験装置や実験試料にダメージを与えず回収するためには特別な工夫が必要となる。また、速度の2乗に比例して空気抵抗が増加し、微小重力レベルの悪化を招くため、この対策も必要となる。これらの技術課題

9-2 落下実験施設

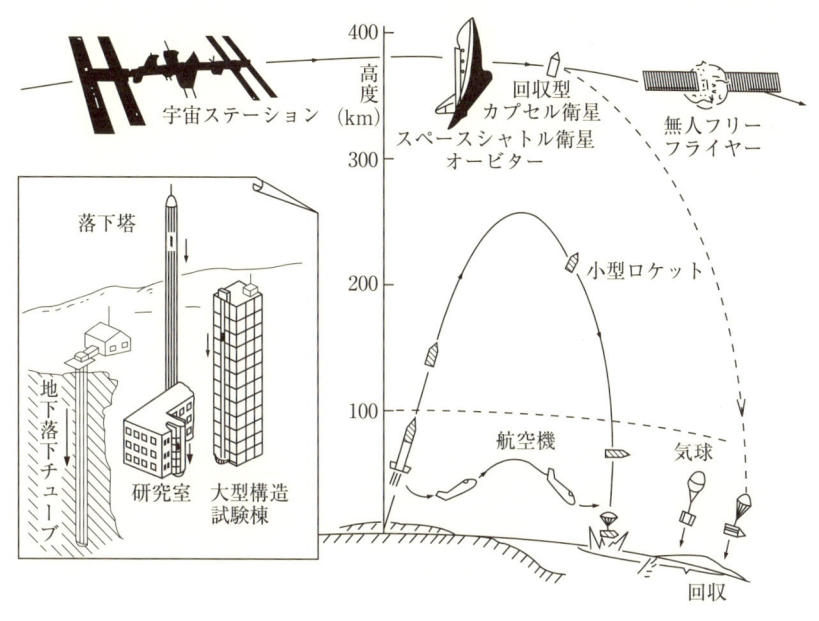

図9-1 微小重力実験の手段

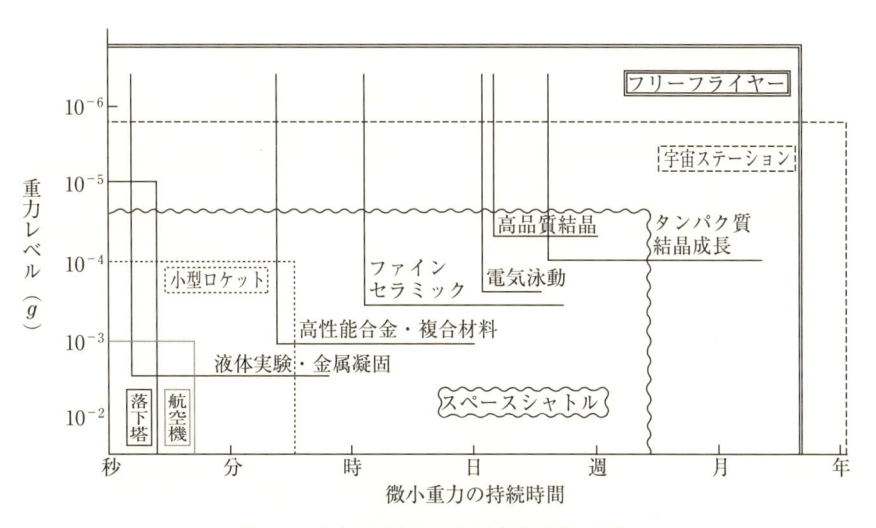

図9-2 宇宙環境利用の各種実験手段の特徴

9章　短時間の微小重力実験手段

を克服した落下距離100mを越える本格的な落下実験施設が、日本、アメリカ、ドイツに設置されており、いずれも $10^{-5}g$ 以下の良質な微小重力環境を提供している（表9-1）。

北海道空知郡上砂川町にある地下無重力実験センター（JAMIC；Japan Microgravity Center）の実験施設（図9-3）は、旧炭坑の縦坑を利用したもので、全長710m、自由落下距離が490m（世界最大）で10秒間の微小重力環境をつくり出している。この施設では、落下中に受ける空気抵抗を重

表9-1 落下実験施設の概要

	日本	
	北海道上砂川町	岐阜県土岐市
落下高さ(m)	490	100
微小重力時間(s)	10	4.5
微小重力レベル(g)	10^{-5}	10^{-5}
制動時衝撃(g)	8	10
カプセル質量(kg)	5000	1000
（実験装置質量）	(500)	(400)
カプセル直径(m)	$\phi 1.8$	$\phi 0.9$
抗力補償方式	2重カプセルと空気スラスター	真空 10^{-2} Torr
ガイド方式	ガイドレール	なし
制動方式	エアーダンパーと機械式ブレーキ	フリクションダンパーとベローダンパー
所有また運航者	地下無重力実験センター	日本無重量総合研究所

	アメリカ		ドイツ
	ハンツビル	クリーブランド	ブレーメン
落下高さ(m)	100	145	110
微小重力時間(s)	4.3	5.5	4.7
微小重力レベル(g)	10^{-5}	10^{-5}	10^{-6}
制動時衝撃(g)	25	25	30
カプセル質量(kg)	1642	452	300
（実験装置質量）	(204)	(不明)	(不明)
カプセル直径(m)	$\phi 2.2$	$\phi 1.0$	$\sim \phi 0.8$
抗力補償方式	ドラッグシールドとスラスター	真空 10^{-2} Torr とスラスター	真空 10^{-5} bar
ガイド方式	ガイドレール	不明	不明
制動方式	不明	減速タンク	ポリスチレン緩衝材
所有また運航者	NASAマーシャル宇宙飛行センター	NASAルイス研究センター	ブレーメン大学

9-2 落下実験施設

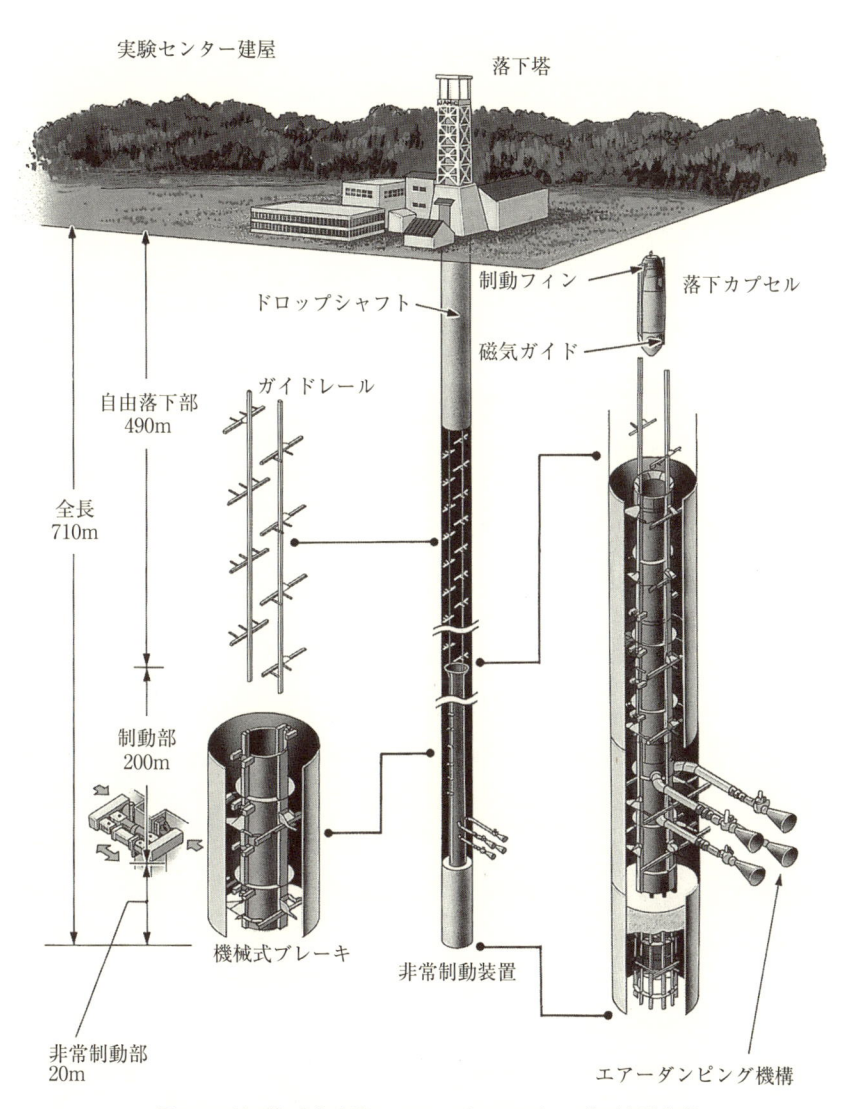

実験センター建屋
落下塔
制動フィン
落下カプセル
ドロップシャフト
磁気ガイド
ガイドレール
自由落下部
490m
全長
710m
制動部
200m
機械式ブレーキ
非常制動装置
非常制動部
20m
エアーダンピング機構

図9-3 地下無重力実験センター（JAMIC）の落下実験施設
　　（資料提供：地下無重力実験センター）

9章 短時間の微小重力実験手段

図 9-4 JAMIC の落下カプセル
(資料提供:地下無重力実験センター)

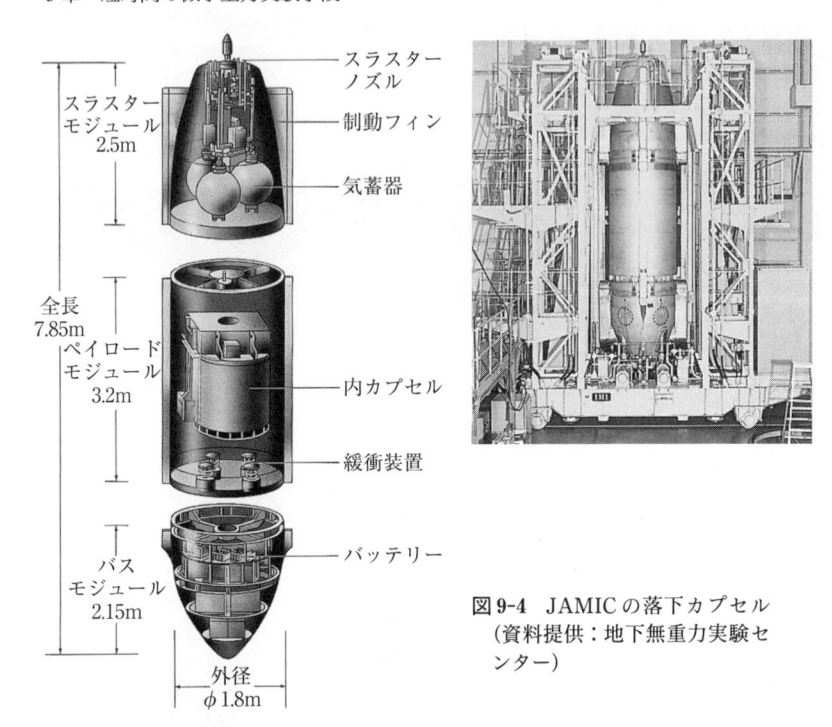

さ約5トンの落下カプセル上部に設置した空気ジェットスラスターの推力により打ち消し、さらに落下カプセル内に実験装置を搭載するもうひとつの内カプセルを設け、内外カプセル間を真空にすることによって空気抵抗を無くして、$10^{-5}\,g$ 以下の微小重力を実現している(図9-4)。制動は、空気の圧縮性を利用したエアーダンピング機構と機械式ブレーキにより行われ、減速時の衝撃加速度を $8\,g$ 以下に抑えており、市販の実験機器が使用できる。内カプセルには、870 mm(W)×870 mm(D)×918 mm(H)のスペースに最大 500 kg の実験装置を搭載できる。実験装置のリアルタイムモニターや落下中の実験制御のため、レーザー光を用いた光伝送システムが整備されている。そのほか、同施設には共用実験装置として、流体物理実験装置、観察機能付均熱炉、急冷機構付電気炉、燃焼実験装置などが準備されている。本施設では通常1日3回の落下実験が行われている。

9-2 落下実験施設

　岐阜県土岐市にある日本無重量総合研究所（MGLAB；Micro-Gravity Laboratory of Japan）の実験施設（図9-5）は、核燃料サイクル開発機構（旧動燃）の直径6m、深さ150mの縦坑に直径1.5m、長さ150mの真空チューブを設置し、自由落下距離を100mとして、$10^{-5}g$以下の微小重力環境を4.5秒間提供している。重さ約1トンの落下カプセルの制動は、フリクションダンパーとベローダンパーにより行われ、減速時の衝撃加速度は$10g$以下に制御される。落下カプセル（図9-6）には、直径720mm、高さ885

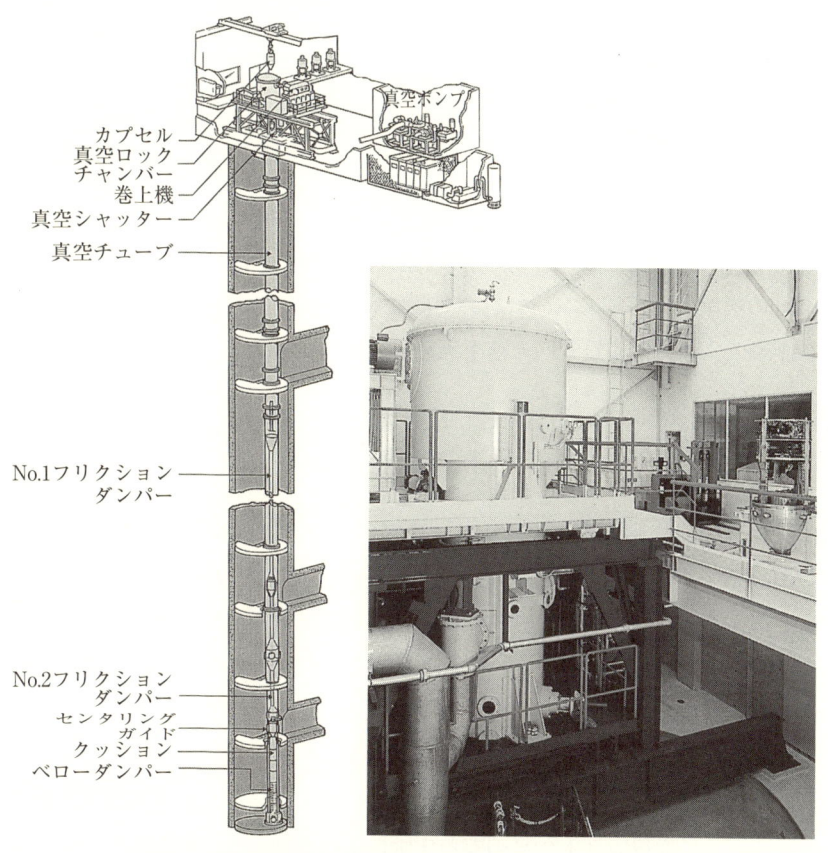

図9-5　日本無重量総合研究所（MGLAB）の落下実験施設
（資料提供：日本無重量総合研究所）

9章 短時間の微小重力実験手段

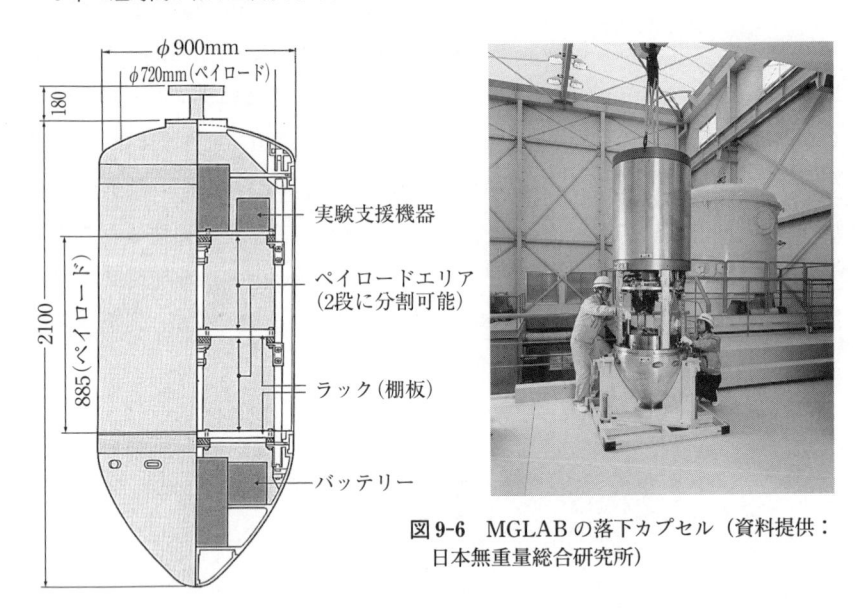

図9-6 MGLABの落下カプセル（資料提供：日本無重量総合研究所）

mmの実験装置搭載スペースがあり、最大400kgの実験装置を搭載できる。本施設では、通常1日6回の落下実験が可能である。

9-3 航 空 機

航空機を**放物線飛行**（パラボリックフライト）することによって、約20秒間の微小重力環境をつくることができる。微小重力のレベルは$10^{-2}g$程度とあまりよくないが、実験者が同乗して実験装置を直接に操作できる利点がある。また、1回のフライトで何回も放物線飛行ができるため、ほかの実験手段と比較して1回当たりのコストはもっとも安価である。

航空機による微小重力環境の提供は、日本、アメリカ、フランスにおいて行われており、微小重力実験のほか、国際宇宙ステーション用実験装置の操作性データの取得、地上では困難な宇宙用柔構造物の挙動把握などに使用されている（表9-2）。

9-3 航空機

表9-2 航空機微小重力実験システムの概要

	MU-300A(日本)	KC-135(アメリカ)	A300(フランス)
微小重力レベル(g) (浮遊させた場合)	0.1〜0.01 (10^{-4})	0.01 以下 (10^{-4} 以下)	0.01 以下 (10^{-4} 以下)
持続時間(s) (浮遊させた場合)	20 (2〜3)	20〜25 (5〜15)	25 (5〜10)
飛行時最大加速度(g)	〜2.0	1.8〜2.0	1.8
利用スペース(m)	標準ラック 3〜4 台 ($0.7_W \times 0.28_D \times 0.85_H$)	$3.0_W \times 18.3_D \times 1.5 \sim 1.98_H$	$5.0_W \times 20_D \times 2.3_H$
搭載質量(kg)	1136	978 kg/m²	床への接合ポイント毎に最大 50 kg まで
電力:直流 交流	28 V/25 A×2 100 V/60 Hz/1.5 kVA(1ϕ, 3ϕ)	28 V/80 A 110 V/400 Hz/50 A (1ϕ) 110 V/60 Hz/20 A (1ϕ)	28 V/20 A×5 220 V/50 Hz/ 2 kVA×10 115〜200 V/400 Hz/ (3ϕ)
放物線飛行回数	6〜10 回/飛行	40 回/日	30 回/飛行
実験者搭乗	可	可	可
安全基準	危険物・圧力容器など 運輸省航空局への申請	危険物・圧力容器など FAA 基準適用	危険物・圧力容器など FAA 基準適用
所有者または運航者	ダイヤモンドエアサービス株式会社,名古屋	NASA ジョンソン宇宙センター	Novespace 社

わが国では、愛知県名古屋空港にあるダイヤモンドエアサービス株式会社が、宇宙開発事業団(NASDA)の委託により小型双発ジェット機 MU-300 を用いて航空機実験システムを運行している。同機では、図9-7 に示す放物線飛行を1回のフライト当たり6回から10回行い、$10^{-2}g$以下の微小重力環境を約20秒間提供している。飛行中は、放物線飛行開始直前に$2g$、終了後に$1.5g$の過重力が発生する。

機内には、図9-8 に示すように実験装置2ラック、実験支援システム、実験者用2座席、支援システム操作員用1座席が配置される。実験装置ラックは、700 mm(W)×450 mm(D)×900 mm(H)の大きさで、最大100 kgの実

9章 短時間の微小重力実験手段

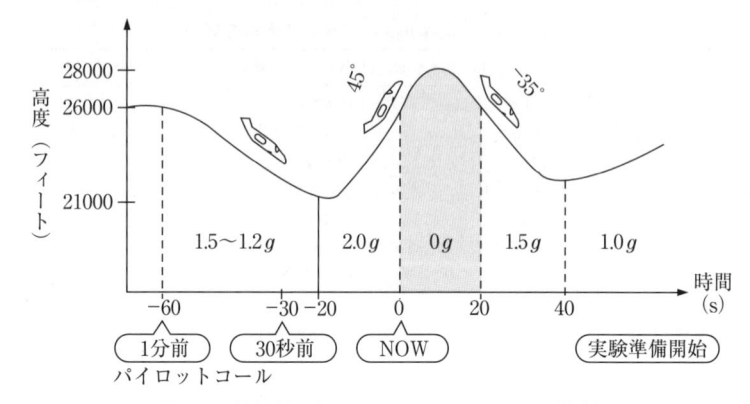

図9-7 放射線飛行のパターン（MU-300の場合）

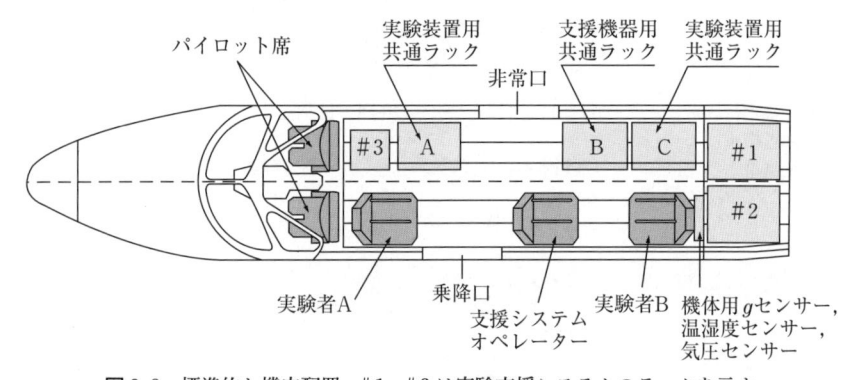

図9-8 標準的な機内配置．＃1～＃3は実験支援システムのラックを示す

験装置を搭載できる。実験支援システムとしては、実験装置搭載用ラック、電源部、gデータ計測部、計測データ収録部、映像データ収録部、高圧ガス供給／機外排気システム、機内通話システムなどが整備されている。

9-4 小型ロケット

小型ロケットを弾道飛行させると、分オーダーの微小重力環境を得ることができる。微小重力実験は、大気密度が十分に小さくなる高度100km以上で行われ、$10^{-4}g$以下の良質な微小重力環境を3分から14分程度利用でき

る。実験装置を搭載したペイロード部は、大気圏に再突入して、大気との摩擦により減速した後パラシュートを開傘して緩降下し、陸上または海上で回収される。実験例は少ないが、ロシアの潜水艦発射弾道ミサイルを活用した実験システム（Röhrig & Roth, 1997）では、約20分間の微小重力環境が達成されている。

日本では、宇宙開発事業団が1980年から1983年にかけてスペースシャトルによる第一次材料実験（FMPT。3-1-2項参照）の予備実験などのため、TT-500Aという小型ロケットを種子島宇宙センターから6機打ち上げた。このロケットは、全長10.5m、直径0.5m、全備質量約2.4トンの2段式固体ロケットで、80kgの実験装置を搭載して、約7分間の微小重力環境を持続することができる。6機のうち、4機の回収に成功し、半導体材料実験や、実験装置の要素技術データなどが取得された。その後、宇宙開発事業団は、来るべき国際宇宙ステーション時代に向けて、微小重力実験手段の整備、共通的・基盤的宇宙実験技術の開発を目的に、1989年から宇宙実験用小型ロケット（TR-IA）計画をスタートさせた。1991年9月に1号機を打ち上げ、以後、1998年までに7回の微小重力実験に成功した。

TR-IAロケット（図9-9）は、全長約13.5m、直径1.1m、全備質量約10.5トンの1段式の固体ロケットで、約750kgの実験装置を搭載して10^{-4} g以下の微小重力環境を6分間維持することができる。このロケットは、機体中央部に装着した4枚の動翼で飛行初期の姿勢制御を行うことにより、到達高度を確保するとともに、射場から約180kmの近距離着水（TT-500Aロケットは約500km）を実現して、回収の確実性を高めている。回収システムは、TT-500Aロケットでの失敗の教訓が生かされ、信頼性の高いものとなっている。実験装置およびロケットの主要機器が搭載されるペイロード部には水密構造が採用され、これらの機器の再使用を可能としている。6号機では培養細胞実験に対応するため、打ち上げ前の実験試料の積み込みと、回収船上での取り出しができる機体外筒が開発された。TR-IAロケットの飛行プロファイルを図9-10に示す。

9章　短時間の微小重力実験手段

図9-9　TR-IAロケット（写真提供：宇宙開発事業団）

　TR-IAロケットでは、実験装置の搭載可能質量とともに容積もTT-500Aロケットから飛躍的に増加した。搭載実験システム（図9-11）は、実験支援系と実験装置から構成され、直径715mm、高さ2520mmのスペースに4台から6台の実験装置を搭載することができる。とくに、直径は欧州のTEXUSロケットなどが400mm程度であるのに比べて約1.8倍あり、精密な干渉顕微鏡によるその場観察機器など、高性能・高機能な実験装置の構築を可能としている。具体的には、結晶成長、流体物理、凝固、燃焼、半導体材料、細胞などの研究および技術開発のために、13種類の実験装置が開発された。このうち、4号機から7号機までに開発された、観察技術実験装置II型（溶液結晶成長その場観察）、流体物理実験装置II型、多目的均熱炉（電気炉6台を独立に制御可）、燃焼現象実験装置、高温加熱装置II型（X線可視化装置付イメージ炉）、培養細胞実験装置、静電浮遊炉については、今後も稼働できる状態にある。

9-4 小型ロケット

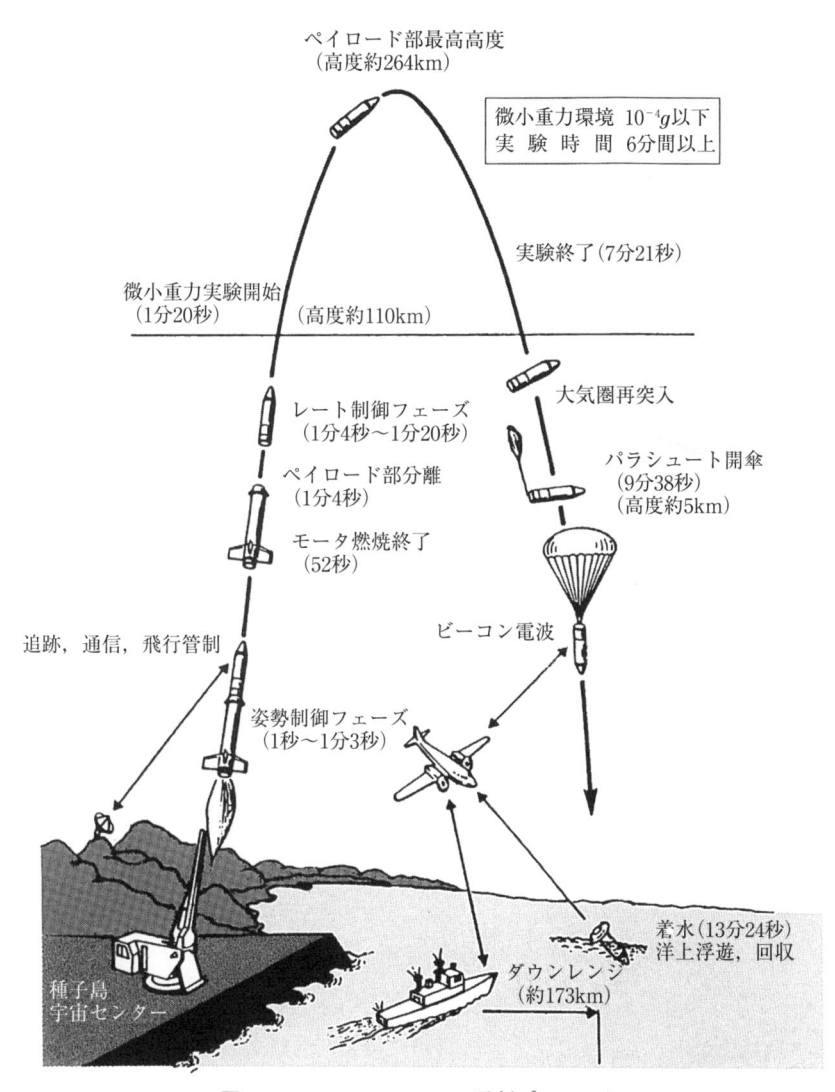

図 9-10 TR-IA ロケットの飛行プロファイル

9章　短時間の微小重力実験手段

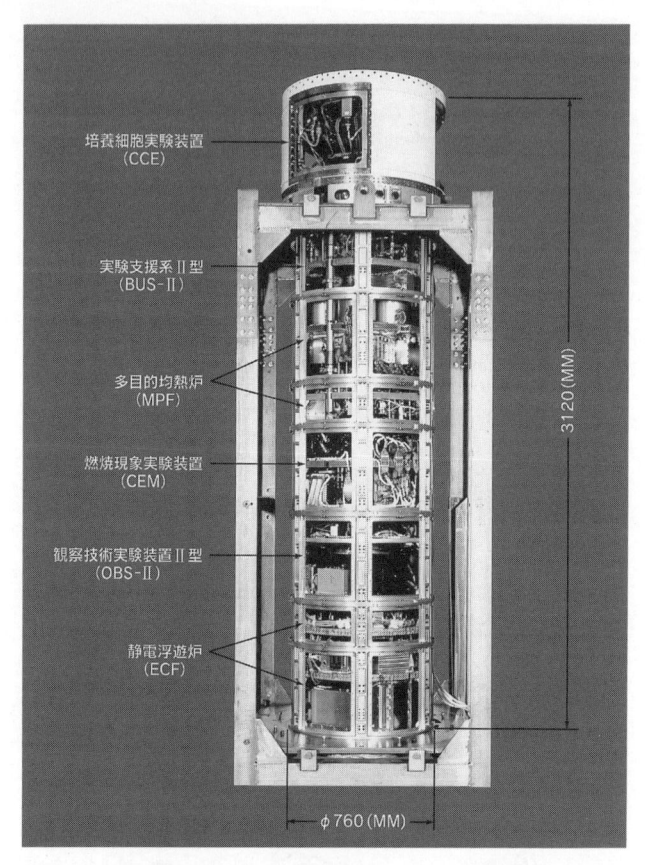

図9-11　TR-IA搭載実験システム（7号機）
写真提供：宇宙開発事業団

　TR-IA計画は、国際宇宙ステーションにおける日本の実験棟「きぼう」（JEM）の初期利用に向けた宇宙実験技術の高度化、「きぼう」に搭載される共通実験装置の要素技術の開発など、当面の技術開発目的を達成したため、7号機をもって終了した。この計画には100名以上の研究者が参加し、合計39テーマ（うち2テーマは日本航空宇宙工業会との共同研究）の微小重力実験が実施され、貴重な科学技術成果を獲得するとともに、日本の宇宙環境利用の促進に大きく貢献することができた。

9-4 小型ロケット

表9-3 微小重力実験用の小型ロケットの概要

	TR-IA (日本)	TEXUS (ドイツ)	Mini-TEXUS (ドイツ)
保有機関	NASDA	DASA[*1]	DASA[*1]
使用ロケット	TR-I	Skylark 7	Nike/Orion II
全長/直径 (m)	13.5/1.1	13/0.42	10/0.42
ペイロード質量 (kg)	750	250	100
ペイロード部直径/長さ(m)	0.85/3.12	0.43/2.8	0.43/1.0
微小重力レベル (g)	10^{-4}以下	10^{-4}以下	10^{-4}以下
微小重力持続時間 (分)	6	6	3
最大加速後 (g)	12	12	—
射場/回収場所	種子島/太平洋上	エスレンジ[*2]/陸上	エスレンジ[*2]/陸上
打ち上げ実績	第1号機(1991/9/16)から第7号機(1998/11/19)まで全機成功	第1号機(1977/12/13)から1998年まで36機打ち上げ. この間2機失敗	第1号機(1993/11)から1998年まで5機打ち上げ成功
打ち上げ頻度	終了	年1機程度	年1機程度

	MASER (スウェーデン)	MAXUS (ドイツ/スウェーデン)
保有機関	SSC[*3]	DASA[*1]/SSC[*3]
使用ロケット	Black Blant IX	Castor IV B
全長/直径 (m)	16/0.45	17/1.0
ペイロード質量 (kg)	250〜330	500
ペイロード部直径/長さ(m)	0.44/3.0	0.64/3.5
微小重力レベル (g)	10^{-4}以下	10^{-4}以下
微小重力持続時間 (分)	6〜7	14
最大加速後 (g)	13	—
射場/回収場所	エスレンジ[*2]/陸上	エスレンジ[*2]/陸上
打ち上げ実績	第1号機(1987/3/19)から第8号機(1999/5/14)まで全機成功	第1号機(1991/3/19)失敗, 第1B号機(1992/11/8)成功, 第2号機(1995/11/28)成功
打ち上げ頻度	年1機程度	2〜3年に1機程度

[*1] Daimler Chrysler Aerospace AG 社.
[*2] スウェーデン北部のキルーナの東方約40kmにある射場.
[*3] Swedish Space Corporation (スウェーデン宇宙公社).

一方、小型ロケット実験の老舗である欧州では、ドイツの TEXUS（テキサス）、スウェーデンの MASER、ドイツとスウェーデンの共同事業として開発された MAXUS などが商業的に運用されており（3-1-1 項参照）、欧州宇宙機関（ESA）などが年間 1 機程度のペースで利用している。また、これらのプロジェクトには、流体物理、結晶成長、凝固プロセス、生物学などの研究に対応できる多数の実験装置が整備されている。

主要な微小重力実験用の小型ロケットの概要を表 9-3 に示す。

9-5 ま と め

国際宇宙ステーションに取り付けられる日本実験棟「きぼう」などにおける軌道上の微小重力実験は、機会が限定されていること、多額の経費を要することなどから、試行錯誤的な実験は困難であり、実験パラメーターを十分に詰めておかないと思うような成果を上げられない。このため、短時間の微小重力実験手段による準備作業がきわめて重要となり、落下実験施設→航空機→小型ロケット→「きぼう」とステップを踏むことが望ましい。

小型ロケットは、良質な微小重力レベルと分オーダーの実験時間、有人ミッションに比べて格段に緩い安全性要求、短いターンアラウンドタイムなどの特長を有するので、予備実験や技術開発に活用できるほか、凝固実験や新たに開発されたシアーセル法（依田ら，1997）による融体の拡散係数の高精度測定など（3章参照）、研究テーマによっては十分な実験手段とすることができる。日本の宇宙環境利用の促進と「きぼう」の効率的・効果的な運用を図るためには、今後も小型ロケットによる実験機会を確保していくことが肝要と考える。

参考文献・引用文献一覧

3章　微小重力下の物質科学

3-1節～3-4節

Frohberg, G. et al. (1977) *NASA TM 78125*, VIII-I.
Frohberg, G. et al. (1984) *ESA-SP-222*, pp.201.
Gells et al. (1977) *NASA TM 78125*, VI-I.
Kraats et al. (1985) *DFVLR-PT-SN, Koln*, pp.66.
Lancy et al. (1975) *AIAA paper, 13-219*.
Lancy et al. (1977) *NASA SP-412*, pp.403.
Larson et al. (1982) in *"Materials Processing in Reduced Gravity Environment of Space"* (Doremus, R. H. and Nordine, P. C. eds.), Materials Research Society, pp. 523-532.
Legros, J. C. et al. (1987) in *"Fluid Sciences and Materials Science in Space"* (Walter, H. U. ed.), Springer-Verlag, Berlin, pp.134.
Malmejac, Y. and Frohberg, G. (1987) in *"Fluid Sciences and Materials Science in Space"* (Walter, H. U. ed.), Springer-Verlag, Berlin, p.163.
Pirich (1984) *SPAR IX, Final Report, TM 82549*, pp.46.
Reger (1974) *NASA M-74-5*, pp.133.
Rosenberger, F. et al. (1983) *J. Crystal Growth*, **65**：102.
下地光雄 (1989) 日本マイクログラビティ応用学会誌, **6**(2)：15-19.
Swallin, R. A. (1959) *Acta Met.*, **7**：736.
Swallin, R. A. (1968) *Z. Naturforsch.*, **23A**：805.
Ukawa, A. O. (1979) *M.558 "Skylab results" NASA-MSFC*, pp.427.

3-5節

Hachisu, S. et al. (1973) *J. Coll. Sci.*, **44**：330-338.
Ise, N. et al. (1983) *J. Chem. Phys.*, **78**：536-540.
Ise, N. et al. (1990) *Discuss. Faraday Soc.*, **90**：153-162.
Ito, K. et al. (1988) *J. Am. Chem. Soc.*, **110**：6955-6963.
Konishi, T. and Ise, N. (1997) 未発表.
Konishi, T. and Ise, N. (1998) *Phys. Rev.*, **B57**：2655-2658.
Luck, W. (1967) *Phys. Bl.*, **23**：304-312.
Perrin, J. (1913) *"Les Atomes"*, Librairie Felix, Alcan(『原子』玉虫文一 訳, 岩波文庫, 1978).
篠原忠臣ら (1999) 日本化学会 第52回コロイド及び界面化学討論会予稿集, pp.117.
Sogami, I. and Ise, N. (1984) *J. Chem. Phys.*, **81**：6320
Tata, B. V. R. and Ise, N. (1998), *Phys. Rev.*, **E.58**：2237-2246.
Vos, W. L. et al. (1997) *Langmuir*, **13**：6004-6008.
Yoshida, H. et al. (1995) *J. Chem. Phys.*, **103**：10146-10151.

4章 微小重力と基礎物理学

宇宙環境利用（微小重力利用）全般

Antar, B. N. and Nuotio-Antar, V. S. (1993) *"Fundamentals of Low Gravity Fluid Dynamics and Heat Transfer"*, CRC.
石川正道・日比谷孟俊 共編 (1994)『マイクログラビティ』, 培風館.
Jet Propulsion Laboratory (1999) *"Fundamental Physics in Space-Roadmap"*, NASA.
日本マイクログラビティ応用学会 編 (1996)『宇宙実験最前線』, 講談社.
清水順一郎 (1998) 日本航空宇宙学会誌, **46**(534): 373-382.
Walter, H. U. ed. (1987) *"Fluid Sciences and Materials Science in Space (ESA)"*, Springer-Verlag, Berlin.

数学・確率過程全般

Kuznetsov, Y. A. (1998) *"Elements of Applied Bifurcation Theory* (2nd ed.)*"*, Springer-Verlag, Berlin.
Gardiner, C. W. (1989) *"Handbook of Stochastic Methods for Physics, Chemistry and the Natural Sciences* (2nd ed.)*"*, Springer-Verlag, Berlin.
Grasman, J. and van Herwaarden, O. A. (1999) *"Asymptotic Methods for the Fokker-Planck Equation and the Exit Problem in Applications"*, Springer-Verlag, Berlin.
西浦廉政 (1999)『現代数学の展開 7 非線形問題 1』, 岩波書店.

物理学（統計物理学，非平衡系物理学，流体物理学）全般

García-Ojalvo, J. and Sancho, J. M. (1999) *"Noise in Spatially Extended Systems"*, Springer-Verlag, Berlin.
Godrèche, C. and Manneville, P. ed. (1998) *"Hydrodynamics and Nonlinear Instability"*, Cambridge University Press.
北原和夫 (1997)『岩波基礎物理シリーズ 8 非平衡系の統計力学』, 岩波書店.
眞隅泰三 編 (1997)『別冊日経サイエンス 121 凝縮系の物理』, 日経サイエンス社.
三池秀敏ら (1997)『非平衡系の科学Ⅲ』, 講談社サイエンティフィク.
森 肇・蔵本由紀 (1994)『現代の物理学 15 散逸構造とカオス』, 岩波書店.
Nicolis, G. and Prigogine, I. (1980)『散逸構造』(小畠陽之助・相沢洋二 訳), 岩波書店.
鈴木増雄 (1994)『現代の物理学 4 統計物理学』, 岩波書店.

量子力学・量子低温液体

上妻幹男 (1999) パリティ, **14**(9): 45-50.
河野公俊 (1998) 日本物理学会誌, **53**: 737.
Lifshitz, I. M. and Kagan, Y. (1972) *Sov. Phys. JETP*, **35**: 206-214.
佐藤武郎・高木 伸 (1995) 日本物理学会誌, **50**: 184-192.
Satoh, T. *et al.* (1994) *Physica*, **B197**: 397-405.
上田正仁 (1998) 日本物理学会誌, **53**: 663-671.
上田正仁 (1999) パリティ, **14**(9): 18-27.
和田信雄 (1998) 日本物理学会誌, **53**: 486.

臨界現象

Garrabos, Y. *et al.* (1998) *Phys. Rev.*, **E57**: 5665-5681.
Guenoun, P. *et al.* (1993) *Phys. Rev.*, **E47**: 1531-1540.
Ishii, K. *et al.* (1998) *Appl. Phys. Lett.*, **72**: 16-18.
Nitsche, K. and Straub, J. (1986) *Proceeding 6th European Symp. on Material*

Science under Microgravity Conditions (Bordeaux, France, 2-5 Dec. 1986).
大野克嗣ら (1997) 数理科学, **406**:5-29.
Onuki, A. (1997a) *Phys. Rev.,* **E55**:403-420.
Onuki, A. (1998a) *Int. J. Thermophys,* **19**:471-479.
Onuki, A. (1998b) *J. Phys., Condens. Matter,* **10**:11473-11490.
Onuki, A. *et al.* (1990) *Phys. Rev.,* **A41**:2256-2259.
Onuki, A and Ferrell, R. A. (1990) *Physica,* **A164**:245-264.
Straub, J. and Nitsche, K. (1993) *Fluid Phase Equilibria,* **88**:183.
Straub, J. *et al.* (1995) *Phys. Rev.,* **E51**:5556-5563.
田崎春明 (1996) パリティ, **11**(6):11-20.
Wilkinson, R. A. *et al.* (1998) *Phys. Rev.,* **E57**:436-448.

物理化学・反応拡散・流体物理・非線形数理

Arnold, L. *et al.* (1999) in *"Stochastic Dynamics"* (Crauel, H. and Gundlach, M. eds.), Springer-Verlag, Berlin, pp.71-92.
Fujieda, S. *et al.* (1997) *J. Phys. Chem.,* **A101**:7926-7928.
甲斐昌一ら (1998) 数理科学, **418**:5-21, 41-54.
Kondepudi, D. K. and Prigogine, I. (1981) *Physica,* **107A**:1-24.
増田久弥ら (1997) 数理科学, **413**:5-8, 23-29.
Müller, S. C. and Bewersdorff, A. (1992) *Proc. 6th European Symp. on Materials and Fluid Sciences under Microgravity* (Brussels, Belgium 12-16 April 1992).
Onuki, A. (1997b) *J. Phys.: Condes. Matter,* **9**:6119-6157.
Tanaka, H. (1999) *Phys. Rev.,* **59**:6842-6852.
Tokugawa, N. and Takagi, R. (1994) *J. Phys. Soc. Jpn,* **63**:1758-1768.

5章 重力と生物学

5-3節

Boonstra, J. (1999) *FASEB Journal,* **13** (**supplement**):35-42.
Cogoli, A. *et al.* (1993) *J. Leukocyte Biol.,* **53**:569-575.
Cogoli, A. (1997) in *"Frontiers of Biological Science in Space"* (Sato, A. ed.), Taiyo Print., Tokyo, pp68-81.
de Groot, R. P. *et al.* (1991) *Exp. Cell Res.,* **197**:87-90.
Duke, J. *et al.* (1995) *Environmental Medicine,* **39**(1):1-12.
浜崎辰夫ら (1995) *Proceeding of 12th ISAS Space Utilization Symposium,* 24-27, 1995, Tokyo.
Hemmersbach, R. and Häder, D.-P. (1999) *FASEB Journal,* **13** (**supplement**):69-75.
Lujian, B. and White, R. (1994) *"Human Physiology in Space-A Curriculum Supplement for Secondary Schools"*, sponsored by The National Aeronautics and Space Administration, Washington DC.
御手洗玄洋・森 滋夫 (1996)『新医科学大系第9巻 生体機能と制御』(和田 博 編), 中山書店, pp.255-264.
最上善広 (1996)『今, 動物学がおもしろい』(日本学術会議事務局 編), (財)日本学術協力財団, pp55-66.
Moore, D. and Cogoli, A. (1996) in *"Biological and Medical Research in Space -An Overview of Life Sciences Research in Microgravity"* (Moore, D. *et al.* eds.), Springer-Verlag, Heidelberg, pp.1-106.
Nose, K. and Shibanuma, M. (1994) *Exp. Cell Res.,* **211**:168-170.
佐藤温重 (1994) 生物の科学 遺伝, **48**(10):18-22.

参考文献・引用文献一覧

佐藤温重 (1996) 『今, 動物学がおもしろい』(日本学術会議事務局 編), (財) 日本学術協力財団, pp67-75.
佐藤温重 (1998) 日本マイクログラビティ応用学会誌, **15**(4) : 248-249.
Sato, A. *et al.* (1999) *Advances in Space Research*, **24**(6) : 807-813.
Sun, H. and Tonks, N. K. (1994) *Trends Biochem. Sci.*, **19** : 484-488.
Todd, P. (1991) *ASGSB Bulletin*, **4**(2) : 35-39.

5-4 節

Bennett, M. J. *et al.* (1996) *Science*, **273** : 948-950.
Blancaflor, E. B. *et al.* (1998) *Plant Physiol.*, **116** : 213-222.
Fukaki, H. *et al.* (1998) *Plant J.*, **14** : 425-430.
深城英弘・田坂昌生 (1999) 『植物細胞工学シリーズ 12 新版 植物の形を決める分子機構』 (岡田清孝ら 監修), 秀潤社, pp.257-267.
Marchant, A. *et al.* (1999) *EMBO J.*, **18** : 2066-2073.
Müller, A. *et al.* (1998) *EMBO J.*, **17** : 6903-6911.
Oyama, T. *et al.* (1997) *Genes and Development*, **11** : 2983-2995.
島本 功・岡田清孝 監修 (1996) 『植物細胞工学シリーズ 4 モデル植物の実験プロトコール』, 秀潤社.
Utsuno, K. *et al.* (1998) *Plant Cell Physiol.*, **39** : 1111-1118.
Watahiki, M. K. and Yamamoto, K. T. (1997) *Plant Physiol.*, **115** : 419-426.
Yamamoto, M. and Yamamoto, K. T. (1998) *Plant Cell Physiol.*, **39** : 660-664.

5-5 節

Darwin, C. (1880) *"The power of movement in plants"*, John Murray, London.
Fujii, N. *et al.* (2000) *Plant Mol. Biol.*, (in press).
Kobayashi, M. *et al.* (1999) *Adv. in Space Res.*, **24** : 771-773.
Takahashi, H. (1997) *Planta*, **203** : S164-169.
Takahashi, H. *et al.* (1999) *J. Plant Res.*, **112** : 497-505.
Takahashi, H. *et al.* (2000) *Planta*, **210** : 515-518.
Takahashi, H. and Scott, T. K. (1994) *Planta*, **193** : 580-584.
Takahashi, H. and Suge, H. (1988) *Plant Cell Physiol.*, **29** : 313-320.
Witztum, A. and Gersani, M. (1975) *Bot. Gaz.*, **136** : 5-16.

5-6 節

Eckert, R. (1972) *Science*, **176** : 473.
Fenchel, T. and Finley, J. (1986) *J. Protozool.*, **33** : 69-76.
Gebauer, M. *et al.* (1999) *Naturwissenschaften*, **86** : 352-356.
Lebert, M. and Häder, D. P. (1996) *Nature*, **379** : 590.
Machemer, H. and Bräucker, R. (1992) *Acta Protozool.*, **31** : 185-214.
Machemer, H. *et al.* (1991) *J. Comp. Physiol.*, **A168** : 1-12.
Machemer, H. (1998) *Space Forum*, **3** : 3-44.
Mogami, Y. and Baba, S. A. (1998) *Adv. Space Res.*, **21** : 1291-1300.
最上善広ら (1995) 宇宙生物科学, **9** : 17-35.
村上 彰ら (1993) 宇宙利用シンポジウム, **10** : 86-87.
村上 彰ら (1997) 宇宙利用シンポジウム, **14** : 90-94.
Murakami, A. (1998) *Adv. Space Res.*, **21** : 1253-1261.
Murakami, A. *et al.* (1998) *32nd Sci. Ass. COSPAR* (Nagoya : F1-6) ; Adv. Space Res. (in press).
Naitoh, Y. and Eckert, R. (1969) *Science*, **164** : 963-965.
Ogura, A. and Machemer, H. (1980) *J. Comp. Physiol.*, **135** : 233-242.
Ooya, M. *et al.* (1992) *J. Exp. Biol.*, **163** : 153-167.

Pernberg, J. and Machemer, H. (1995) *J. Exp. Biol.*, **198**: 2537-2545.
Planel, H. *et al.* (1990) in *"Fundamentals of Space Biology"* (Asashima, M. and Malacinski, G. M. eds), Jap. Sci. Soc. Press, Tokyo, Springer-Verlag. Berlin, pp. 89-96.
Roberts, A. M. (1970) *J. Exp. Biol.*, **53**: 687-699.
Takahashi, M. and Naitoh, Y. (1978) *Nature*, **271**: 656-659.
Verworn, M. (1889) *"Psychophysiologische Protistenstudien"*, Gustav Fischer, Jena, pp.1-219.
吉村建二郎ら (1992) 宇宙生物科学, **6**: 244-245.
Yoshimura, K. (1996) *J. Exp. Biol.*, **199**: 295-302.

6章 高層大気の科学

6-2節

Abbas, M. M. *et al.* (1987) *J. Geophys. Res.*, **92**: 13231-13239.
Anderson, S. M. *et al.* (1997) *J. Chem. Phys.*, **107**: 5385-5392.
Balakrishnan, N. *et al.* (1998) *Chem. Phys. Lett.*, **288**: 657-662.
Caubet, Ph. *et al.* (1984) *Chem. Phys. Lett.*, **108**: 217-221.
Ciceron, R. J. and McCrumb, J. L. (1980) *Geophys. Res. Lett.*, **7**: 251-254.
Gellene, G. I. (1996) *Science*, **274**: 1344-1346.
Gradel, T. E. and Crutzen, P. J. (1992) *"Atmospheric Change"*, W. H. Freeman and Co., New York, pp.39-44.
Harteck, P. and Reeves Jr., R. R. (1964) *Discuss. Farad. Soc.*, **37**: 82-86.
Heidenreich III, J. E. and Thiemens, M. H. (1983) *J. Chem. Phys.*, **78**: 892-895.
Heidenreich III, J. E. and Thiemens, M. H. (1986a) *J. Chem. Phys.*, **84**: 2129-2136.
Heidenreich III, J. E. and Thiemens, M. H. (1986b) *Geochim. Cosmochim. Acta*, **49**: 1303-1306.
Huff, A. K. and Thiemens, M. H. (1998) *Geophys. Res. Lett.*, **25**: 3509-3512.
Johnston, J. C. and Thiemens, M. H. (1997) *J. Geophys. Res.*, **102**: 25395-25404.
Kaye, J. A. (1986) *J. Geophys. Res.*, **91**: 7865-7874.
Kaye, J. A. and Strobel, D. F. (1983) *J. Geophys. Res.*, **88**: 8447-8452.
Kenner, R. D. and Ogryzlo, E. A. (1983) *Can. J. Chem.*, **61**: 921-926.
Klatt, M. *et al.* (1996) *J. Chem. Soc. Farad. Trans.*, **92**: 193-199.
Krupenie, P. H. (1972) *J. Phys. Chem. Ref. Data*, **1**: 423-534.
Lee, L. C. (1977) *J. Chem. Phys.*, **67**: 5602-5606.
Mack, J. A. *et al.* (1996) *J. Chem. Phys.*, **105**: 4105-4116.
Mannella, G. and Harteck, P. (1961) *J. Chem. Phys.*, **34**: 2177-2180.
Mannella, G. G. *et al.* (1960) *J. Chem. Phys.*, **33**: 636-637.
Mauersberger, K. (1987) *Geophys. Res. Lett.*, **14**: 80-83.
Miller, P. L. *et al.* (1994) *Science*, **265**: 1831-1838.
Park, H. and Slanger, T. G. (1994) *J. Chem. Phys.*, **100**: 287-300.
Price, J. M. *et al.* (1993) *Chem. Phys.*, **175**: 83-98.
Reeves, R. R. *et al.* (1960) *J. Chem. Phys.*, **32**: 946-947.
Rinsland, C. P. *et al.* (1985) *J. Geophys. Res.*, **90**: 10719-10725.
Rogaski, C. A. *et al.* (1993) *Geophys. Res. Lett.*, **20**: 2885-2888.
Sehested, J. (1998) *J. Geophys. Res.*, **103**: 3545-3552.
Sharpless, R. L. *et al.* (1989) *J. Chem. Phys.*, **91**: 7936-7946.
Toumi, R. *et al.* (1996) *J. Chem. Phys.*, **104**: 775-776.
Valentini. J. J. (1987) *J. Chem. Phys.*, **86**: 6757-6765.
Valentini, J. J. *et al.* (1987) *J. Chem. Phys.*, **86**: 6745-6756.

参考文献・引用文献一覧

Washida, N. *et al.* (1985) *Res. Rep. NIES, R-85.*
Wiegell, M. R. *et al.* (1997) *Int. J. Chem. Kinet.,* **29**：745-753.

6-3節

Abe, M. *et al.* (1994) *J. Chem. Phys.,* **101**：5647-5651.
Andresen, P. and Luntz, A. C. (1980) *J. Chem. Phys.,* **72**：5842-5850.
Aquilanti, V. *et al.* (1988) *J. Chem. Phys.,* **89**：6157-6164.
Fueno, T. *et al.* (1990) *Chem. Phys. Lett.,* **167**：291-297.
Herron, J. T. and Huie, R. E. (1969) *J. Phys. Chem.,* **73**：3327-3337.
Jaquet, R. *et al.* (1992) *J. Phys.,* **B25**：285-297.
Miyoshi, A. *et al.* (1994) *J. Phys. Chem.,* **98**：11452-11458.
Miyoshi, A. *et al.* (1996) *J. Phys. Chem.,* **100**：4893-4899.
Monteiro, T. S. and Flower, D. R. (1987) *Mon. Not. R. Astr. Soc.,* **228**：101-107.
Okuda, K. *et al.* (1997) *J. Phys. Chem.,* **A101**：2365-2370.
Quandt, R. *et al.* (1998) *J. Phys. Chem.,* **A102**：60-64.
Sweeney, G. M. *et al.* (1997) *J. Chem. Phys.,* **106**：9172-9181.
Washida, N. *et al.* (1998) *J. Phys. Chem.,* **A102**：7924-7930.

6-4節

Banks, P. M. *et al.* (1983) *Geophys. Res. Lett.,* **10**：118-121.
Banks, B. A. and Rutledge, S. K. (1988) *Proceedings of the 4th European Symposium on Spacecraft Materials in Space Environment,* pp.371-392.
Heppner, J. P. and Meredith, L. H. (1958) *J. Geophys. Res.,* **12**：51-65.
今川吉郎ら（1998）NASDA 技術資料 GDM-98003.
Krech, R. H. *et al.* (1996) PSI 社資料 VG96-054 "AO Experiments at PSI".
Leger, L. J. *et al.* (1983) *AIAA Paper, 83-2631.*
Mende, S. B. *et al.* (1983) *Geophys. Res. Lett.,* **10**：122-125.
Okada, Y. *et al.* (1998) *Proceedings of the 21st ISTS Vol.1,* pp.475-480.
Viereck, R. A. *et al.* (1991) *Nature,* **354**：48-50.
Zimcik, D. G. *et al.* (1985) *AIAA Paper, 85-7020.*

6-5節

Arita, M. *et al.* (1992) *Trib. Trans.,* **35**(2)：374-380.
有田正司ら（1997）トライボロジー会議'97 春 東京 予稿集, 102-105.
Caledonia, G. E. *et al.* (1987) *AIAA Journal,* **25**(1)：59-63.
Cross, J. B. and Cremers, D. A. (1985) *AIAA paper, 85-0473.*
Cross, J. B. *et al.* (1990) *Surface and Coating Technology,* **42**：41-48.
Dugger, M. T. (1993) *Flight-and ground-test correlation study of BMDO SDS materials：Phase 1 report,* NASA CR-196451, A1-A2.
Dugger, M. T. (1995) 私信.
Dursch, H. W. and Pippin, H. G. (1990) in *"The Mineral, Metal and Materials Society"* (Srinivasan, U. and Banks, B. A. eds.), Warrendale, Pennsylvania, pp. 207-218.
Dursch, H. *et al.* (1994) *LDEF Materials Results for Spacecraft Applications,* NASA CP-3257, pp.355-369.
Gregory, J. C. (1987) *NASA Workshop on Atomic Oxygen,* NASA CR-181163, pp.29-36.
Kinoshita, H. *et al.* (1998) *Review of Scientific Instruments,* **69**(6)：2273-2277.
Koontz, S. *et al.* (1990) *J. Spacecraft,* **27**(3)：346-348.
Leger, L. *et al.* (1987) *NASA Workshop on Atomic Oxygen,* NASA CR-181163, pp. 1-10.

Martin, J. A. et al. (1989) *Materials Research Symposium Proceeding*, **140**: 271-276.
Matsumoto, K. et al. (1998) *Proc. 21th ISTS*, pp.502-507.
毛利 衛 (1987) 真空, **30**(12): 1005-1010.
Stein, B. A. and Pippin, H. G. (1992) *LDEF-69 months in Space*, 1st Post-retrieved Symp., NASA CP-3134, pp.617-641.
Stiegman, A. E. et al. (1992) *J. Spacecraft*, **29**(1): 150-151.
Stuckey, W. K. et al. (1993) *LDEF-69 months in Space, Third Post-Retrieval Symposium*, NASA CP-3275, pp.917-930.
Tagawa, M. et al. (1994) *AIAA Journal*, **32**(1): 95-100.
Tagawa, M. et al. (1998) *Proceedings of International Space Conference, Protection of Materials and Structures from the LEO Space Environment*, Toronto, April 23-24, 1998, (in press).
Tagawa, M. et al. (1999) *Proceedings of 8th European Space Mechanisms and Tribology Conference*, Toulouse, France, September 28 - October 1, 1999, pp.291-296.
田川雅人ら (1999) 日本航空宇宙学会論文集, **47**(543): 182-187.
Wei, R. et al. (1995) *Tribology Transactions*, **38**(4): 950-958.
山口幹夫ら (1989) 第34期潤滑学会富山大会予稿集, pp.661-664.
Young, P. R. and Slemp, W. S. (1992) *LDEF-69 months in Space*, 1st Post-retrieved Symp., NASA CP-3134, pp.687-703.

7章　宇宙放射線

7-1節〜7-2節

Dragnić, I. G. et al. (1996) 『放射線と放射能』(松浦辰男ら 共訳), 学会出版センター.
Hubbell, J. H. (1997) *Radiat. Phys. Chem.*, **50**: 113.
Inokuti, M. (1983) in "*Applied Atomic Collision Physics, Volume 4 Condensed Matter*", (Datz, S. ed.), Academic Press, pp.179.
Inokuti, M. (1996) in "*Atomic, Molecular, and Optical Physics Handbook*" (Drake, G. W. F. ed.), American Institute of Physics, Woodbery, NY, pp.1045.
International Atomic Energy Agency (1995) "*Atomic and Molecular Data for Radiotherapy and Radiation Research. Final Report of a Co-ordinated Research Programme*", IAEA-TECDOC-799, (IAEA, Vienna, 1995).
International Commission on Radiation Units and Measurements (1984) "*Stopping Powers for Electrons and Positrons*", ICRU Report 37 (ICRU, Bethesda, MD, 1984).
International Commission on Radiation Units and Measurements (1992) "*Photon, Electron, Proton and Neutron Interaction Data for Body Tissues*", ICRU Report 46 (ICRU, Bethesda, MD, 1992).
International Commission on Radiation Units and Measurements (1993) "*Stopping Powers and Ranges for Protons and Alpha Particles*", ICRU Report 49 (ICRU, Bethesda, MD, 1993).
International Commission on Radiation Units and Measurements (1993) "*Quantities and Units in Radiation Protection Dosimetry*", ICRU Report 51 (ICRU, Bethesda, MD, 1993).
International Commission on Radiation Units and Measurements (1998) "*Fundamental Quantities and Units for Ionizing Radiation*", ICRU Report 60 (ICRU, Bethesda, MD, 1998).

7-3節〜7-5節

Azzam, E. I. et al. (1998) *Radiat. Res.*, **150**: 497-504.
Bücker, H. et al. (1986) *Adv. Space Res.*, **6**(12): 115-124.
Cogoli, A. (1993) *J. Leukocyte Biol.*, **54**: 259-268.
藤高和信 (1993) 日本原子力学会誌, **35**: 880-884.
Hall, E. J. (1995)『放射線生物学 (第4版)』(浦野宗保 訳), 篠原出版.
Han, Z. et al. (1998) *J. Radiat. Res.*, **39**: 193-201.
Han, Z. et al. (1999) *Mutation Res.*, **426**: 1-10.
Hill, C. K. et al. (1982) *Nature*, **298**: 67-69.
Horneck, G. (1992) *Int. J. Radiat. Appl. Instr.*, **20**: 185-205.
Horneck, G. et al. (1997) *Radiat. Res.*, **147**: 376-384.
ICRP Publ. 26 (1978)『国際放射線防護委員会勧告』(日本アイソトープ協会 編), 丸善.
池永満生・吉川 勲 (1998)『環境と健康II』(池永満生ら 編), へるす出版, pp.216-229.
近藤宗平 (1984)『分子放射線生物学』, 学会出版センター.
Sasaki, S. and Fukuda, N. (1999) *J. Radiat. Res.*, **40**: 239-251.
高辻俊宏ら (1999) *Space Utilization Res.*, **15**: 141-143.
Taylor, G. R. (1993) *J. Leukocyte Biol.*, **54**: 202-208.
Tobias, C. A. and Todd, P. eds. (1974) "*Space Radiation Biology and Related Topics*", Academic Press, New York.
宇宙開発事業団有人サポート委員会 (1999)『宇宙放射線被曝管理分科会中間報告』, 宇宙開発事業団.

9章　短時間の微小重力実験手段

地下無重力実験センター 編 (1995)『ユーザーズ ガイド』, 地下無重力実験センター.
日本無重量総合研究所 編 (1997)『無重量落下実験施設ユーザガイド』, 日本無重量総合研究所.
Röhrig, O. and Roth, M. (1997) *Proceedings 13th ESA Symposium on European Rocket and Balloon Programmes and Related Research,* ESA SP-397 (September 1997), pp.17-23.
宇宙開発事業団 編 (1999)『航空機実験システムユーザガイド (改訂C版)』, 宇宙開発事業団.
依田眞一ら (1997) 日本マイクログラビティ応用学会誌, **14**(4): 331-336.

宇宙開発関係機関リスト

データは 2001 年 5 月現在

【宇宙開発事業団】

宇宙開発事業団 本社（NASDA：National Space Development Agency）
　〒105-8060　東京都港区浜松町 2-4-1　世界貿易センタービル内
　http://www.nasda.go.jp/
　番号案内　Tel（03）3438-6000
　総務部　Tel（03）3438-6035，Fax（03）5402-6512
　広報室　Tel（03）3438-6111，Fax（03）5402-6513
　企画部　Tel（03）3438-6061，Fax（03）5402-6514
　国際部　Tel（03）3438-6228，Fax（03）5402-6516
　技術情報センター　Tel（03）3438-6078，Fax（03）5470-4327
　旧 宇宙輸送システム本部　Tel（03）3438-6485，Fax（03）5401-8671
　地球観測システム本部　Tel（03）3438-6305，Fax（03）5401-8702
筑波宇宙センター（TKSC：Tsukuba Space Center）
　〒305-8505　茨城県つくば市千現 2-1-1
　一般受付　Tel（0298）52-2211，Fax（0298）52-2384
　宇宙環境利用システム本部　Tel（0298）52-2800，Fax（0298）50-2232
　技術研究本部　Tel（0298）52-2229，Fax（0298）50-1915
種子島宇宙センター（TNSC：Tanegashima Space Center）
　〒891-3793　鹿児島県熊毛郡南種子町茎永字麻津
　Tel（09972）6-2111，Fax（09972）4-4004
地球観測センター（EOC：Earth Observation Center）
　〒350-0393　埼玉県比企郡鳩山町大橋字沼ノ上 1401
　Tel（0492）98-1200，Fax（0492）96-0217
　http://www.eoc.nasda.go.jp/
地球観測利用研究センター（EORC：Earth Observation Research Center）
　〒106-0032　東京都港区六本木 1 丁目 9-9　六本木ファーストビル 13 階・14 階
　Tel（03）3224-7040，Fax（03）3224-7051
　http://www.eorc.nasda.go.jp/
角田ロケット開発センター（Kakuda Propulsion Center）
　〒981-1526　宮城県角田市神次郎字高久蔵 1 番地
　Tel（0224）68-3211，Fax（0224）67-1032
勝浦宇宙通信所（KTCS：Katsuura Tracking and Communication Station）
　〒299-5213　千葉県勝浦市芳賀花立山 1-14
　Tel（0470）73-0654，Fax（0470）70-7001
増田宇宙通信所（MTCS：Masuda Tracking and Communication Station）
　〒891-3603　鹿児島県熊毛郡中種子町大字増田 1897
　Tel（09972）7-1990，Fax（09972）4-2000
沖縄宇宙通信所（OTCS：Okinawa Tracking and Communication Station）
　〒904-0402　沖縄県国頭郡恩納村字安富祖金良原 1712
　Tel（098）967-8211，Fax（098）983-3001

宇宙開発関係機関リスト

小笠原追跡所（Ogasawara Downrange Station）
　〒100-2101　東京都小笠原諸島小笠原村父島桑ノ木山
　Tel（04998）2-2522，Fax（04998）2-2360
地球シミュレータ研究開発センター（ESRDC：Earth Simulator Research
　　and Development Center）
　〒105-0013　東京都港区浜松町1-18-16　住友浜松町ビル10階
　Tel（03）3453-1390，Fax（03）5405-7215
　http://www.gaia.jaeri.go.jp/
地球フロンティア研究システム（FRSGC：Frontier Research System
　　for Global Change）
　〒105-6791　東京都港区芝浦1-2-1　シーバンスN館7階
　Tel（03）5765-7100，Fax（03）5765-7103
　http://www.frontier.esto.or.jp/
HOPE 研究共同チーム事務所
　〒182-8522　東京都調布市深大寺東町7-44-1　航空宇宙技術研究所内
　研究管理室　Tel（0422）46-8448，Fax（0422）46-8712
　技術開発室　Tel（0422）76-1086，Fax（0422）79-2696

【国内の関連機関】

宇宙開発委員会（SAC：Space Activities Commission）
　http://www.mext.go.jp/b_menu/shingi/uchuu/
　（傍聴の申し込み先）
　文部科学省 研究開発局 宇宙政策課
　Tel（03）3581-0603，Fax（03）3503-2570

文部科学省（MEXT：Ministry of Education, Culture, Sports, Science
　　and Technology）
　〒100-8959　東京都千代田区霞が関3-2-2
　Tel（03）3581-4211
　http://www.mext.go.jp/
文部科学省 宇宙科学研究所（ISAS：The Institute of Space
　　and Astronautical Science）
　〒229-8510　神奈川県相模原市由野台3-1-1
　Tel（0427）51-3911，Fax（0427）59-4255
　http://www.isas.ac.jp/
　　宇宙基地利用研究センター　　http://surc.isas.ac.jp/
文部科学省 国立天文台（NAOJ：National Astronomical Observatry of Japan）
　〒181-8588　東京都三鷹市大沢2-21-1
　Tel（0422）34-3600（代），Fax（0422）34-3690
　http://www.nao.ac.jp/
文部科学省 科学技術政策研究所（NISTEP：National Institute of Science
　　and Technology Policy）
　〒100-0014　東京都千代田区永田町1-11-39　永田町合同庁舎
　Tel（03）3581-2391，Fax（03）3503-3996
　http://www.nistep.go.jp/

航空宇宙技術研究所（NAL：National Aerospace Laboratory of Japan）
　〒182-8522　東京都調布市深大寺東町7-44-1
　Tel（0422）40-3000，Fax（0422）40-3036
　http://www.nal.go.jp/
NAL角田宇宙推進技術研究所（Kakuda Research Center）
　〒981-1525　宮城県角田市君萱字小金沢1
　Tel（0224）68-3111，Fax（0224）68-2860
物質・材料研究機構（NIMS：National Institute for Materials Science）
　〒305-0047　茨城県つくば市千現1-2-1
　Tel（0298）59-2026，Fax（0298）59-2029
　http://www.nims.go.jp/
放射線医学総合研究所（NIRS：National Instisute of Radiological Sciences）
　〒263-8555　千葉県千葉市稲毛区穴川4-9-1
　Tel（043）206-3026，Fax（043）256-9616
　http://www.nirs.go.jp/
防災科学技術研究所（NIED：National Research Institute for Earth Science
　and Disaster Prevention）
　〒305-0006　茨城県つくば市天王台3-1
　Tel（0298）51-1611，Fax（0298）51-1622
　http://www.bosai.go.jp/
通信総合研究所（CRL：Communications Research Laboratory）
　〒184-8795　東京都小金井市貫井北町4-2-1
　Tel（042）327-7429，Fax（042）327-7589
　http://www.crl.go.jp/
CRL鹿島宇宙通信研究センター（Kashima Space Research Center）
　〒314-0012　茨城県鹿嶋市平井893-1
　Tel（0299）82-1211，Fax（0299）84-7156
　http://www2.crl.go.jp/ka/
CRL平磯太陽観測センター（HSTRC：Hiraiso Solar Terrestrial Research Center）
　〒311-1202　茨城県ひたちなか市磯崎3601
　Tel（029）265-7121，Fax（029）265-9717
　http://sunbase.crl.go.jp/
産業技術総合研究所（AIST：National Institute of Advanced Industrial Science
　and Technology）
　http://www.aist.go.jp/
AIST東京本部
　〒100-8921　東京都千代田区霞が関1-3-1
　Tel（03）5501-0900
AISTつくばセンター
　〒305-8561　茨城県つくば市東1-1-1　中央第1
　Tel（0298）61-9000
AIST臨海副都心センター
　〒135-0064　東京都江東区青梅2-41-6
　Tel（03）3599-8001
AIST関西センター
　〒563-8577　大阪府池田市緑丘1-8-31
　Tel（0727）51-9601

宇宙開発関係機関リスト

国立環境研究所（NIES：National Institute for Environmental Studies）
　〒305-8506　茨城県つくば市小野川16-2
　Tel（0298）50-2314, Fax（0298）50-4732
　http://www.nies.go.jp/

気象庁 気象研究所（MRI：Meteorological Research Institute）
　〒305-0052　茨城県つくば市長峰1-1
　Tel（0298）53-8538, Fax（0298）53-8545
　http://www.mri-jma.go.jp/

気象庁 気象衛星センター（Meteorological Satellite Center）
　〒204-0012　東京都清瀬市中清戸3-235
　Tel（0424）93-1111, Fax（0424）91-4701

国立国会図書館（NDL：National Diet Library）
　〒100-8924　東京都千代田区永田町1-10-1
　Tel（03）3581-2331
　http://www.ndl.go.jp/

理化学研究所（RIKEN：The Institute of Physical and Chemical Research）
　〒351-0198　埼玉県和光市広沢2-1
　Tel（048）462-1111, Fax（048）462-1554
　http://www.riken.go.jp/

海洋科学技術センター（JAMSTEC：Japan Marine Science & Technology Center）
　〒237-0061　神奈川県横須賀市夏島町2-15
　Tel（0468）66-3811, Fax（0468）66-2119
　http://www.jamstec.go.jp/

JAMSTEC横浜研究所（YES：YOKOHAMA Institute for Earth Science）
　〒236-0001　神奈川県横浜市金沢区昭和町3173-25
　Tel（045）778-5316
　http://www.jamstec.go.jp/jamstec-j/yokohama/

JAMSTECむつ研究所（MIO：MUTSU Institute for Oceanography）
　〒035-0022　青森県むつ市関根字北関根690
　Tel（0175）25-3811, Fax（0175）25-3029
　http://www.jamstec.go.jp/jamstec-j/mutu/

日本原子力研究所（JAERI：Japan Atomic Energy Research Institute）
　〒100-0011　東京都千代田区内幸町2-2-2　富国生命ビル
　Tel（03）3592-2111, Fax（03）3580-6107
　http://www.jaeri.go.jp/

核燃料サイクル開発機構（JNC：Japan Nuclear Cycle Development Institute）
　〒319-1184　茨城県那珂郡東海村村松4-49
　Tel（029）282-1122
　http://www.jnc.go.jp/

科学技術振興事業団（JST：Japan Science and Technology Corporation）
　〒332-0012　埼玉県川口市本町4-1-8　川口センタービル
　Tel（048）226-5601, Fax（048）226-5651
　http://www.jst.go.jp/

宇宙開発関係機関リスト

【公益法人など】

(財) 宇宙環境利用推進センター (JSUP：Japan Space Utilization Promotion Center)
〒169-8624　東京都新宿区西早稲田3-30-16　ホリゾン1ビル4階・5階
Tel (03)5273-2441, Fax (03)5273-9847
http://www.jsup.or.jp/

(財) 日本宇宙フォーラム (JSF：Japan Space Forum)
〒105-0013　東京都港区浜松町1-29-6　浜松町セントラルビル8階
Tel (03)3459-1651, Fax (03)5402-7521
http://www2.jsforum.or.jp/

(財) 無人宇宙実験システム研究開発機構 (フリーフライヤー機構)
(USEF：Institute for Unmanned Space Experiment Free Flyer)
〒101-0052　東京都千代田区神田小川町2-12　進興ビル本館4階
Tel (03)3294-4834, Fax (03)3294-7163
http://www.usef.or.jp/

(財) 日本宇宙少年団 (YAC：Young Astronauts Club-Japan)
〒103-0026　東京都中央区日本橋兜町17-2　兜町第6葉山ビル5階
Tel (03)3669-7480, Fax (03)3669-7655
http://www.yac-j.or.jp/

(財) リモート・センシング技術センター (RESTEC：Remote Sensing Technology Center of Japan)
〒106-0032　東京都港区六本木1丁目9-9　六本木ファーストビル12階
Tel (03)5561-9771, Fax (03)5561-9540
http://www.restec.or.jp/

(財) 日本科学技術振興財団 (Japan Science Foundation)
〒102-0091　東京都千代田区北の丸公園2-1
Tel (03)3212-8484, Fax (03)3216-1306
http://www2.jsf.or.jp/

(財) つくば科学万博記念財団 (Tsukuba Expo'85 Memorial Foundation)
〒305-0031　茨城県つくば市吾妻2-9
Tel (0298)58-1100, Fax (0298)58-1107

(財) 科学技術広報財団 (The Japan Foundation of Public Communication on Science and Technology)
〒107-0052　東京都港区赤坂1-8-6　赤坂HKNビル8階
Tel (03)3586-0681, Fax (03)3586-0686

(社) 日本航空宇宙工業会 (SJAC：The Society of Japanese Aerospace Companies)
〒107-0052　東京都港区赤坂1-1-14　東急溜池ビル2階
Tel (03)3585-0511, Fax (03)3585-0541
http://www.sjac.or.jp/

日本惑星協会 (TPS/J：The Planetary Society of Japan)
http://www.planetary.or.jp/

日本スペースガード協会 (JSGA：Japan Spaceguard Association)
http://www.spaceguard.or.jp/

小天体探査フォーラム (MEF：Minorbody Exploration Forum)
http://www.as-exploration.com/mef/

宇宙開発関係機関リスト

【学術団体】（とくに関係するもののみ）

日本マイクログラビティ応用学会（JASMA：The Japan Society
of Microgravity Application）
〒113-8622　東京都文京区本駒込5-16-9　日本学会事務センター内
Tel（03）5814-5801，Fax（03）5814-5820
http://moses.agnes.aoyama.ac.jp/~gakkai/sougou.html

日本宇宙生物科学会（JSBSS：Japanese Society for Biological Sciences in Space）
〒229-8510　神奈川県相模原市由野台3-1-1
　　　　　　宇宙科学研究所　宇宙基地利用研究センター内
Tel（0427）51-3911
http://wwwsoc.nii.ac.jp/jsbss/

日本宇宙航空環境医学会（JSASEM：Japanese Society of Aerospace
and Environmental Medicine）
〒105-0003　東京都港区西新橋3-25-8　東京慈恵会医科大学生理学講座第2内
　　　　　　宇宙航空医学研究室
Tel（03）3433-1111
http://wwwsoc.nii.ac.jp/jsasem/

日本航空宇宙学会（JSASS：The Japan Society for Aeronautical
and Space Sciences）
〒105-0004　東京都港区新橋1-18-2　明宏ビル別館4階
Tel（03）3501-0463，Fax（03）3501-0464
http://jsass.t.u-tokyo.ac.jp/

日本ロケット協会（Japanese Rocket Society）
〒113-8622　東京都文京区本駒込5-16-9　日本学会事務センター内
Tel（03）5814-5801

宇宙技術および科学の国際シンポジウム（ISTS：International Symposium
on Space Technology and Science）
http://www.ists.or.jp/

【民間会社】（一部）

(株)地下無重力実験センター（JAMIC：Japan Microgravity Center）
〒060-0807　北海道札幌市北区北7条西2丁目20番地
Tel（011）757-7111，Fax（011）757-7711
利用支援室
〒169-0051　東京都新宿区西早稲田3-30-16　宇宙環境利用推進センター内
Tel（03）5272-7276，Fax（03）5273-0507
http://www.jamic.co.jp/

(株)日本無重量総合研究所（MGLAB：Micro-Gravity Laboratory of Japan）
本社（一般受付）
〒509-5121　岐阜県土岐市土岐津町高山4番地　セラトピア土岐4階
Tel（0572）55-0408，Fax（0572）55-0417
無重量研究センター（技術対応）
〒509-5101　岐阜県土岐市泉町河合1221-8
Tel（0572）55-6850，Fax（0572）55-6833
http://www1.ocn.ne.jp/~mglab/

宇宙開発関係機関リスト

ダイヤモンドエアサービス株式会社（DAS：Diamond Air Service）
　〒480-0293　愛知県西春日井郡豊山町大字豊場1
　　　　　　　三菱重工業株式会社　名航小牧南工場内
　〒100-8315　東京都千代田区丸の内2-5-1
　　　　　　　三菱重工業株式会社　航空機特車事業本部内
　Tel（0568）29-0020，Fax（0568）29-0021
　http://www.das.co.jp/
有人宇宙システム株式会社（JAMSS：Japan Manned Space Systems Corporation）
　〒105-0013　東京都港区浜松町1-29-6　浜松町セントラルビル3階
　Tel（03）3436-4591，Fax（03）3436-4515
　http://www.jamss.co.jp/
宇宙技術開発株式会社（SED：Space Engineering Development Co.,Ltd.）
　〒164-0001　東京都中野区中野5-62-1
　Tel（03）3319-4002，Fax（03）5380-7069
　http://www.sed-c.co.jp/

【報道・そのほか】

文部科学省記者クラブ
　〒100-8959　東京都千代田区霞が関3-2-2　文部科学省内
　Tel（03）3581-1576
筑波研究支援センター（TCI：Tsukuba Center, Inc.）
　〒305-0047　茨城県つくば市千現2-1-6
　Tel（0298）58-6000，Fax（0298）58-6014
　http://www.tsukuba-tci.co.jp/
宇宙作家クラブ（SAC：Space Authors Club）
　http://www.sacj.org/
「SPACE SERVER － 宇宙開発の情報」（宇宙開発情報と関連ページへのリンク）
　http://www.bekkoame.ne.jp/~smatsu/

【主要国の宇宙開発機関など】（URLアドレスのみ掲載）

国際宇宙ステーション（ISS：International Space Station）
　http://spaceflight.nasa.gov/station/
宇宙データシステム諮問委員会（CCSDS：Consultative Committee
　　for Space Data Systems）
　http://ccsds.org/
国際宇宙航行連盟（IAF：International Astronautical Federation）
　http://www.iafastro.com/
宇宙技術応用国際フォーラム（STAIF：Space Technology
　　and Applications International Forum）
　http://www-chne.unm.edu/isnps/staif/
宇宙調査委員会（COSPAR：Committee on Space Research）
　http://cospar.itodys.jussieu.fr/

アメリカ航空宇宙局（NASA：National Aeronautics and Space Administration）
　http://www.nasa.gov

宇宙開発関係機関リスト

ロシア航空宇宙庁（RSA：Russian Aviation and Space Agency）
　　http://www.rosaviakosmos.ru/

欧州宇宙機構（ESA：European Space Agency）
　　http://www.esa.int/
欧州宇宙研究所（ESRIN：European Space Research Institute）
　　http://www.esa.int/esrin/
フランス国立宇宙研究センター（CNES：Centre National d'Etudes Spatiales）
　　http://www.cnes.fr/
ドイツ航空宇宙センター（DLR：Deutsches Zentrum für Luft-und Raumfahrt)
　　（German Aerospace Center）
　　http://www.dlr.de/
イギリス国立宇宙センター（BNSC：British National Space Centre）
　　http://www.bnsc.gov.uk/
イタリア宇宙事業団（ASI：Agenzia Spaziale Italiana）
　　（Italian Space Agency）
　　http://www.asi.it/
オーストリア（ASM：Austrian Society for Aerospace Medicine）
　　http://www.asm.at/
オランダ国立航空宇宙研究所（NLR：Nationaal Lucht-en
　　Ruimtevaartlaboratorium）
　　http://www.nlr.nl/public/
スウェーデン宇宙公社（SSC：Swedish Space Corporation）
　　http://www.ssc.se/
スペイン（VILSPA：ESA Villafranca Satellite Tracking Station）
　　http://www.vilspa.esa.es/
デンマーク宇宙協会（DSRI：Danish Space Research Institute）
　　http://www.dsri.dk/
ノルウェー：アンドヤ・ロケットレンジ（ARR：Andoya Rocket Range）
　　http://www.rocketrange.no/
ベルギー宇宙航空学協会（Belgian Institute for Space Aeronomy）
　　http://www.magnet.oma.be/
ルーマニア宇宙協会（ROSA：Romanian Space Agency）
　　http://www.rosa.ro/

カナダ宇宙庁（CSA：Canadian Space Agency）
　　http://www.space.gc.ca/
ブラジル国立宇宙研究所（INPE：Instituto Nacional de Pesquisas Esprciais）
　　http://www.inpe.br/
アルゼンチン宇宙機関（CONAE：La Comisión Nacional
　　de Actividades Espaciales）
　　http://www.conae.gov.ar/caratula.html

オーストラリア連邦科学工業研究機関（CSIRO：Commonweath Scientific
　　and Industrial Research Organization）
　　http://www.csiro.au/

索　引

英　字

bystander effects 247
BZ 反応 111,122
Ca チャネル 174
c-fos 遺伝子 144,146,
　149,150,250
D 1 計画 31,44,48,87,
　172
D.L.V.O. 理論 74,78
EGF 146
ESEM 217,218,225
FMPT 33,34,283
G 値 241
IML 32〜34,87
ISS 2
ITO 216
JEM 14,36,222,286
LDEF 223
LET 242
linear energy transfer
　242
$Loxodes$ 143,171
MAP キナーゼカスケード
　147
MFD 217
　――材料曝露実験 225
MoS_2 222,226,230,232
　――スパッタ膜 226,
　232
MSL-1 33,35
Müller vesicle 143,173
NASA 83,85,303
$Paramecium$ 143,152,
　171,173
RBE 246
SAXS 74
SEM 214,227
surface catalyzed
　excition 198
TEXUS 計画 31,288
TR-IA ロケット 283,
　284
TT-500 A 33,46,283
T リンパ球 144,250
USAXS 74
W 値 241
X 線回折法 237

ア

アスペクト比 59
圧縮応力 40
アフリカツメガエル 128
アポロ・ソユーズ 30
アミロプラスト 141,150,
　155,162,167
アモルファス材料 66
アモルファス半導体 46
アルカン 199
アルミ蒸着フィルム 217
アレニウスの式 47

イ

イオン化 236,238
イオン組成 178
維管束鞘細胞 167
一次宇宙線 5
一方向凝固 53
一般相対性理論 84,88
インジウム錫酸化物 216
インドール酢酸 159,169

ウ

ウィグナー電子結晶 106
宇宙環境曝露試験 219,
　220
宇宙環境利用研究システム
　xiii,102,297
宇宙実験 30,33,87,130,
　139,166,167
　日本初の―― 30
宇宙食 28
宇宙ステーション 274
宇宙線 244
宇宙飛行士 19,20,142,
　144,251
　――の安全 23
宇宙服 17
宇宙放射線 4,5,26,124,
　244
宇宙酔い 23,142
宇宙用材料 214,229
　――の特性劣化 214
宇宙用潤滑剤 222
宇宙用時計 100
ウリ科植物 163

エ

永久電子双極子モーメント
　102
液液相分離現象 62
液相 98,107
液相核形成 62
液相焼結 63
液体環境 152
液体潤滑剤 222
液体表面変形 67
液体ブリッジ 65
液体ヘリウム 89,92,119,
　120
液滴 67,96,109
液滴・噴霧燃焼 64
液滴球の安定生成 57,67
エチレン系樹脂 210
エポキシ系樹脂 210
遠心実験 132
塩析 263
塩溶 263

オ

欧州宇宙機構 85,303
大型均熱炉 35
オーキシン 157,168
　――の濃度 169,170
オーキシン極性輸送 158
オーキシン制御遺伝子

305

索　引

169
オーキシン耐性突然変異体
　159
オストワルト熟成則　68
オストワルト成長　62
オゾン層　181,186
オゾン分子　193
　――の光分解　196
　――のポテンシャルエネ
　ルギー曲面　195
オレフィン　202

カ

外液の比重　173,178
外部核発生　96
界面キネティックス　57
界面ダイナミックス　109
界面張力　42,45,109,117
科学技術　10
化学反応パターン　109
化学反応論　113
核　268
核形成　66,103,107,113,
　262
核酸　256
拡散　47,104,269
拡散係数　35,44,47,60
拡散速度　98,181
核発生　35,96,98
確率論的状態遷移　112
化合物半導体　61
荷重　151
加重実験　132
過重力　132,138,148,150
割球の大きさ　131,135
活性化エネルギー　192
過熱状態　118
下胚軸　163,170
過冷却凝固現象　66
過冷却状態　118
過冷却熱物性　67
環境制御　14

キ

気液混相　62
気液相転移　90,118
気液相平衡　70

気液臨界点　95
機械刺激　151
　――受容器　180
基材付着細胞　146
気相　69,107
基底状態　190,199
軌道熱環境　4,6
キネシス　177
器壁　69
気泡　43,63,109
　――の挙動　63
　――の除去　44
「きぼう」　3,6,36,86,114,
　222,286
逆イオン　70,78
逆線量率効果　252
吸収係数　237
吸収スペクトル　186
吸収線量　241
キュウリ　164,165
強化剤分散合金　63
凝固　51,58,63,98
凝固界面　57
凝固速度　54
凝固パターン　58
凝縮系物理学　83,88
共晶合金　53,54
協同現象　112,122
居住空間　16,22
銀河宇宙線　5,244
均質混合　57,62
均質組織材料　57,61
筋の萎縮　142

ク

屈地性　152
クラスター形成　112
グラスホフ数　47
くりこみ可能　117
くりこみ群　88,90,92,
　103,108,116
クリスタルクリーン　269
クリノスタット　134,139,
　148,165,250

ケ

ゲージ対称性の破れ　107

結晶　64
　――の収縮　72,76
結晶化　261
結晶欠陥　50
結晶成長　51,98,262
結晶粒等方化　33
健康管理　20,22
原口背唇部　131
原子状酸素　5,184,205,
　208,220,233
　――による表面酸化
　224
　――の影響　214,225
　――の高度分布　208,
　209
　――の長期曝露実験
　224
原子遷移のブロードニング
　100,119
原子時計　88,99,101
原子波レーザー　83,97,
　107,119
原子物理学　83,88,98
現象の単純化　38
原子レーザー　88,97,119
元素半導体　61
顕微鏡法　73

コ

高 LET 放射線　245,252
高エネルギー物理学　102
高温超伝導　104
工学　10
航空機　274,280
後肢　127
格子欠陥　69
格子振動　69
高純度化　51,57,67
高純度ガラス　67
構造解析　64,74
高層気球　274
高プラントル数液体　59
高分子ラテックス粒子　68
固液界面　93
固液共存系の均質分散　63
小型ロケット　31,33,46,
　54,287,282

索　引

国際宇宙ステーション　2, 22, 36, 85, 86, 114, 148, 184, 222, 245, 270, 286
国際微小重力実験室計画　32～34
極低温　88, 98, 105
極低温物理実験装置　86
固相　69, 98, 107
固体潤滑剤　222
　──の劣化　223
骨格　127
骨芽細胞　142, 146
コッセル線回折　75
固溶体結晶　53
コルメラ細胞　155, 162
コロイド科学　67
コロイド結晶　74
コロイド分散系　67, 72, 112
コンカナバリンA　144
混晶　62

サ

再結晶操作　262
細胞　141
細胞質因子　133
細胞周期　150
細胞増殖率　172
細胞内骨格　151
材料科学　82
材料製造　39, 50
材料曝露実験　217, 218
サウンディングロケット　144, 146, 151
逆立ち胚　131, 132, 138
散逸構造　103, 104, 109, 120
散逸構造形成　110
三重臨界点　89, 92, 117
酸素原子　186
　──生成の量子収率　190
　──のスピン-軌道相互作用　201
　──の反応　191
　　NO分子との反応　196

アルカンとの反応　199
オレフィンとの反応　202
気相素反応　199
金属表面上での反応　198
同位体効果　193
励起電子状態での反応　204
酸素分子　186
　──の吸収スペクトル　186, 187
　──の振動回転分布　194
　──の振動励起　196
　──のポテンシャルエネルギー曲線　188, 196
散乱　237, 259
散乱法　73

シ

シアーセル法　36, 288
紫外線　181, 186, 208, 210, 224, 233
磁気対流　60
シクロペンタン　222
次元クロスオーバー現象　93, 106, 120
始原生殖細胞　137, 139
指向走性　177
自己拡散　60
自己拡散係数　48
自己集積　111
自己組織化　103
自己秩序化現象　122
自己複製パターン　111
システム技術　12, 24
自然対流　47
実効線量　243
質量輸送　93
シーディング法　268
磁場　60
自発核形成　64
シャトルグロー　184, 205
自由界面拡散法　267
自由境界問題　121

重原子同型置換法　261
自由度　110
自由表面　60, 61, 65
自由表面形状　57
　──の制御　65
自由浮遊　82, 96
自由浮遊液滴　83
自由落下　274
重粒子　244
重力　37, 82, 99, 104, 109, 115, 126, 131, 139, 141, 172, 269
　──による阻害要因　39
　──によるネガティブコントロール　167
重力圧縮　57, 89
　──の抑制　65
重力加速度　88
重力感受細胞　167, 168
重力屈性　152, 155, 157, 160, 163
重力屈性異常突然変異体　153
重力走性　143, 171, 178, 181
　──に関する仮説　173
　　スーパーヘリックスモデル　177
　　生理仮説　174
　　抵抗仮説　173
　　比重仮説　171
重力対流　111
重力物理学　88
重力無定位運動性　143
縮約方程式　110
準安定材料　66
準安定状態　95, 117
準安定相　118
潤滑剤　222
子葉　169
小角X線散乱　74
蒸気拡散法　266
蒸発冷却法　102, 119
上皮成長因子　146
晶癖　268
情報伝達経路　250
擾乱　34, 62, 82, 104

307

索　引

常流体　90, 96, 118
植物極　132
植物半球　128
植物平衡組織　150
ジョセフソン効果　102
ジョセフソン電流　107
シリカ粒子　68, 74, 75
シリコン　61
シロイヌナズナ　152, 160
真空　4, 124
真空紫外線　186, 236
真空複合環境試験設備　220
人工重力発生装置　83, 115
人工食糧　27
人工知能　21
振動回転分布　194
振動状態の失活速度　197
振動励起した酸素分子　196
信頼性工学　12

ス

スカイラブ　56
スカイラブ計画　30
スケーリング則の実験　91
ステファン問題　122
ストリエーション　50, 58
スパッタ膜　226, 232
スピノーダル分解　107, 121
スピン-軌道相互作用　201
スペースシャトル　31, 87, 108, 144, 165, 205, 206, 223, 248, 274
スペースラブ　31, 32, 44, 48
スライディング現象　106, 120

セ

正確度　100
精子侵入点　129, 131
生殖細胞質　137, 139
静水圧　82, 83, 88, 89, 107, 115, 151
静水圧勾配　142

静水圧除去の制御　57, 65
生成の量子収率　190
生体ダイナミックス　113
成長キネティックス　112
精度　100
生物進化　181
生物の陸地移行　126
生命維持　14
生命科学実験施設　114, 116
脊椎動物の進化　127
接合　65
接触角　45, 65, 117
繊維間隔　54
船外活動　17
線形応答理論　118
前肢　127
前庭器官　142
セントラルドグマ　257
繊毛打　174, 177, 180
繊毛虫　143
線量　241
線量測定　241
線量当量　247
線量分割効果　242
線量率　242, 244, 245
線量率効果　252

ソ

相互拡散　60
相互拡散係数　49
双軸胚　132, 133
走性　177
相対的生物効果比　242, 246
相転移　98, 103, 107, 112
相分離現象　62, 112
組織制御　53
阻止能　237
組成の均一性　50
素反応　199
素粒子物理学　102

タ

第一次材料実験　33, 283
第一励起状態　190
耐宇宙環境性　214

大気侵入高度　189
胎児被曝　254
体積圧縮率　89
第二励起状態　190
ダイヤモンドエアサービス株式会社　281
太陽エネルギー　4, 6
太陽活動　208, 244
太陽光　189
太陽フレア　244, 253
太陽粒子線　5, 244
対流　38, 47, 51, 53, 54, 56, 61, 115
　──の制御　57
対流パターン　109
多元系半導体　62
多波長異常散乱法　261
単結晶　74
単細胞生物　171
弾道飛行　282
タンパク光　89, 117
タンパク質　64, 111, 257
　──の結晶化　263, 269
　──の結晶解析　260
タンパク質結晶学　259

チ

地下無重力実験センター　276
地球観測　5, 84
地上模擬環境試験　214
秩序変数　89, 117
チューリングパターン　111, 122
長期間被曝　245
長期被曝　251
超軽量化　13
超高性能原子時計　84
超小角X線散乱　74
調整能力　136, 138, 140
調節卵　138
超伝導遷移温度　56
超伝導マイクロ波発信器　101
超流体　90, 95, 97, 118
超流動　106, 120
超流動転移　89, 94, 95

索　引

沈降　115, 150, 269
沈降・浮遊の制御　57, 62
沈澱　263
沈澱剤　263, 264

テ

定位回転　130
低温物理学　88
低次元の量子液体　106
低線量被曝　251
低線量率　245
低プラントル数液体　59
低密度粒子　88
テキサス計画　31, 288
テキサスロケット　33
テフロン　222, 224
展開構造　13
電子材料　50
転写因子　162
電子励起　238
天体観測　5, 84
デンドライト組織　58
電離　236, 238
——の収率　241
電離放射線　236

ト

統一原理　116
等価原理　84
等価線量　243
統計物理学　103
動植物極軸　132
透析法　264
動物極　132
動物半球　128
等方的　37
特異的な大気組成　4
閉じ込めヘリウム実験　86, 93
突然変異　250
突然変異体　153, 159, 160, 178
トムソン散乱　259
朝永—ラッティンジャー流体　106
トライボ要素　222
トライボロジー　223, 225

ナ

内部核発生　95
ナフタレン酢酸　159

ニ

二次宇宙線　5
二重透析法　265
二状態構造　69
日本実験棟　3, 14, 36, 86, 114, 222, 286
日本無重量総合研究所　279
乳光　89, 117
二流化モリブデン　222

ヌ

濡れ　45, 65, 93, 108, 117
濡れ角　45, 65

ネ

熱制御フィルム　210, 214, 219
——の質量変化率　215
熱制御ペイント　219
熱対流　39, 50, 59, 60
熱伝導率　60
熱物質輸送現象　57, 59
熱物性　57, 60, 67
熱輸送　61, 93
根の成長　141
燃焼　57, 58, 64
燃焼科学　82
燃焼合成反応　58
粘性値　95
粘性流体のダイナミックス　103

ノ

ノイズ誘起転移　113
濃縮法　268
濃度勾配法　268

ハ

胚　140, 248
　逆立ち——　131, 132, 138

——の可塑性　132
——の調整能力・修復能力　136
灰色新月環　129, 131
廃棄物処理　14
胚軸　154
——の屈性欠損突然変異体　159
胚発生　132
背腹軸　131, 140
——の形成　129
薄膜形成　93
曝露部　6, 36, 114
破骨細胞　142
パターン形成　103
発がん　252
発生カスケード　139
バッチ法　266
パーフルオロポリアルキルエーテル　222
パラボリックフライト　280
パラメシウム　171
半導体　50
半導体超格子　62
反応拡散過程　111
反応拡散現象　104, 120
反応拡散方程式　120
反応速度定数　192
反応速度の同位体効果　193

ヒ

光解離　186, 194
光電子材料　51, 61
非混合合金　55
微小管　129, 170
微小重力　4, 22, 30, 37, 57, 80, 82, 85, 115, 124, 142, 144, 146, 166, 245, 248, 269, 274, 280
——の持続時間　275
微小重力科学実験室計画　33, 35
ピストン効果　108, 109, 121
非線形数理科学　103

309

索　引

非線形性　63,84,95,103,111
被曝線量　244
非平衡系の物理　93,109
非平衡現象　103,108,111
非平衡状態図　66
非平衡ダイナミックス　102
非平衡熱力学　66
表層の回転　129,131,140
表面相転移　93
表面張力　42,45,117
広い視野　4

フ

フェルミ液体　105
フェルミ粒子　120
不均一核形成の抑制　57,66
複雑液体系　111
付着　117
物質循環　27
フッ素系樹脂　210
沸騰　62,108
普遍クラス　89,116
浮遊細胞　144
ブラウン粒子の運動　112
フラクタル構造　88
フラクタル成長　112,122
ブラッグ反射　259
プラントル数　51
フリーフライヤー　274
浮力　47,115
分岐　109
分岐構造　103
分子置換法　261
分子の立体構造の解明　259

ヘ

平均場近似　89,117
平衡器　141,171,180
平衡細胞　141
平衡石　141,155
平衡胞様構造　143
ペグ　163
ペグ形成　165,167,170

ベナール-マランゴニ対流　110
ヘリウム　96,98,105,118,120
ベロウソフ-ジャボチンスキー反応　111,122
偏差成長　153
偏晶合金　55,63

ホ

ボイド　72,79
放射線　236
——と微小重力の相乗効果　124,248
——と物質の相互作用　236
放射線化学収率　241
放射線障害　246
放射線生物学　124,247
放射相称　129
放物線飛行　274,280
飽和炭化水素　199
飽和溶解度　262,264
ボース-アインシュタイン凝縮　83,88,99,102,105,106,116
ボース液体　105
ボース粒子　120
補足粒子線　5,244
ポテンシャルエネルギー曲面　195
骨　142,240
ポリイミド系樹脂　210,216
ポリエステル系樹脂　210
ポリスチレンラテックス　70

マ

マイラ　210
巻き添え効果　247
膜電位　174,177
マクロシーディング法　268
摩擦係数　228
摩擦試験　227,229
マニピュレーター飛行実証

試験　217
マランゴニ数　43
マランゴニ対流　35,42,44,48,59,61,63,65,111,122

ミ

ミクロシーディング法　268
ミッション・シミュレーター　26
密度差　39
密度ゆらぎ　106

ム

無重量　274
無静水圧　40,51
無接触浮遊　41,51
無対流　39
無沈降　40
無定位運動性　177
無浮力　40
無容器処理　57,66
無容器浮遊　41

メ

メダカ　130
免疫機能の抑制　251
免疫性　144

モ

模擬宇宙環境曝露　215
模擬微小重力　134,148
モザイク卵　138
モデル系凝固研究　61
モンテカルロシミュレーション　79,93

ヤ

ヤングの式　45

ユ

遊泳行動　171
遊泳細胞　143
遊泳速度調節機構　177
融液系核形成過程　66
有機材料　210

有人宇宙飛行技術 11,13
輸送現象 104,119
ゆらぎ 49,93,104,109,110
——の成長 112

ヨ
与圧モジュール 13
溶質拡散境界層 53
溶質対流 59
溶質輸送 61
溶融凝固 98
四つ足の形成 127

ラ
落下カプセル 274
落下坑 274
落下実験施設 178,274,276
落下塔 56,274
ラフニング転移 98,118
λ点実験 86,87
ラメラ間隔 54
卵黄顆粒 128
卵割の様子 131

卵割パターン 134,136,140
卵形成 141
卵軸 132
ランジュヴァン方程式 112

リ
理学 10
力学的擾乱 84
粒子位置 57
——の制御 64
粒子間引力 70,78
粒子間斥力 69
流体科学 82
流体現象 83,104,119
量子渦糸 96,107,118
量子液体 96,118
量子核形成 102,105,120
量子固体 96,118
量子コヒーレンス 96
量子低温液体 105
量子ドット 106
量子ホール効果 106
量子輸送現象 99,119

量子ゆらぎ 106
量子乱流 118
両生綱 127
臨界現象 65,83,86〜88,103,107,115,121
臨界剪断応力 40,50
臨界ダイナミックス 108
——の実験 90
臨界点 65,87,89,91,107,117,118
臨界粘性実験 86
臨界流体 93
——の光散乱現象 86

ル,レ
るつぼ 41,46
励起 238,259
励起一重項酸素原子 204
励起状態 199
隷属原理 110,121
レイリー-ベナール対流 109,111
レーザー 75
レーザー冷却技術 83,84,88,98,102,116,118

監修者・編集者 紹介

井口洋夫 （監修，1章執筆）
いのくちひろお

1927年　広島県に生れる，東京大学理学部大学院修了
現　在　宇宙開発事業団 宇宙環境利用研究システム長，国際高等研究所 副所長，東京大学名誉教授，理学博士
主　著　『元素と周期律』（裳華房），『材料の化学』（共著，岩波書店），『理化学辞典』（共編，岩波書店）
おもな研究分野は，有機固体化学．とくにその伝導性の研究に従事している．1996年以降，宇宙環境利用研究の推進に参加している．

岡田益吉 （編集，5-1節執筆）
おかだますきち

1932年　東京都に生れる，東京教育大学大学院理学研究科博士課程修了
現　在　筑波大学名誉教授，宇宙開発事業団 招聘研究員，理学博士
主　著　『昆虫の発生生物学』（東京大学出版会），『発生遺伝学』（編著，裳華房），『生殖細胞』（共編，共立出版）
おもな研究分野は，発生生物学，とくに生殖細胞形成機構の解明．最近は，生殖細胞と体細胞という性質のまったく異なる2種類の細胞が，個体のなかでどのように共存し，どのように影響し合うかに興味をもっている．

朽津耕三 （編集，6-1節執筆）
くちつこうぞう

1927年　東京都に生れる，東京大学理学部大学院修了
現　在　城西大学理学部 招聘教授，東京大学名誉教授，長岡技術科学大学名誉教授，理学博士
主　著　『物質の科学・量子化学』（共著，放送大学教育振興会）ほか
おもな研究分野は，物理化学．とくに分子および分子クラスターの構造と動的挙動の解明．

小林俊一 （編集，4章担当）
こばやししゅんいち

1938年　奈良県に生れる，大阪大学大学院理学研究科博士課程修了
現　在　理化学研究所 理事長，理学博士
主　著　『固体物理』（丸善），『低温技術』（共著，東京大学出版会）
おもな研究分野は，低温物性実験，金属微粒子，アンダーソン局在，メゾスコピック現象など．

山本昌孝 （編集補助）
やまもとまさたか

1942年　福井県に生れる，千葉工業大学工学部金属工学科卒業
現　在　宇宙開発事業団 宇宙環境利用研究システム 主任研究員，工学博士
おもな研究分野は，宇宙用耐熱・構造材料および構造解析．最近は宇宙往還機の開発，宇宙環境利用の推進に従事している．

執筆者 紹介

藤森 義典 (2章執筆)
1939年　佐賀県に生れる，イリノイ大学大学院航空宇宙工学専攻 Ph.D. 課程修了
現　在　国際宇宙大学 教授 (Prof. of International Space University), Ph.D.
主　著　『人類は宇宙へ向かう』(オーム社)
おもな研究分野は，確率論的構造動力学，宇宙機器システム工学，大型宇宙構造物. 現在，宇宙実験計画法，宇宙ミッション管理・運営法，宇宙システム未来学などの研究と教育に従事.

依田 真一 (3-1節〜3-4節執筆)
1949年　東京都に生れる，東京工業大学大学院総合理工学研究科博士課程修了
現　在　宇宙開発事業団 宇宙環境利用研究システム 主任研究員，工学博士
主　著　『宇宙と材料』(共著，裳華房) ほか
おもな研究分野は，金属系複合材料，微小重力科学. 研究テーマはマランゴニ対流現象，半導体，拡散，燃焼，タンパク質結晶成長，準安定相，静電力による位置制御などの実験技術開発.

伊勢 典夫 (3-5節執筆)
1928年　京都府に生れる，京都大学大学院工学研究科博士課程修了
現　在　京都大学名誉教授，工学博士
主　著　『新高分子化学序論』(共著，化学同人)，『自然と遊戯』(共訳，東京化学同人)，"Wasan, Japanese Mathematics"(英訳，Kodansha)
おもな研究分野は，イオン性高分子およびコロイド分散系の溶液物性.

清水 順一郎 (4章執筆)
1946年　東京都に生れる，ノースウエスタン大学数学科修士課程修了
現　在　宇宙開発事業団 宇宙環境利用研究システム 主任研究員
主　著　『ロケット推進工学』(共訳，山海堂)
おもな研究分野は，応用解析. 現在は宇宙環境(微小重力場など)を実験環境や観測環境として利用する科学研究(宇宙環境利用研究)の推進，および国際宇宙ステーションの利用研究の推進.

若原 正己 (5-2節執筆)
1943年　北海道に生れる，北海道大学大学院理学研究科博士課程中退
現　在　北海道大学大学院理学研究科 助教授，理学博士
主　著　『なぜカエルからヒトが生まれないのか』(リヨン社)，"Fundamentals of Space Biology"(共著，Japan Scientific Societies Press)
おもな研究分野は，発生生物学・比較内分泌学. とくに最近は，両生類の変態現象に関連したさまざまな遺伝子の環境依存的発現の研究を行っている.

執筆者 紹介

佐藤　温重 (さとう あつしげ)　(5-3 節執筆)

1931年　神奈川県に生れる，東京教育大学理学部生物学科卒業
現　在　東京医科歯科大学名誉教授，昭和大学客員教授，宇宙開発事業団サイエンスアドバイザー，医学博士
主　著　『バイオマテリアルと生体』（共編著，中山書店），『生体機能と制御』（共著，中山書店），『細胞とバイオサイエンス』（共著，朝倉書店）
おもな研究分野は，細胞生物学，生体材料学．最近は，ヒト培養細胞の組織再構築の研究および骨芽細胞のシグナル伝達の重力制御などの研究を，小型ロケットや模擬微小重力装置を使って行っている．

岡田　清孝 (おかだ きよたか)　(5-4 節執筆)

1948年　大阪府に生れる，京都大学大学院理学研究科博士課程中退
現　在　京都大学大学院理学研究科 教授，理学博士
主　著　『植物細胞工学シリーズ12　新版 植物の形を決める分子機構』（共編著，秀潤社），『ネオ生物学シリーズ7　植物 —ふしぎな世界—』（共著，共立出版）ほか
おもな研究分野は，植物の分子遺伝学．シロイヌナズナを用いて植物の器官の発生と成長における形態形成を支配する遺伝的な制御機構を調べている．

髙橋　秀幸 (たかはし ひでゆき)　(5-5 節執筆)

1954年　山形県に生れる，東北大学大学院農学研究科博士後期課程修了
現　在　東北大学遺伝生態研究センター 教授，農学博士
主　著　『宇宙船の植物学』（共著，学会出版センター），『根の事典』（共著，朝倉書店），"Handbook of Flowering vol. VI"（共著，CRC Press）
おもな研究分野は，植物の発育生理学と宇宙生物学．植物が環境ストレスや特定環境の条件下で生活するために有用な形質・遺伝的変異性および反応の生理・分子機構を解明するための研究を行っている．

村上　　彰 (むらかみ あきら)　(5-6 節執筆)

1935年　秋田県に生れる，東京大学生物系大学院博士課程修了
現　在　浜松医科大学医学部 教授（生物学），理学博士
主　著　『生物学（上）』（共著，東京大学出版会），『動物体の調節』（共著，朝倉書店）
おもな研究分野は，比較生理学，宇宙生物学．とくに繊毛運動の調節機構と単細胞生物の重力に対する反応を研究している．

鷲田　伸明 (わしだ のぶあき)　(6-2 節執筆)

1940年　中国 青島（チンタオ）市に生れる，東京工業大学大学院理工学研究科博士課程修了
現　在　国立環境研究所 地球環境研究グループ 統括研究官，理学博士
主　著　『講座 地球環境①　地球規模の環境問題 (I)』（共著，中央法規出版），『どうする地球環境』（共著，大日本図書）
おもに，光化学，気相化学反応，フリーラジカル化学などの実験研究と，それらを基盤とした大気化学，地球規模大気環境科学を研究している．

執筆者 紹介

越　光男 (6-3 節執筆)

1947年　長野県に生れる，東京大学大学院工学系研究科博士課程修了
現　在　東京大学大学院工学系研究科 教授，工学博士
主　著　『光熱変換分光法とその応用』(共著，学会出版センター)
燃焼や材料合成プロセスの化学反応素過程を，レーザ分光法などを用いて研究している．とくにシリコン系化合物の反応素過程について，反応速度の測定，反応中間体の検出手法の開発などを行っている．

三好　明 (6-3 節執筆)

1961年　愛媛県に生れる，東京大学大学院工学系研究科博士課程修了
現　在　東京大学大学院工学系研究科 助教授，工学博士
おもな研究分野は，物理化学・反応速度論．大気・燃焼中のフリーラジカルや触媒プロセスの中間体の反応過程を理解・体系化し，制御することをめざしている．

今川吉郎 (6-4 節執筆)

1949年　大阪府に生れる，東京大学大学院工学系研究科博士課程 課程修了
現　在　宇宙開発事業団 技術研究本部 制御・推進系技術研究部 主任開発部員
主　著　『シリコーンの応用展開』(共著，シーエムシー)
おもな研究分野は，宇宙用材料および機構全般．材料の分野では，耐宇宙環境性，有人安全性，先端材料など，機構の分野では機構部品，スペーストライボロジーなどを中心に研究を行っている．

田川雅人 (6-5 節執筆)

1962年　京都府に生れる，大阪大学大学院工学研究科博士課程修了
現　在　神戸大学工学部助教授，工学博士
おもな研究分野は，低地球軌道における原子状酸素と固体表面の相互作用に関する研究．また固体表面からのエキソ電子放射やマイクロマシン関連の研究も手がけている．

鈴木峰男 (6-5 節執筆)

1951年　東京都に生れる，東京大学大学院工学系研究科修士課程修了
現　在　航空宇宙技術研究所 革新宇宙プロジェクト推進センター 宇宙潤滑研究グループリーダ
おもな研究分野は，MoS_2 膜，自己潤滑性複合材など固体潤滑を中心としたスペーストライボロジー．最近は，真空高温下の潤滑，移着膜潤滑の研究を行っている．

執筆者 紹介

井口　道生 （7-1 節〜7-2 節執筆）
いのくち みちお

1933年　東京都に生れる，東京大学大学院数物系研究科博士課程中退
現　在　Senior Physicist Emeritus, Argonne National Laboratory，工学博士
主　著　『英語で科学を語る』『英語で科学を書こう』『続 英語で科学を書こう』（以上 丸善）
おもな研究分野は，放射線の物質への作用の微視的機構，光子・電子の原子・分子・凝縮相との相互作用などに関する理論．また，国際放射線単位と測定に関する委員会の委員を勤める．

池永　満生 （7-3 節〜7-5 節執筆）
いけなが みつお

1938年　中国 藩陽市（元 奉天市）に生れる，京都大学理学部物理学科卒業
現　在　京都大学放射線生物研究センター 教授，理学博士
主　著　『環境と健康 I』『環境と健康 II』（以上 共編，へるす出版）
おもな研究分野は，放射線や紫外線などで生じる DNA 損傷の修復機構．また，宇宙放射線の遺伝的影響について，実際に宇宙実験を行って解析している．

安岡　則武 （8 章執筆）
やすおか のりたけ

1936年　大阪府に生れる，京都大学工学部工業化学科卒業
現　在　姫路工業大学理学部生命科学科 教授，理学博士
主　著　『X 線結晶解析 —その理論と実際—』（共著，東京化学同人），『生体高分子』（共著，共立出版），『コンピュータ・ケミストリー』（共著，丸善）
おもな研究分野は，X 線結晶学の手法を用いたタンパク質・酵素の構造と機能に関する研究．微生物のエネルギー代謝系に関与するタンパク質・酵素の構造などが対象で，放射光の活用に努力している．

中村　富久 （9 章執筆）
なかむら とみひさ

1952年　山形県に生れる，鶴岡工業高等専門学校機械工学科卒業
現　在　宇宙開発事業団 宇宙輸送システム本部 H-IIA ロケットプロジェクトチーム 主任開発部員
1973 年に宇宙開発事業団に入社して以来，N-I, N-II, H-I, H-II ロケットの開発，TR-IA 実験システム，国際宇宙ステーション日本実験棟「きぼう」(JEM) 共通実験装置の開発に従事する．

（肩書きはいずれも初版発行時）

宇宙環境利用のサイエンス

2000年 3月30日　第1版発行©
2001年 6月 5日　第2版発行

検印省略	監修者	井 口 洋 夫
	編 者	岡 田 益 吉
		朽 津 耕 三
		小 林 俊 一
定価はカバーに表示してあります．	発行者	吉 野 達 治
	発行所	東京都千代田区四番町8番地 電　話　　(03)3262-9166(代) 郵便番号 102-0081 株式会社　裳　華　房
	印刷所	横山印刷株式会社
	製本所	株式会社 青木製本所

社団法人
自然科学書協会会員

本書の内容の一部あるいは全部を無断で複写複製（コピー）することは，法律で認められた場合を除き，著作者および出版社の権利の侵害となりますので，その場合は予め小社あて許諾を求めて下さい

ISBN 4-7853-0008-6

Printed in Japan

裳華房ホームページ　http://www.shokabo.co.jp/